□ "城市治理与文化传承学科群"资助成果

应用型本科高校"十四五"规划经济管理类专业数字化精品教材

INTRODUCTION TO BIG DATA

大 数 据 概 论

主 编◎陈 芳

副主编◎李丽虹 梁亚玲 王 倍

华中科技大学出版社
http://press.hust.edu.cn
中国·武汉

内 容 简 介

　　本书系统、全面地介绍了关于大数据技术与应用的基本知识,内容包括大数据概述、大数据的相关技术、大数据的关键技术、大数据安全、大数据思维、大数据伦理、大数据应用、大数据产业生态等。本书融入丰富的案例,让读者通过学习能更深入地了解和掌握大数据的应用价值。

　　作为通识类课程教材,本书面向的读者对象主要是非计算机专业的大学生,也可供对大数据感兴趣的读者自学使用。

图书在版编目(CIP)数据

大数据概论/陈芳主编 . —武汉:华中科技大学出版社,2024.1

ISBN 978-7-5772-0424-6

Ⅰ. ① 大… Ⅱ. ① 陈… Ⅲ. ① 数据处理 Ⅳ. ① TP274

中国国家版本馆 CIP 数据核字(2024)第 018861 号

大数据概论

Dashuju Gailun

陈　芳　主编

策划编辑:周晓方　宋　焱	
责任编辑:林珍珍	
封面设计:廖亚萍	
责任校对:张汇娟	
责任监印:周治超	
出版发行:华中科技大学出版社(中国·武汉)	电话:(027)81321913
武汉市东湖新技术开发区华工科技园	邮编:430223
录　　排:华中科技大学出版社美编室	
印　　刷:武汉市籍缘印刷厂	
开　　本:787mm×1092mm　1/16	
印　　张:15.5	
字　　数:358 千字	
版　　次:2024 年 1 月第 1 版第 1 次印刷	
定　　价:58.00 元	

总 序

在"ABCDE＋2I＋5G"（人工智能、区块链、云计算、数据科学、边缘计算＋互联网和物联网＋5G）等新科技的推动下，企业发展的外部环境日益数字化和智能化，企业数字化转型加速推进，互联网、大数据、人工智能与业务深度融合，商业模式、盈利模式的颠覆式创新不断涌现，企业组织平台化、生态化与网络化，行业将被生态覆盖，产品将被场景取代。面对新科技的迅猛发展和商业环境的巨大变化，江汉大学商学院根据江汉大学建设高水平城市大学的定位，大力推进新商科建设，努力建设符合学校办学宗旨的江汉大学新商科学科、教学、教材、管理、思想政治工作人才培养体系。

教材具有育人功能，在人才培养体系中具有十分重要的地位和作用。教育部《关于加快建设高水平本科教育 全面提高人才培养能力的意见》提出，要充分发挥教材的育人功能，加强教材研究，创新教材呈现方式和话语体系，实现理论体系向教材体系转化、教材体系向教学体系转化、教学体系向学生知识体系和价值体系转化，使教材更加体现科学性、前沿性，进一步增强教材的针对性和时效性。教育部《关于深化本科教育教学改革 全面提高人才培养质量的意见》指出，鼓励支持高水平专家学者编写既符合国家需要又体现个人学术专长的高水平教材。《高等学校课程思政建设指导纲要》指出，高校课程思政要落实到课程目标设计、教学大纲修订、教材编审选用、教案课件编写各方面。《深化新时代教育评价改革总体方案》指出，完善教材质量监控和评价机制，实施教材建设国家奖励制度。

为了深入贯彻习近平总书记关于教育的重要论述，认真落实上述文件精神，也为了推进江汉大学新商科人才培养体系建设，江汉大学商学院与华中科技大学出版社开展战略合作，规划编著应用型本科高校"十四五"规划经济管理类专业数字化精品教材。江汉大学商学院组织骨干教师在进行新商科课程体系和教学内容改革的基础上，结合自己的研究成果，分工编著了本套教材。本套教材涵盖大数据管理与应用、工商管理、物流管理、金融学、国际经济与贸易、会计学和旅游管理 7 个专业的 19 门核心课程，具体包括《大数据概论》《国家税收》《品牌管理：战略、方法与实务》《现代物流管理》《供应链管理理论与案例》《国际贸易实务》《保险学基础与应用》《证券投资学精讲》《成本会计学》《管理会计学：理论、实务与案例》《国际财务管理理论与实务》《大数据时代的会计信息化》《管理会计信息化：架构、运维与整合》《导游业务》《旅游市场营销：项目与方法》《旅游学原理、方法与实训》《调酒项目策划与实践》《茶文化与茶艺：方法与操作》《旅游企业公共关系理论、方法与案例》。

本套教材的编著力求凸显如下特色与创新之处。第一，针对性和时效性。本套教材配有数字化和立体化的题库、课件 PPT 以及课程期末模拟测试卷等教辅资源，力求实现理论体系向教材体系转化、教材体系向教学体系转化、教学体系向学生知识体系和价值体系转化，使教材更加体现科学性、前沿性，进一步增强教材的针对性和时效性。第二，应用性和实务性。本套教材在介绍基本理论的同时，配有贴近实际的案例和实务训练，突出应用导向和实务特色。第三，融合思政元素和突出育人功能。本套教材为了推进课程思政建设，力求将课程思政元素融入教学内容，突出教材的育人功能。

本套教材符合城市大学新商科人才培养体系建设对数字化精品教材的需求，将对江汉大学新商科人才培养体系建设起到推动作用，同时可以满足包括城市大学在内的地方高校在新商科建设中对数字化精品教材的需求。

本套教材是在江汉大学商学院骨干教师团队对教学实践和研究成果进行总结的基础上编著的，体现了新商科人才培养体系建设的需要，反映了学科动态和新技术的影响和应用。在本套教材编著过程中，我们参阅了国内外学者的大量研究成果和实践成果，并尽可能在参考文献和版权声明中列出，在此对研究者和实践者表示衷心感谢。

教材的编著是一项艰巨的工作，尽管我们付出了很大的努力，但书中难免存在不当和疏漏之处，欢迎读者批评指正，以便在修订、再版时改正。

丛书编委会

2022 年 3 月 2 日

前　言

数据是数字经济时代的关键生产要素，是国家的基础性、战略性资源，是推动经济社会高质量发展的重要引擎。党的十八大以来，党中央高度重视发展以数据为关键要素的数字经济，加快数字中国建设。2015 年 8 月，国务院发布《促进大数据发展行动纲要》，系统部署大数据发展工作。2017 年，党的十九大报告提出，"推动互联网、大数据、人工智能和实体经济深度融合"。2022 年，党的二十大报告提出，加快建设数字中国，加快发展数字经济，促进数字经济和实体经济深度融合。2023 年 2 月，中共中央、国务院印发《数字中国建设整体布局规划》，在世界数字化发展大趋势下提出了新时代数字中国建设的整体战略。2023 年 10 月 25 日，国家数据局正式揭牌，开启了数字中国建设新篇章。

随着国家大数据战略在社会经济各行各业的全面实施，大数据应用走入了人们的日常生活和生产活动。大数据作为一种新的思维方式和解决问题的方法，已经成为人们必须学习和认识并探索如何在本学科领域进行应用的重要知识。新时代的人才需要努力提升自己的数据素养，为成为具有数据素养的综合型人才做好大数据相关知识的储备工作。

数据素养已成为智能时代人才培养的重要内容。本书致力于培养具有数据素养的综合型人才，以培养学生的数据意识、数据思维和数据能力为主，以提升学生的数据素养为最终目的。

本书由江汉大学商学院部分教师合作编写。陈芳担任主编，李丽虹、梁亚玲、王倍担任副主编。陈芳负责拟定编写大纲，并完成书稿的最终统稿工作。编写人员的具体分工如下：陈芳负责第一、二、三章，李丽虹负责第四、五、六章，梁亚玲负责第七章，王倍负责第八章。

本书在编写过程中参考了大量教材、专著、论文和网络资源，在此对各位作者表示真诚的谢意。书稿中已经对资料相应的来源进行了说明，但由于时间仓促，有些资料的作者和原始出处未能准确标明，在此表示深深的歉意。

本书的出版得到了江汉大学"城市治理与文化传承学科群"项目资助，同时得到了华中科技大学出版社的大力支持，在此一并表示衷心的感谢。

由于编者水平和能力有限，书中难免存在错误和不妥之处，恳请广大读者批评指正。

陈 芳

2024 年 1 月于武汉

目 录

第一章　大数据概述

◇ 学习目标

■ **知识目标**

1. 了解大数据产生的背景，理解大数据的"4V"特征；

2. 了解大数据的分类，理解大数据在不同行业应用所产生的价值，思考如何最大限度地挖掘大数据的潜在价值；

3. 探讨大数据带来的机遇和挑战。

■ **能力目标**

1. 理解大数据的本质特征；

2. 结合不同的专业背景对大数据的应用价值展开分析。

■ **情感目标**

1. 理解大数据的发展历程及其在不同行业的应用情况；

2. 有意识地培养自己的数据素养，结合本专业知识充分运用大数据资源和大数据技术。

◇ 学习重点

1. 理解大数据的特征；

2. 理解大数据在不同行业应用所产生的价值；

3. 理解大数据带来的机遇和挑战。

◇ 学习难点

1. 理解从数据到大数据的转变；

2. 掌握企业应用大数据创造价值的方式。

◇ **导入案例**

为什么阿里是一家大数据公司①②

阿里巴巴集团的本质，是一家扩大数据价值的企业。阿里健康在做药品的事实数据，滴滴和地图在收集出行数据，微博是在做社交关系数据，电影视频收集线上娱乐数据，股票市场收集证券交易数据，菜鸟网络收集物流数据，蚂蚁金服收集支付数据，口碑收集餐饮服务数据，淘宝、天猫收集交易数据……数据的核心价值是为企业提供一个商业帝国的最基础设施。

马云在多个场合强调，阿里巴巴是一家数据公司，卖东西是为了获取数据。马云曾在公开场合表示，他们也不知道如何用数据挣钱，但他们知道人们的生活将离不开数据。沃尔玛是销售产生数据，但阿里巴巴是为了数据才做电商、做物流。阿里巴巴卖东西是因为希望获得数据，这和沃尔玛是不同的。

最早提出"DT 时代"这一说法的是拥有庞大的电商数据的阿里巴巴。"未来制造业的最大能源不是石油，而是数据。"阿里巴巴创始人马云如此形容数据的重要意义。在他看来，阿里巴巴本质上是一家数据公司，做淘宝的目的是获得零售的数据和制造业的数据，做蚂蚁金服的目的是建立信用体系，做物流不是为了送包裹，而是将这些数据整合在一起，即实现所谓的"电脑会比你更了解你"。与此同时，产业的发展也正在从"IT 时代"走向以大数据技术为代表的"DT 时代"。在阿里巴巴内部，由电子商务、互联网金融、电商物流、云计算与大数据等构成的阿里巴巴互联网商业生态圈，也正是阿里研究院扎根的"土壤"。

具体而言，阿里巴巴平台的海量数据来自数百万充满活力的小微企业、个人创业者以及数亿消费者。阿里研究院通过对他们的商务活动和消费行为等进行研究分析，在某种程度上发现某个地区乃至整个宏观经济的结构和发展趋势。随着阿里巴巴生态体系的不断拓展和延伸，阿里巴巴的数据资源能够在一定程度上有效补充传统经济指标在衡量经济冷暖方面存在的滞后性，帮助政府更全面、及时、准确地掌握微观经济的运行情况。

不同于一些以技术研究为导向的企业研究院，阿里研究院定位于面向研究者和智库机构，主要的研究内容包括未来研究（如信息经济）、微观层面的模式创新研究（如 C2B 模式、云端制组织模式）、中观层面的产业互联网化研究（如电商物流、互联网金融、农村电商等）、宏观层面的新经济与传统经济的互动研究（如互联网与就业、消费、进出口等的互动）、互联网治理研究（如网络规则、电商立法）等。

① 从 IT 到 DT 阿里巴巴大数据背后的商业秘密 [EB/OL]. (2015-06-15) [2023-12-10]. https: //mp. weixin. qq. com/s? ＿ ＿ biz＝MzA3Mzc4ODY5NA＝＝ & mid＝208584502 & idx＝1 & sn＝2788eced2d546df8029b94264e4cfd78 & chksm＝1693a34f21e42a59235047734f127ab52e7b0e0a562d2c572b368fbbf8f9fe8df87521f8cc45 & scene＝27.

② 为什么阿里是一家大数据公司 [EB/OL]. (2016-10-09) [2023-12-10]. http: //mt. sohu. com/20161009/n469772171. shtml.

具体到数据领域，就是在阿里巴巴互联网商业生态基础上，从企业数据、就业数据、消费数据、商品数据、区域数据等入手，通过大数据挖掘和建模，开发若干数据产品与服务。例如，将互联网数据与宏观经济统计标准对接的互联网经济数据统计标准，涵盖中国城市分级标准、网络消费结构分类标准、网上商品与服务分类标准等。而按经济主题划分的经济信息统计数据库则包括商品信息统计数据库、网购用户消费信息统计数据库、小企业与就业统计数据库、区域经济统计数据库。除此之外，还有反映电商经济发展的"晴雨表"——阿里巴巴互联网经济系列指数，这其中包括反映网民消费意愿的阿里巴巴消费者信心指数 aCCI、反映网购商品价格走势的阿里巴巴全网网购价格指数 aSPI 和固定篮子的网购核心价格指数 aSPI-core、反映网店经营状态的阿里巴巴小企业活跃度指数 aBAI、反映区域电子商务发展水平的阿里巴巴电子商务发展指数 aEDI 等。其中，现有 aSPI 按月呈报给国家统计局。面向地方政府决策与分析部门的数据产品阿里经济云图，将分阶段地推出地方经济总览、全景分析、监测预警以及知识服务等功能，其数据可覆盖全国各省（自治区、直辖市）、市、区（县）各级行政单位，地方政府用户经过授权后，可以通过阿里经济云图看到当地在阿里巴巴平台上产生的电子商务交易规模、结构特征及发展趋势。借助数据可视化和多维分析功能，用户可以对当地优势产业进行挖掘，对消费趋势与结构变动进行监测，与周边地区进行对比，等等。数据产品在未来还可以提供 API 服务模式，以整合更多的宏观经济数据和社会公开数据，为当地经济全貌进行画像，为大数据时代的政府决策体系提供全新的视角和工具。

对于如何利用大数据，马云在公司内部演讲中提到：未来几年，要把一切业务数据化，一切数据业务化。其中的后半句可以理解为，用阿里巴巴各项业务所产生、积累的大数据丰富阿里巴巴的生态，同时让生态蕴含的数据产生新的价值，之后再反哺生态，这是一个相辅相成的循环逻辑。

阿里巴巴之所以将自己定位为大数据公司，是因为其拥有非常多的高质量数据。阿里巴巴的数据不但种类丰富，而且含金量特别高。阿里巴巴的数据有三个明显的特征：其一，阿里巴巴的数据是用户通过购买行为产生的，和搜索等场景相比，更加真实；其二，相较于社交等数据，阿里巴巴的数据高度结构化，例如仅淘宝上的商品描述就有 100 多个维度；其三，阿里巴巴的数据非常密集且实时，不管在手机客户端还是电脑端，阿里巴巴日常都有超过 1 亿访问用户。这几点特征再加上整个阿里巴巴生态整合的多场景数据，阿里巴巴的大数据发展条件，可谓得天独厚。

■【思考】

1. 请你谈谈自己对于"阿里巴巴集团的本质，是一家扩大数据价值的企业"这句话的理解。

2. 你认为，阿里巴巴可以怎样利用大数据？

第一节　　大数据产生的背景

　　《大数据时代：生活、工作与思维的大变革》一书的作者维克托·迈尔-舍恩伯格认为：如果一个人拒绝大数据时代，可能会失去自己的生命；如果一个国家拒绝大数据时代，可能会失去一代人的未来。大数据时代让人们对客观世界的认识更进一步，人们做决策也不再仅仅依赖主观判断，甚至个人的习惯动作、消费行为、就诊记录等也都被巨大的数字网络连在一起。移动互联网浪潮汹涌，大数据正在悄悄包围我们，甚至世界经济格局也在酝酿巨大的变革。

一、数据大爆炸

　　摩尔定律是英特尔创始人之一戈登·摩尔的经验之谈，虽译名为"定律"，但并非自然科学定律，其主要内容为：集成电路上可以容纳的晶体管数目在每经过 18～24 个月便会增加 1 倍。换言之，处理器的性能大约每 2 年翻 1 倍，同时价格下降为之前的一半。摩尔定律在一定程度上揭示了信息技术进步的速度。

　　大数据时代赋予了人们理解摩尔定律的新视角。与电子领域的摩尔定律极为相似，大数据时代数据生产量大约每 2 年增加 1 倍，人类社会已经进入数据爆炸时代，每时每刻都有数以千万计的数据产生。

　　互联网用户不仅是网络信息的接收者，也是网络信息的生产者。截至 2022 年 1 月，全球互联网用户数量达到 49.5 亿人，同比增长 4%，互联网用户占总人口的 62.5%，每个互联网用户平均每天使用互联网的时间是 6 小时 58 分钟，通过手机访问互联网的用户占了92.1%。[①]几乎每个人都在用手机拍照、拍视频、发微博、发微信等，每个人都成为数据源。

　　在物联网时代，大量传感器的应用产生了海量数据。在物联网、车联网、全球定位系统、医学影像、金融、安全监控、电子商务等领域，传感器 24 小时不停歇地产生各种数据，这就导致社会上出现"信息爆炸"。10 年前，T 级数据（TB）对我们来说已经很大了，但如今，几十 TB、上百 TB 的数据比比皆是。大量新数据源的出现导致非结构化、半结构化数据呈爆发式增长，数据的结构、类型更加丰富和多元，早已超出了桌面端和移动端的应用范畴，更加深入地进入各行各业，以大规模的态势持续增长。

---

　　① 中国将引领第四次工业革命？[EB/OL].（2022-07-20）[2023-12-10]. https://news.sohu.com/a/569655042_121118713.

各行各业和科学研究都重视大数据的价值，并充分利用大数据开展相关工作。包括金融、汽车、零售、餐饮、电信、能源、政务、医疗、体育、娱乐等在内的诸多行业累积的数据量越来越大，数据类型也越来越多、越来越复杂。

新冠疫情暴发后，线上办公和线上教学等需求不断扩大，再加上5G、AI等新技术得到应用和发展，全球数据总量迈上一个新台阶。根据全球领先的IT市场研究和咨询公司IDC预测，从2018年到2025年，全球数据总量将由33 ZB增长至175 ZB，年复合增长率达26.9%。[①]2022年7月，在第五届数字中国建设峰会期间举行的大数据分论坛上，中国网络空间研究院副院长李颖新发布了《国家数据资源调查报告（2021）》。该报告显示，2021年全年，我国数据产量达到6.6 ZB，同比增长29.4%，占全球数据总产量（67 ZB）的9.9%，仅次于美国（16 ZB），位列全球第二。近几年，我国数据产量保持每年30%左右的增速。

传统的信息技术难以应对各种业务数据的爆炸式增长，更难以满足数据收集、存储、分析和应用的需求。大数据已经超出了传统数据管理系统处理模式的能力范围。

在短短几十年时间里，计算机从神秘的庞然大物变成多数人生活中不可或缺的工具，因特网将全世界联系在一起，大数据、云计算、移动互联网和社交网络快速发展，新兴技术与人类政治、经济、生活、科研等不断交叉融合，推动人类社会迈入大数据时代。

▋二、技术驱动

早在1980年，著名未来学家阿尔文·托夫勒便在《第三次浪潮》一书中，明确提出"数据就是财富"，将大数据称为"第三次浪潮的华彩乐章"。"三次浪潮"是托夫勒提出的一种对人类文明进化阶段进行划分的论点。他把人类科学技术的每次巨大飞跃作为一次浪潮，把技术作为决定社会发展的直接因素，分析技术变革引起的社会变革。托夫勒在《第三次浪潮》一书中提出：第一次浪潮是农业革命，约从1万年前开始，人类社会从原始采集渔猎过渡到农业和畜牧业；第二次浪潮是工业革命，从17世纪末开始；第三次浪潮是信息化革命，从20世纪50年代后期开始，电子工业、宇航工业、海洋工程和遗传工程等方面的技术带来社会结构的变化。

互联网的发展也经历了三次浪潮，相继解决了信息处理、信息传输和信息爆炸等诸多层面的问题。互联网的第一次浪潮发生在20世纪90年代，个人计算机进入千家万户，硬件、软件、通信和网络在人们的生活和社会中发挥关键作用，以惠普、微软等为代表的企业，较好地解决了信息处理方面的问题。互联网的第二次浪潮发生在21世纪初，搜索引擎的出现极大地方便了人们收集网络世界中的海量信息，社交网络也逐渐走向成熟，以谷歌、亚马逊等为代表的企业，较好地解决了信息传输方面的问题。2010年前后，互联网的第三次浪潮序幕缓缓拉开，云计算、大数据、物联网快速发展，人们开始深度运用IT

[①] 数据剧增，安全受威胁 元宇宙存储将何去何从［EB/OL］．（2023-10-30）［2023-12-11］．https://view.inews.qq.com/k/20231030A085RF00？no-redirect=1&web_channel=wap&openApp=false.

技术，大数据受到越来越广泛的关注，云计算、大数据、移动互联网和社交网络渗透到社会生活的方方面面，引发了社会变革、经济变革和个人生活变革。这个阶段涌现出一大批优秀的企业，如科大讯飞、百度等，它们充分利用大数据技术来解决信息爆炸方面的问题。

从大型计算机的诞生、微型计算机的产生、浏览器的出现，到网络时代和大数据时代的发展，数据被利用的程度逐渐加深。大数据的成长经历了 IT 时代（信息时代）和 DT 时代（数据时代）。信息时代是数据时代的基础，数据时代是对信息时代的传承和发展。

1. 大数据存储和处理技术支撑着大数据的大容量化

随着技术的进步，计算机存储设备不断更新，存储容量不断扩大，存储器的价格不断下降。2005 年以后，云存储作为一种新的存储方式逐渐得到推广和应用。一方面，用户可以利用云存储扩大自身的存储容量；另一方面，用户可以随时随地链接到云端读取数据。当下，我们正处于"数据大爆炸"时代，全球数据量规模飞速增长，对存储能力的要求也在不断提高。许多数据都需要存储，全球数据量的激增会极大地带动存储行业的发展。

2. 物联网技术推动大数据的泛在化

从互联网到移动互联网，再到物联网，网络技术的重要性在于提供全新的全球信息服务基础设施，彻底改变人类工作和生活方式。大数据不仅产生于特定的领域，而且产生于人们每天的生活。物联网上产生的数据量不断增加，特别是电子商务、社交媒体等应用实时提供和处理的数据越来越多，这对数据处理、数据传输与数据应用提出了更高的要求。随着计算机硬件性价比的提高以及软件技术的进步，特别是利用服务器对大量数据进行高速处理的 Hadoop 的诞生，大数据存储和处理的门槛大幅度降低，无论是中小企业还是大企业都可以对大数据进行充分的利用。

3. 云计算加速了大数据的实时化

超级计算机和云计算的产生，为大数据的实时化处理提供了可能。随着全球数据量激增，快速处理数据的能力日益重要，数据越来越快地进入算力系统（将来有可能是 T 级别的数据在 10 微秒内进入算力系统）。2021 年全球实时数据量规模为 16 ZB，占全球数据总量的 19.6%，2025 年实时数据量将达到 51 ZB，占数据总量的比重会跃升至 29%，需要快速处理的数据比重在迅速上升。[1]

---

[1] 从大数据到"快数据"，存储行业将迎来第四次变革？（2022-06-17）［2023-12-13］. https://baijiahao.baidu.com/s? id=1735791028428583672&wfr=spider&for=pc.

第二节　大数据的特征及分类

计算机技术全面融入社会生活使人们拥有比以往更多的信息，而且信息的增长速度还在加快，"大数据"（big data）这一概念几乎应用于人类智力与发展的所有领域。大数据是近些年的一个技术热点，之前的数据库、数据集市等信息管理领域的技术，很大程度上也是为了解决大规模数据的问题。被誉为"数据仓库之父"的比尔·恩门早在 20 世纪 90 年代就经常提及"大数据"。21 世纪是数据信息大发展的时代，移动互联网、社交网络、电子商务等极大地拓展了互联网的边界和应用范围，各种数据正在迅速膨胀变大。

一、大数据的概念

大数据时代的来临已成为不争的事实。大数据作为一种新的资源，正在给我们的社会生活带来深远的影响。2008 年 9 月，美国《自然》杂志正式提出"大数据"的概念。2011 年 2 月，美国《科学》杂志通过社会调查的方式，第一次分析了大数据对人们生活的影响。2013 年被许多国外媒体和专家称为"大数据元年"。

美国知名的咨询公司麦肯锡是研究大数据的先驱，它将大数据定义为大小超出常规的数据库工具获取、存储、管理和分析能力的数据集[①]。维基百科中，大数据指的是所涉及的资料量规模巨大到无法通过目前主流软件工具，在合理时间内达到撷取、管理、处理并整理成为帮助企业经营决策目的的资讯。国际数据公司（IDC）用四个特征来定义大数据，即海量的数据规模、快速的数据流转和动态的数据体系、多样的数据类型、巨大的数据价值。[②] 这些定义无一例外地突出了一个"大"字，旨在说明数据总量大是大数据的一个重要特征。然而，大数据的"大"不是凭空出现的，而是一个发展的过程。它是随着互联网的发展而逐渐增加的。

尽管人们对于大数据的定义纷杂众多，尚未形成明确统一的观点，但是通常来说，大数据可以理解为包含以下三个方面：一是数据的变化是快速的；二是数据量是巨大的；三是这些繁杂的数据不能用常规的软件工具来进行处理。简单一点来说，大数据就是用现有的一般技术难以管理的数据。从技术角度来看，大数据技术的战略意义并不在于掌握庞大的数据信息，而在于对这些有意义的数据进行专业化处理。

---

① 赵国栋，易欢欢，糜万军，等. 大数据时代的历史机遇：产业变革与数据科学 [M]. 北京：清华大学出版社，2013.
② 维克托·迈尔-舍恩伯格，肯尼思·库克耶. 大数据时代：生活、工作与思维的大变革 [M]. 盛杨燕，周涛，译. 杭州：浙江人民出版社，2013.

下面通过一个例子来说明。假设客户小明去了 100 次书店，传统数据要回答的问题是小明第 101 次去书店是否买书，关心的是业绩指标和经营指标，而大数据要回答的问题是小明第 101 次去书店可能会买什么书，也就是需要将什么样的书推荐给小明。传统数据更多关注的是某一类人群，即用同一类规则制定套餐为群体提供服务，而大数据时代是要把每个人都精准刻画出来，进行精准匹配，为个体提供个性化服务。

表 1-1 揭示了从数据库（database，DB）到大数据（big data，BD）的变化。如果说人们从数据库中获取所需要的信息好比从池塘里捕鱼，那么，人们从大数据中获取所需要的信息就好比在大海里捕鱼。这些"鱼"就是人们要处理的数据。

表 1-1　数据库和大数据的对比

	数据库	大数据
数据规模	小（以 MB 为处理单位）	大（以 GB、TB、PB 为处理单位）
数据类型	单一（以结构化为主）	繁多（包括结构化、半结构化、非结构化）
模式和数据的关系	先有模式后有数据（就像先有池塘后有鱼）	先有数据后有模式，模式随数据增多而不断演变
处理对象	数据（就像池塘中的鱼）	数据（就像大海中的鱼，同时需要通过某些种类的鱼判断是否存在其他种类的鱼）

数据本无大小，也没有高低贵贱之分。随着物联网和云计算等新兴技术的发展，社会生产力水平得到极大的提升，与创造性活动相对应的数据规模和处理系统发生改变，大数据成为人们热议的话题。

二、大数据的特征

数据与信息、知识、智慧等具有一定的联系与区别。数据是信息的表达或载体，信息是数据的内涵。数据是负载信息的物理符号，是事实或经过观察的结果，用来记录事物的状况，一般表示客观事物未经加工的原始素材。数据的表现形式有很多，不仅包括数字、字母、文字和其他特殊符号，还包括图形、图像、动画、声音等多媒体数据。

数据是数据库中存储的基本对象，用类型和值来表示。存储时需要区分数字、数据和数值。比如，小华考试考了 105 分，这其中的阿拉伯数字 1、0、5 只是计算符号，105 是数值，即一个量用数目表示出来的多少，就叫作这个量的数值，105 分是数据，即有背景的数值，这个背景一般以单位来体现。

20 世纪 40 年代，信息的奠基人香农给出了信息的明确定义。他认为，信息是用来消除随机不确定性的东西。这一定义被人们视为经典性定义并加以引用。也就是说，信息是经过加工处理的有用数据。数据只有经过提炼和抽象变成有用的数据才能成为信息。

从"数据"到"大数据"，不仅是数据量的差别，更是数据质的提升。一般认为，大数据主要具有以下四个方面的典型特征（"4V"特征），即规模性（volume）、多样性（variety）、高速性（velocity）、价值性（value）。

（一）规模性（**volume**）

bit 音译"比特"，是数字化信息的最小度量单位。计算机用二进制进行信息处理，二进制数中，一个"位"（也就是一个"0"或者"1"）称为 1 比特。

bit 来自 binary digit（二进制数字），由数学家约翰·图克在 20 世纪 40 年代提出。这个术语第一次被正式使用，是在香农著名的论文《通信的数学理论》（*A Mathematical Theory of Communication*）第 1 页中。

数据其实是有一个量级的。现在按顺序给出所有单位：bit、Byte、KB、MB、GB、TB、PB、EB、ZB、YB、BB、NB、DB。它们的换算关系如下：

1 Byte＝8 bit	1 KB＝1024 Bytes
1 MB＝1024 KB＝1048576 Bytes	1 GB＝1024 MB＝1048576 KB
1 TB＝1024 GB＝1048576 MB	1 PB＝1024 TB＝1048576 GB
1 EB＝1024 PB＝1048576 TB	1 ZB＝1024 EB＝1048576 PB
1 YB＝1024 ZB＝1048576 EB	1 BB＝1024 YB＝1048576 ZB
1 NB＝1024 BB＝1048576 YB	1 DB＝1024 NB＝1048576 BB

我们平常熟知的数据的大小是 G、M 等，比如，一部高清电影的大小约为 1 G，一首歌曲的大小为几 M。现在 1 TB、2 TB 的移动硬盘也非常普遍了。KB 中的"B"就是"字节"的意思，英文为"Byte"。我们电脑文档中的汉字占 2 个字节，英文字母占 1 个字节。比如，路遥先生的《平凡的世界》这本书有 100 万字，换算成字节就是 200 万个字节。

大数据是一个体量特别大、数据类别特别"大"的数据集。大数据的起始计量单位是 PB。举例来说，1 GB 相当于 671 部《红楼梦》著作，1 TB 相当于 687104 部《红楼梦》著作，1 PB 相当于 50％的全美学术研究图书馆藏书信息内容，5 EB 相当于至今全世界人类所讲过的话语，1 ZB 如同全世界海滩上的沙子数量总和，1 YB 相当于 7000 个人体内的微细胞总和。

大数据时代，数据规模的存量和增量都在快速增长，这对人类开发利用大数据的能力提出了挑战。

（二）多样性（**variety**）

大数据的异构性和多样性，使得大数据有很多不同的形式，包括网络日志、音频、视频、图片、地理位置信息等。多类型的数据对人们的数据处理能力提出了更高的要求。以企业大数据为例，企业大数据实际上是海量的数据加上复杂类型的数据，是包括交易数据和交互数据在内的所有数据集。海量的交易数据能够让人们了解过去发生了什么。企业内部的经营交易信息主要包括联机交易数据和连接分析数据，一般是结构化的通过关系型数据库进行管理和访问的静态历史数据。海量交互数据来源于各种网络和社交媒体，它包括呼叫详细记录设备和传感信息、地理定位映射数据、通过管理文件传输协议传输的图像文件、外部文本和点击数据流评价数据、科学信息、电子邮件等。海量交互数据可以告诉人们未来会发生什么。

（三）高速性（velocity）

处理速度快、时效性要求高，是大数据区别于传统数据挖掘的显著特征。从静态数据处理到批处理，再到实时数据处理，数据的传输速度不断加快，响应、反应的速度成为数据处理面临的最大挑战。大数据从生产到消耗的时间窗口非常小，可用于生产决策的时间非常少，时效性要求非常高。

（四）价值性（value）

大数据作为一种技术的关键是产生价值。从本质上说，大数据代表的是当今社会一种独有的新型的能力，即通过对海量数据的分析，获得有巨大价值的产品和服务，获取更深刻的洞察力。在大数据时代，数据与货币或黄金一样，已经成为一种新的经济资产类别。

价值密度低是大数据的典型特征，在庞大的数据中挖掘有价值的数据类似沙里淘金。随着物联网的广泛应用，信息感知无处不在，在信息海量但价值密度较低的情况下，如何通过强大的机器算法迅速地完成数据的"价值提纯"，是大数据时代亟待解决的难题。

数据的增长速度和处理速度是大数据高速性的重要体现。大数据的交换和传播是通过互联网云计算等方式实现的，与传统媒体的信息交换和传播相比，速度更快，也更便捷。各种传感器和智能互联信息技术的发展，使得非结构化数据超大规模增长，占数据总量的80%～90%，比结构化数据增长速度快10～50倍。快速增长的数据量要求数据处理的速度相应提升。传统的技术架构和路线已经无法高效处理海量数据，而对于相关组织来说，如果无法及时处理海量数据，将是得不偿失的。因此，大数据时代对人类的数据驾驭能力提出了新的挑战。

三、 大数据的分类

数据成本的下降助推了数据量的增长，而新的数据源和数据采集技术的出现则大大增加了未来数据的类型，数据类型的增加导致现有数据空间维度增加，最终提升了未来大数据的复杂度。我们可以按照数据结构、数据处理方式、数据的产生主体、数据来源的行业等，对大数据进行分类。

（一）按数据结构分类

按照数据结构，大数据可分为结构化数据、半结构化数据和非结构化数据。艾瑞咨询在《2022 年中国数智融合发展洞察》中提出：全球数据量以 59％ 以上的年增长率快速增长，其中 80％ 是非结构化和半结构化数据，中国数据量的上升较全球更为迅速。[①] 海量数据中，仅有 20％ 左右属于结构化数据，其余的 80％ 左右的数据属于广泛存在于社交网络、物联网、电子商务等领域的非结构化或半结构化数据。

1. 结构化数据

结构化数据即可以直接用传统的关系型数据库存储和管理的数据。结构化数据可用二维表结构来表达逻辑，严格地遵循数据格式与长度规范。结构化数据也称为"行数据"，数据按表和字段进行存储，字段之间相互独立。结构化数据的特点是一列的数据具有相同的数据类型，并且任何一列的数据都可以再细分，通常先有结构，再有数据，而且结构一般不变，处理起来比较方便。所有关系型数据库的数据全部为结构化数据。

2. 半结构化数据

半结构化数据介于结构化数据和非结构化数据之间，是经过一定的转换处理后，可以用传统的关系型数据库存储和管理的数据。半结构化数据的格式比较规范，一般都是纯文本数据，数据的结构和内容混在一起，没有明显的区分，数据模型主要为树和图的形式。常见的半结构化数据包括日志数据、XML、JSON 等格式的数据。在获取、查询或分析半结构化数据时，人们需要先通过某种方式对半结构化数据的格式进行解析，从而得到每一项的数据。半结构化数据具有一定的结构性，是一种适于数据库集成的数据模型。也就是说，半结构化数据适于描述包含在两个或多个数据库（这些数据库含有不同模式的相似数据）中的数据。半结构化数据也是一种标识服务的基础模型，用于在 Web 上共享信息。由于自描述数据无须满足传统的关系型数据库中那种非常严格的结构和关系，所以使用起来非常方便。很多网站和应用访问日志都采用半结构化数据，网页本身也是半结构化数据。

3. 非结构化数据

相对于结构化数据而言，非结构化数据的数据结构不规则或不完整，没有预定义的数据模型，不方便用二维表来表现，无法用关系型数据库存储在非结构化数据库中。非结构

---

① 2022 年中国数智融合发展洞察［EB/OL］．（2022-07-14）［2023-12-15］．https：//m. thepaper. cn/baijiahao_19008519.

化数据格式非常多样化，标准也是多样的，而且在技术上，非结构化信息比结构化信息更难标准化，更难理解。常见的非结构化数据包括所有格式的办公文档、电子邮件、图数据、实时多媒体数据、图像和音频/视频数据。这些非纯文本类数据没有标准格式，也没有统一结构。非结构化数据库突破了关系型数据库结构定义不易改变和数据定长的限制。非结构化数据一般按照特定的应用格式进行编码，数据量非常大，且不能简单地转换为结构化数据。

和结构化数据相比，非结构化数据具有以下三方面的本质区别：一是非结构化数据的容量比结构化数据更大；二是非结构化数据产生的速度比结构化数据更快；三是非结构化数据的来源更具多样性。企业数据中，结构化数据仅占 20%，其余 80% 都是以文件、语音、图片等形式存在的非结构化数据。我们日常的办公文件都属于非结构化数据。非结构化数据具有异构性，聊天信息、办公文档等非结构化数据散落于各个系统、各个员工的电脑中，只有加强对这种分散存储的非结构化数据的智能监控和统一管理，才能提高数据的利用率，避免"数据孤岛"，使数据发挥更大的作用。

近几年，按数据结构进行分类的方式特别流行，主要有以下几方面的原因：第一，结构化数据是传统数据的主体，而半结构化数据和非结构化数据是大数据的主体，大数据的量之所以如此庞大，主要就是因为半结构化数据和非结构化数据的增长速度过快；第二，在数据平台设计时，结构化数据用传统的关系型数据库就可以高效地处理，而半结构化数据和非结构化数据必须用 Hadoop 等大数据平台处理；第三，在数据分析和挖掘的过程中，不少工具都要求输入结构化数据，因此必须把半结构化数据先转换成结构化数据。

（二）按数据处理时间和方式分类

如果按数据处理延迟时间的长短划分，大数据的处理可以分为实时数据处理和离线数据处理。实时数据处理一般需要毫秒级的响应时间，离线数据处理的响应时间一般以小时或天计。按数据处理方式的不同，大数据的处理可分为流式数据处理和批量数据处理。实时数据处理并不等同于流式数据处理，批量数据处理也不等同于离线数据处理，它们区分的标准不一样，一个是数据处理方式，一个是数据处理的时间长短。在数据到达时进行处理称为流式数据处理；先缓冲原始数据，然后按组进行处理，称为批量数据处理。

1. 流式数据处理

流式数据处理输入的基本都是无边界数据，数据被获取后需要立刻处理，不可能等到所有数据都到达后再进行处理。因为无边界数据流入的数据是无限的，所以必须持续地处理。流式数据处理可以理解为来一条数据处理一条数据，在数据生成时进行实时处理。采用流式数据处理方式的有很多，例如，音视频的实时推荐、周边推荐等。

流式数据处理的特点是足够快、低延迟，其所需的响应时间多以毫秒（或秒）计。例如，我们平时用到的搜索引擎，系统必须在用户输入关键字后以毫秒级的延时返回搜索结果给用户。流式数据处理无须针对整个数据集执行操作，而是对通过系统传输的每个数据项执行操作，系统需要接收并处理一系列连续的不断变化的数据，通常要求以特定顺序（如事件发生的顺序）获取事件，以便能够保证推断结果的完整性。流式数据处理的应用场景有很多，比如实时监控、销售终端（POS）系统、智能汽车等。流式数据处理是一种能够在数据流中实时处理、计算和分析数据的技术，主要包括 Storm、Flink、Kafka 等。Flink 是一个面向流式数据处理和批量数据处理的分布式数据计算引擎，能够基于同一个 Flink 运行。在 Flink 的世界观中，一切都是由流组成的，离线数据是有界限的流，实时数据是一个没有界限的流。

流式数据处理通常只能访问接收到的最新数据，或在滚动时间范围内（例如过去 30 秒）访问，适用于单个记录或包含少量记录的小批数据。延迟是接收和处理数据所需要的时间，流式数据处理通常会立即发生，延迟以秒或毫秒计，常用于简单的响应功能、聚合或计算，非常适用于需要实时响应的时间关键操作。例如，金融机构会实时跟踪股票市场的变化，计算风险值，并根据股票价格变动自动重新平衡投资组合等。

📈 2. 批量数据处理

批量数据处理通常将数据缓冲累积到一定量，批量地导入数据仓库，然后进行数据挖掘、分析处理。批量数据处理有三个明显的过程：第一，数据通常是在一定的时间范围内被收集；第二，数据的处理由程序进行，即对整个数据集的数据进行读取、排序、统计或汇总计算；第三，数据被输出。

大部分情况下，人们会在系统中安排批量数据处理任务，并让其在预先设定的事件间隔中执行。批量数据处理的系统架构通常会被设计在日志分析、计费的应用程序、数据仓库等应用场景中。采取批量数据处理的活动很多，如工资和账单活动，这些活动的发生通常有月度周期。Spark 和 MapReduce 都可以处理海量数据，但是在处理方式和处理速度上存在差异。Spark 属于批处理框架，通过批来模拟流。Spark 的计算是由批次组成的，离线数据是一个大批次，而实时数据是由一个个无限的小批次组成的。对于不需要实时或接近实时的批量数据处理和分析，MapReduce 是一种功能非常强大的工具。

批量数据处理不需要有序地获取数据，非常适合需要访问全套记录才能完成的计算工作，一般用于离线统计。它也可以处理数据集中的所有数据，高效处理大型数据集，执行复杂的数据分析，同时它能在方便的时间处理大量数据，即可以有计划地在计算机或系统可能处于空闲状态（如整夜）或非高峰时间段运行，但是批量数据处理的数据输出通常会有所延迟，而且在执行之前，必须准备好批量数据处理作业的所有输入数据，在批量数据处理作业期间如果数据出错或程序崩溃，会使整个进程停止。

（三）按数据的产生主体分类

按照数据的产生主体进行分类，大数据主要包含企业应用产生的数据、机器和传感器产生的数据、大量的人产生的数据三种类型。

1. 企业应用产生的数据

企业应用产生的数据以传统的关系型数据库中的数据为主，结构化程度比较高，包括 MIS 系统的数据、传统的 ERP 数据、库存数据以及财务账目数据等。

2. 机器和传感器产生的数据

信息技术的广泛应用不仅提高了数据的处理能力，更提高了数据的产生能力。各种机器和传感器上无时无刻不在产生数据，包括呼叫记录、设备日志数据、交易数据，以及通过智能仪表、工业设备传感器采集到的数据等。机器和传感器产生的数据比较常见的有各种传感器上产生的大量数据，射频识别、二维码或条码扫描的数据，交通和安防的监控数据，以及各种应用服务器日志的数据等。

3. 大量的人产生的数据

大量的人产生的数据中，有的是反映用户行为的记录，如移动通信数据、电子商务在线交易日志数据，有的是一些在线评论等反馈，还有的是用户使用社交媒体时产生的数据（这时候用户是数据内容的生产者），如推特、微信、微博等社交媒体平台上的文字、音频、视频、图片等。

（四） 按数据来源的行业划分

大数据的数据来源众多，科学研究、企业应用都在不断地生成新的类型繁多的数据，各行各业每时每刻都在产生各种类型的数据。按数据来源的行业进行划分，大数据可以分为以下几种类型。

1. 以 BAT 为代表的互联网公司产生的数据

BAT 即阿里巴巴、百度、腾讯。阿里巴巴拥有超过 90% 的电商数据，包括交易数据、用户浏览和点击网页数据、购物数据等；百度拥有庞大的搜索数据，数据涵盖中文网页、百度推广、百度日志等多个部分；腾讯在社交、游戏等领域积累了大量的文本、音频、视频和关系类数据。互联网公司拥有的数据达到 EB 级别，而 BAT 三家巨头约占数据总量的 3/4。

2. 电信、金融、保险、电力、石化等行业产生的数据

电信行业数据包括用户上网记录、通话、信息、地理位置等数据，金融行业数据包括开户信息数据、银行网点和在线交易数据、自身运营数据，金融系统每年产生数十 PB 数据，电力系统中仅国家电网采集获得的数据总量就达数十 PB，石化、智能水表等领域每年产生和保存的数据量也达近百 PB。这些行业及企业数据量分布较为平均，每个单位都拥有 10 PB 以上的数据，且年增量都在 PB 级别以上。

3. 公共安全、医疗、交通等领域产生的数据

随着平安城市、智慧城市等工程逐步推进，摄像头遍布城市的大街小巷，一个中等规模的城市每年视频监控产生的数据约为 300 PB。整个医疗卫生行业一年能够保存下来的数据可达数百 PB，列车、水陆路运输产生的各种视频、文本类数据，每年保存下来的也达数十 PB。

4. 气象、教育、地理、政务等领域产生的数据

气象大数据的来源主要有气象观测数据、气象产品数据、互联网气象数据三大类。通过收集和分析气象数据，人们可以研究气候变化、天气预报、气象灾害等。教育大数据产生于各种教育实践活动，涉及教学、管理、教研、服务等诸多业务。地理数据包括地貌数据、土壤数据、水文数据、植被数据、居民地数据、河流数据、行政境界及社会经济方面的数据。政务数据涵盖旅游、教育、交通、医疗等多个门类，且多为结构化数据。以中国气象局拥有的数据量为例，截至 2020 年 8 月，中国气象数据网累积用户突破 34 万，服务对象涉及 29 个社会主要行业，用户遍及 71 个国家和地区，年访问量超过 1.2 亿人次，年数据服务量约 1.17 PB，在社会公众服务、部门行业服务、企业创新服务和全球数据服务等领域持续发挥重要作用。[①]

5. 制造业等领域产生的数据

制造业的大数据类型以产品设计数据、企业生产环节的业务数据和生产监控数据为主。制造业的数据类型复杂多样，企业生产环节的业务数据属于结构化数据，而产品设计数据以文件为主，属于非结构化数据，共享要求较高，保存时间较长。其他传统行业，如线下商业销售、农林牧渔业、线下餐饮、食品、科研、物流运输等行业数据量剧增。

数字资源 1-1

假如给你一天大数据的生活

---

① 气象＋数据的宝藏公众号，还没关注吗？〔EB/OL〕.（2020-09-21）〔2024-01-05〕. https://baijiahao.baidu.com/s?id=1678373935503448937&wfr=spider&for=pc.

第三节 大数据应用的价值

美国经济学家约翰·加尔布雷思说过：任何一个时代都有最重要的生产要素，在不同的发展阶段，同一社会的不同时期，谁掌握最重要的生产要素，谁就掌握了权力，在收入分配中获得更多的收益。[①] 当今时代，经济社会正在实现数字化、网络化、智能化，商业活动正在迁移到以数字基础设施为底座的数字化商业平台上，数据在经济社会活动中的重要性越来越突出。谁掌握了数据这个要素，谁就能在经济活动中获得更多的收益，实现更大的价值。

大数据应用凸显了巨大的商业价值，并延伸到社会的各行各业。大数据在流行病预测、智慧医疗和生物信息学等领域发挥着重要的作用。金融业是典型的数据驱动行业，大数据在高频交易、信贷风险分析、大数据征信等领域同样发挥着重要作用。零售行业大数据的应用主要包括发现关联购物行为、进行客户群体划分等。智能物流也是大数据在物流行业的应用和体现。大数据在农业行业的应用有助于实现农业的精细化管理和科学决策。大数据在教育行业的应用有助于优化教育机制、推动教育变革。

当前，大数据已经广泛应用于人们的生活。例如，共享单车、共享汽车、刷脸支付、天气预报、公安预警、商品推荐、广告投放等，都是利用与每个人相关的"个人大数据"，分析个人的生活行为习惯，为个人提供更加周到的个性化服务。

大数据在政府部门的应用，有助于实现政务数据资源的公开和共享，建设开放型、服务型、现代型政府。未来大数据将彻底改变人类的思考模式、生活习惯和商业法则，引发社会发展的深刻变革，同时会是未来重要的国家战略之一。

一、大数据应用的价值体现

我们这里以企业为主要对象，探讨大数据应用的价值。对于企业而言，大数据的真正价值在于企业组织利用自己存储的信息，发现隐含其中的价值，产生新的洞察及分析见解，以做出更好的业务决策，促进自身业务的发展。具体来说，大数据应用对企业的作用主要体现在以下几个方面。

① 赵刚 . 数据要素：全球经济社会发展的新动力［M］. 北京：人民邮电出版社，2021.

（一）洞察市场趋势

企业借助大数据分析，可以对市场、客户、内部运营等有更加全面和深入的了解，从而提高企业效益；还可以通过大数据发现市场的潜在需求、消费趋势和变化，从而帮助企业制定更加准确的市场战略和产品策略。

（二）提升客户体验

企业可以收集社交媒体数据、浏览器日志、文本分析和传感器数据，从而更全面、更充分地了解每一位客户，实时知道他们想要什么以及何时想要。企业借助大数据分析客户行为和偏好，可为客户定制更个性化、更符合其需求的产品和服务，提高客户满意度。比如电信运营商和金融机构通过使用大数据，建立客户流失预测模型，有效地进行客户管理，防止客户流失。

（三）优化运营流程

企业内部的经营交易信息、互联网中的商品物流信息、人与人的交互信息、位置信息等数据是现代企业的重要资源，也是企业进行科学管理、决策分析的基础。通过对这些数据进行分析，可以发现企业运营瓶颈、资源利用率低下的原因等，从而优化运营流程，提高效率、增加利润。例如，使用新的大数据源，可以使供应链中的物流业变得更高效。再如，送货的卡车安装电子车载定位系统，结合道路状况、交通信息和天气条件以及客户的位置等数据，进行最优路径的选择。

（四）发掘新的商业模式

大数据、云计算、社交媒体和移动互联网的结合催生了新的生活方式和商业模式，从而创造出更大的商业价值。实时位置数据的出现已经创造了一套全新的基于位置的服务。企业基于对微博、微信等社交媒体网络的数据挖掘和数据分析，可以深入分析用户行为、广告投放、用户偏好等。例如，企业可以借助海量的电商客户数据，了解客户的购买行为、购买意向、客户满意度，还可以利用客户使用产品的数据来改进下一代产品，以及创造新的售后服务等。

（五）改善决策效果

大数据的应用将改变企业的决策方式，从主观经验和直觉驱动转变为基于数据的决策，提高决策的科学性和准确性。自动化算法支持人为决策的方式可以让企业领导者在制定战略和实施方案时更准确、更科学，从而减少错误决策带来的损失。例如，零售商根据实体店及在线销售的情况自动微调库存和定价，利用算法优化决策过程。

数字资源 1-2
大数据下，京东
如何前行？

二、利用大数据创造价值的方式

当今社会，可以说"三分技术、七分数据"，"得数据者得天下"。数据是 21 世纪无限的非自然资源。大数据的背后是前所未有的巨大的商业价值。大数据是指规模庞大、类型多样且难以处理的数据集合。大数据的价值并不仅仅在于相关数据信息的收集，大数据的价值密度低，人们现在利用和分析的数据只是冰山一角，大数据真正的价值远远没有被挖掘，因此人们要充分利用现有的技术去分析与挖掘大数据的潜在价值，同时实现大数据的整合，通过不同渠道的整合创新，发现新的数据价值。

（一）分析与挖掘数据的潜在价值和相关价值

大数据分析的目的是从数据中提取有用的信息、洞察和知识。分析与挖掘数据的价值，一般要经过数据获取、数据存储、数据传输、数据分析、数据应用和数据共享等环节。物联网的发展大大增加了全社会的数据总量，大数据存储技术使得海量数据的保存和应用成为可能，5G 作为基础设施提升了数据传输的速度，为物联网的广泛应用打下了坚实的基础，AI 大幅提高了计算机的数据分析能力，云计算突破了数据应用的地理界限，网络安全技术为数据共享提供了不可或缺的安全保障。数据分析与挖掘的能力直接决定了大数据的应用推广程度和范围。企业数据分析用于支撑企业决策和创新，其包括企业内部数据和外部数据的分析、实时数据和离线数据的分析等。

大数据分析通常涉及数据采集、存储、处理和可视化等多项技术，并借助人工智能、机器学习等技术实现数据挖掘、模型建立和预测分析。例如，每一辆摩拜单车都配有 GPS 定位系统，摩拜公司通过定位能够知道每个骑车者的行动路线，此时假如在一群人每天经过的路线上有家早点店，摩拜单车完全可以与这家早点店进行合作，充分挖掘数据的相关价值，具体操作方式可以是早点店出一部分广告费，摩拜公司在每天经过该店的用户范围内精准投放广告，这样广告的成本低，而广告的投资回报率大大提升。

（二）整合创造新的数据价值

数据的价值不在于其本身，而在于其通过二次加工产生的衍生品。大数据打破了企业传统数据的边界，使得数据来源更加多样化，不仅包括企业内部数据，还包括企业外部数据（尤其是和消费者相关的数据）。企业由此能够更加容易地获取信息，并利用信息创造巨大的价值。例如，企业整合研发、工程和制造部门的数据，实现并行工程，可以显著缩短产品上市时间，并提高产品质量。

政府公共部门之间的数据共享可以大大地降低搜索成本和处理时间，提高办事效率。政府各个部门都拥有构成一定社会基础的原始数据，比如，气象数据、金融数据、信用数据、电力数据、道路交通数据、旅游数据、医疗数据、教育数据、环保数据等。这些数据看起来是单一的、静态的，但如果政府将这些数据关联起来，并对这些数据进行有效的关联分析和整合创新，就能从中发现无法估量的价值。大数据是智慧的核心能源，智能电网、智慧交通、智慧医疗、智慧环保、智慧城市等都要依托大数据。

在大数据领域有一种"预测效应"机制，简单来说就是"小预测、大影响"，指的是人们在观察到某些事件后，会自动形成对该事件的期望和预测。这种机制涉及大脑的前额叶皮层和扣带回等区域，以及神经传递物质多巴胺等。这些区域和物质协同作用，帮助人们在不断的学习和经验积累中快速预测未来的情况，以便更好地适应环境和做出更好的决策。人们在信息时代随时分享，留下各种记录，这些信息变成数据。人们通过分析这些数据，可以从中发现政治治理、文化活动、社会行为、商业发展、身体健康等各个领域的信息，进而对未来进行预测。

第四节　大数据时代的机遇与挑战

一、大数据时代的机遇

数据要先通过采集、整理、聚合、分析，成为具备使用价值的数据资源。数据资源参与社会生产经济活动，为使用者带来经济效益，则形成数据要素。数据要素作为数字经济和信息社会的核心资源，被认为是继土地、劳动力、资本、技术之后的又一重要生产要素。

数据作为新型生产要素，是数字化、网络化、智能化的基础，已深度融入生产、分配、流通、消费、社会服务管理等各环节。以数据为核心生产要素的数字经济正在快速而深刻地改变着人们的生活方式、生产方式和社会治理模式，成为拉动我国经济增长的主引擎之一。2019年10月31日，中国共产党第十九届中央委员会第四次全体会议通过《中共中央关于坚持和完善中国特色社会主义制度 推进国家治理体系和治理能力现代化若干重大问题的决定》，该决定指出"健全劳动、资本、土地、知识、技术、管理、数据等生产要素由市场评价贡献、按贡献决定报酬的机制"，首次将数据列为生产要素，标志着数据从资源到要素的转变。我国也成为全球首个将数据确立为生产要素的国家。

数据不仅是数字经济时代的新型生产要素、全球经济发展的新引擎，还是 AI（人工智能）三大核心要素（算法、算力、数据）之一，是推动 AI 大模型在垂直行业落地的关键所在。随着信息技术、大数据、人工智能的发展，数据的重要性日益凸显，它催生了许多新产业、新模式。数据为数字经济的发展提供了不可或缺的动力支持，随着数据量呈指数级增长，数据分析算法和技术迭代更新，数据创新应用和产业优化升级，数据对社会变革的影响将更加深远。

2017 年，国务院政府工作报告首次提出"数字经济"，要求"促进数字经济加快成长"，2019—2023 年更是连续 5 年写入政府工作报告，其中 2019 年提出"壮大数字经济"，2020 年提出"打造数字经济新优势"，2021 年提出"加快数字化发展，打造数字经济新优势，协同推进数字产业化和产业数字化转型，加快数字社会建设步伐，提高数字政府建设水平，营造良好数字生态，建设数字中国"，2022 年提出"促进数字经济发展。加强数字中国建设整体布局"，2023 年进一步提出"数字经济不断壮大，新产业新业态新模式增加值占国内生产总值的比重达到 17％以上"，"促进数字经济和实体经济深度融合"，"加快传统产业和中小企业数字化转型，着力提升高端化、智能化、绿色化水平"。"推动发展方式绿色转型"被列入政府工作报告八项重点工作。

根据中国信息通信研究院测算，2005—2020 年，我国数字经济增加值规模由 2.6 万亿元扩张至 39.2 万亿元，数字经济占 GDP 的比重由 14.2％快速提升至 38.6％，成为支撑经济增长的重要力量。2021 年，我国数字经济产业规模达到 45.5 万亿，数字经济占 GDP 的比重达到 39.8％；2022 年，我国数字经济产业规模达到 50.2 万亿元，总量稳居世界第二，占 GDP 的比重为 41.5％，数据量呈爆发式增长态势。

2022 年 12 月，中共中央、国务院发布《关于构建数据基础制度更好发挥数据要素作用的意见》，意见指出，数据基础制度建设事关国家发展和安全大局。同时指出，该意见的目的是"加快构建数据基础制度，充分发挥我国海量数据规模和丰富应用场景优势，激活数据要素潜能，做强做优做大数字经济，增强经济发展新动能，构筑国家竞争新优势"。

2023 年 2 月，中共中央、国务院印发了《数字中国建设整体布局规划》。该规划指出，建设数字中国是数字时代推进中国式现代化的重要引擎，是构筑国家竞争新优势的有力支撑。

2023 年 3 月，十四届全国人大一次会议表决通过了《关于国务院机构改革方案的决定》。根据《党和国家机构改革方案》的内容，国家数据局正式获批成立。国家数据局负责协调推进数据基础制度建设，统筹数据资源整合共享和开发利用，统筹推进数字中国、数字经济、数字社会规划和建设等，由国家发展改革委管理。国家数据局的成立是我国数字经济发展史上的里程碑，充分体现了国家以数据驱动经济社会发展的深远决心。

大数据正在催生新的经济增长点，正在成为企业竞争的新焦点。一些人认为，大数据将引领一场足以与始于 20 世纪 60 年代的第五次信息技术革命相匹敌的巨大变革。大数据时代，商业的生态环境发生了巨大的变化，无处不在的智能终端、随时在线的网络传输、互动频繁的社交网络，让人们有机会进行精准化的消费者行为研究，大数据"蓝海"成为竞争的制高点。企业要主动拥抱这种变化，积极适应新时代，从战略层面到战术层面不断实现蜕变和成长。

大数据时代呼唤创新型人才。大数据行业在带来极大的商业价值的同时，也面临着巨大的人才需求。大数据建设的每个环节都需要依靠专业人员完成，因此培养和造就一支掌握大数据技术、懂管理、有大数据应用经验的大数据建设专业队伍势在必行。大数据技术的不断发展为相关从业者提供了广阔的发展前景和机会。随着各个行业对大数据的应用不断深入，相关岗位的需求也不断增加，数据科学家、数据分析师、商业智能专家和数据工程师等已成为备受追捧的工作。不同的行业都有独特的利用大数据的方式，大数据正在以前所未有的方式改变就业市场。

二、大数据面临的挑战

大数据就像一把"双刃剑"，大数据技术的应用，给用户带来了诸多便利和效益，同时也给个人、企业和政府等带来了一定的安全隐患。

现代网络信息技术使得现代社会生活高度数字化，Cookie技术和各种传感器可以自动收集与存储个人信息。如果人们既想借助互联网平台与别人交流，又想自己不被窥探，这几乎是不可能实现的。我们所有的网络行为对于服务提供商来说都是透明的。如今，在线数据越来越多，黑客犯罪的动机也更加强烈。社会上时常出现犯罪分子使用不易被追踪和防范的手段窃取个人信息，或一些知名网站密码泄露、系统漏洞导致用户资料被盗等个人敏感信息泄露事件，因此，如何保证用户的信息安全成为大数据时代非常重要的课题。

大数据加大了隐私泄露的风险。这主要表现在以下两个方面：一是大量数据的集中存储增加了其遭泄露的风险；二是一些敏感数据的所有权和使用权，没有清晰界定。由于收集、存储和利用个人信息的主体数量众多且数据规模巨大，一旦个人信息数据遭到泄露，就可能造成非常大的危害。大数据与人工智能技术的发展，使得人们对海量数据的分析与使用变得相对简单。企业政府利用大数据分析，可以充分了解用户的行为消费习惯等，但是这又不可避免地会对用户隐私构成威胁。各种网络平台通过分析和利用海量个人信息，对目标群体进行用户画像，实施精准营销，也使得个人信息被滥用的可能性极大地增加，这不可避免地对用户的隐私构成威胁、挑战。用户需要明确界定自己在数据的使用方面具有的权利和义务；企业和政府需要逐渐对自己在多大程度上使用用户数据以及用什么样的方式来使用用户数据进行清晰的定位。

大数据技术的运用仍存在一些困难与挑战，这主要体现在数据的收集、存储、处理与安防等环节。数据采集的来源很多，将多个来源的数据整合到同一个数据库中进行分析，是企业面临的挑战。数据具有时间敏感性，变化迅速，并在多个系统之间移动，目前尚无严格的数据真实性和可信度鉴别及监测手段，人们无法识别并剔除虚假甚至有恶意的数据信息。人们收集物联网和信息系统数据时，要附上时空标识，还要与历史数据对照，去伪存真，多角度验证数据的全面性和可信性。数据量的快速增长，对存储技术也提出了挑战。大数据存储时要用到冗余配置、分布化和云计算技术，对数据进行分类，通过过滤和去重，减少存储量。大数据的复杂性使得人们难以用传统的方法对其进行描述与度量，需要将数据降维后处理，导出可理解的内容，并将结果以可视化的形式呈现出来。大数据在不同行业的广泛应用会使得社会对数据存储的物理安全性要求越来越高，对分布式文件系统的多数据副本备份与容灾恢复机制也提出了更高的要求。将复杂的数据存储在一起，可能造成企业安全管理不合规。目前，很多传统企业的数据安全令人担忧，安全防护手段更新升级慢，存在漏洞。大数据作为攻击手段之一，为黑客发起攻击提供了更多的机会，黑客有可能收集更多有用的信息，结合大数据分析技术，让其攻击更精准。

数据承载着人们生产生活中产生的大量信息，构成了物理世界的数字镜像。过去这些年，我国陆续出台了《网络安全法》《数据安全法》《个人信息保护法》等法律法规，初步搭建起网络安全、数据安全、个人信息保护的基本框架体系，力图保障大数据及其应用中的安全问题。

◇ 本章小结

人类社会已经进入数据爆炸时代，每时每刻都有数以千万计的数据产生。大数据存储和处理技术支撑着大数据的大容量化，物联网技术推动着大数据的泛在化，云计算加速了大数据的实时化。从"数据"到"大数据"，不仅仅是数据量的差别，更是数据质的提升。一般认为，大数据主要具有以下四个方面的典型特征（"4V"），即规模性（volume）、多样性（variety）、高速性（velocity）、价值性（value）。数据成本的下降助推数据量增长，而新的数据源和数据采集技术的出现则大大增加了未来数据的类型。按照数据结构划分，大数据可分为结构化数据、半结构化数据和非结构化数据。按照数据处理延迟时间的长短划分，大数据处理可以分为实时数据处理和离线数据处理。按照数据的产生主体进行分类，大数据主要包含企业应用产生的数据、机器和传感器产生的数据、大量的人产生的数据三种类型，大数据的来源众多，科学研究、企业应用都在不断生成新的类型繁多的数据，各行各业每时每刻都在产生各种类型的数据。大数据应用已经凸显巨大的商业价值，其触角已延伸到各行各业。我们要充分利用现有的技术去分析挖掘大数据的潜在价值，实现大数据的整合，通过不同渠道的整合创新，创造新的数据价值。大数据正在催生新的经济增长点，正在成为企业竞争的新焦点。数据为数字经济的发展提供了不可或缺的动力支持。大数据技术的应用给用户带来了诸多便利和效益，但同时也给个人、企业和政府等带来了一定的安全隐患。

◇ **练习与思考**

1. 简述大数据的特征。
2. 简述大数据应用的价值。
3. 结合案例分析大数据创造价值的方式。
4. 简述当今社会大数据面临的挑战。

◇ **综合案例**

洞察数据背后的价值，中国移动梧桐大数据为你揭秘①

在社会运行过程中，大数据正在我们看不见的地方发挥着重要的作用。例如，春运期间几十亿人次的流动是否存在一定的规律，自然灾害发生后如何掌握人员的转移流向，如何从技术上研判预防频发的电信网络诈骗，等等。

大数据技术让我们有能力通过海量的数据判断事物的特点、趋势，让数据释放价值。

中国移动梧桐大数据不但能够分析出人们在春节期间吃、住、行、游的热点，还能以小时为颗粒度更新受灾区域人口数据和人口转移数据，更能基于历史和实时大数据分析为社会安全治理提供支撑。

作为信息通信服务的延伸，中国移动凭借大数据禀赋优势，打造架构先进、运行高效的梧桐大数据平台，为千行百业注入数据动能，助推数字经济高质量发展。

1. 创新引领，深入挖掘数据价值

党的二十大报告提出，加快发展数字经济，促进数字经济和实体经济深度融合，打造具有国际竞争力的数字产业集群。

作为数字经济的"血脉"，数据价值能否得到充分挖掘，对于建设数字中国和发展数字经济影响深远。如何深度挖掘数据要素价值，是中国移动践行央企担当的重要课题。

中国移动梧桐大数据具有生态开放、技术先进、数据全面、安全可控等优势，通过打造平台、汇集数据、构筑生态，为合作伙伴提供全面敏捷的储算、数据及工具开放服务。

挖掘数据要素价值、畅通数据资源大循环，最重要的是拥有坚实的数据要素流通基础设施。中国移动的大数据能力及创新优势在这一领域得到了充分体现。

梧桐大数据分布式协同计算平台拥有超 6 万台云边协同的大数据算力网络，其规模在全球运营商中居首位。

---

① 洞察数据背后的价值，中国移动梧桐大数据为你揭秘［EB/OL］.（2023-08-24）［2023-12-28］. https：//www.10086.cn/aboutus/news/groupnews/index _ detail _ 46930. html.

梧桐大数据开放平台为用户提供多样化的服务，可满足大数据应用开发场景的各项需求，实现从数据接入到应用发布的全程支撑。

目前，梧桐大数据的门户展示涵盖产品目录、数据目录、合作模式及自服务案例，合作伙伴可登录门户申请使用服务，从而实现产品订购入口、生态合作入口、技术分享入口的统一。

梧桐大数据实现了开创引领，在"数据＋多场景"融合方面，创新打造多样化数智应用产品和服务。

据了解，截至2023年，中国移动梧桐大数据平台已入驻145家内外部单位，包括国家级实验室、科研单位、高校等，数据正在被484个项目调用，大数据行业产品服务用户数超过3500家，大数据品牌影响力不断增强。

2. 梧桐引凤，推进千行百业"用数赋智"

因覆盖用户多、范围广、数据细，中国移动大数据可以直接映射宏观经济和微观社会的数字空间，为社会民生发展赋能。

基于中国移动的海量数据资源和平台丰富的大数据组件工具集，平台可支撑大数据与政府、金融、旅游、交通等多个领域的融合场景，提供安全、高效、可靠的大数据服务，实现行业赋能和生态共建。

梧桐引凤，正是中国移动大数据平台建设的初衷之一。中国移动有关负责人表示，在大数据发展上打造"中央厨房"，以数据为"食材"，以算法为"菜谱"，以工具为"厨具"，带动全民参与，通过提供多样化服务模式，帮助各行业的"大厨"一展风采。

3. 梧桐长成，引凤的效应开始凸显

在行业赋能方面，梧桐大数据致力于预测城市发展指数，多维度刻画我国各地区的城市发展现状与趋势，助力国家数字经济发展和数智化转型。在产业生态方面，梧桐大数据打造了生态合作平台与数智化咨询服务平台，布局全景合作生态，推动数据资产开放。截至2023年6月，生态合作平台已入驻75家单位，打造行业类和技术类产品448个。

以应急救灾为例，截至2023年6月，中国移动大数据支持15个省份的汛期暴雨红色预警，可帮助分析区域受灾情况以转移用户。对于地震灾害，移动大数据可快速分析地震区域不同辐射范围的人口变化情况及画像特征，已支撑四川、青海等多个省份的地震影响人员分析。

在应急管理保障、人口普查、经济分析、大型赛事活动、春运、复工复产等多个领域，梧桐大数据发挥着挖掘大数据要素价值、推进大数据价值转化的关键作用。中国移动携手行业合作伙伴，充分发挥海量数据规模、丰富应用场景优势，做好大数据生态，为行业注智赋能。

"举目已是千山绿，宜趁东风扬帆起。"在席卷全球的数字化浪潮中，中国移动表示将积极融入国家大数据战略，充分发挥数据、算力等优势，畅通数据要素大循环，让全社会享受更多更便捷的数字红利。

■【思考】

1. 简述中国移动梧桐大数据平台的功能。

2. 简述中国移动是如何实现"用数赋智"，实现大数据价值的。

3. 简述中国移动梧桐大数据的主要应用领域。

第二章 大数据的相关技术

◇ 学习目标

■ 知识目标

1. 了解物联网、大数据、云计算、人工智能的主要发展、主要特征、关键技术；

2. 理解物联网、大数据、云计算、人工智能的关系，关注物联网、大数据、云计算、人工智能等技术的发展趋势。

■ 能力目标

1. 理解物联网、大数据、云计算、人工智能在不同行业和领域的应用；

2. 将所学专业知识和大数据相关应用领域结合起来，关注专业的发展。

■ 情感目标

1. 理解物联网、大数据、云计算、人工智能的关系；

2. 具备数据素养，了解相关技术的发展，在未来能够结合本专业知识合理运用大数据资源和相关技术。

◇ 学习重点

1. 理解云计算的特征、类型、服务模式及应用；

2. 理解物联网的体系架构、产业链及应用；

3. 理解人工智能的主要应用与发展。

◇ 学习难点

1. 理解物联网、大数据、云计算、人工智能的关系；

2. 理解物联网、云计算、人工智能的主要应用及发展。

◇ 导入案例

Today 自主研发云平台全国上线，开启智慧零售新篇章[①]

2014 年 Today 便利店（以下简称 Today）总部落户武汉，2017 年 11 月成立技术中心，致力于搭建强大的基础架构、零售云平台和仓配平台，以大数据驱动业务创新发展，构建 Today 零售智能商业互联网化，打通线上与线下流量，打造智慧门店。2018 年 9 月 1 日，Today 全国门店成功切换新零售云平台。该云平台由 Today 技术团队自主研发。

新零售云平台是智慧门店的关键。行业研究认为，智慧零售须全程跟踪消费者的购买行为与场景体验，而数字化、智能化的技术平台是关键。如消费者画像、供应链管理、场景布局优化，以及打通线上线下流量，获客、转化、提效和精准化营销，均需要技术平台的总控和数据支撑。Today 技术团队自主研发的云平台包含供应链仓配系统、Eywa 中台系统、云 POS 收银系统、Navi 智慧门店系统和 Allspark 大数据系统，服务对象包括消费者、门店、供应商、加盟商、配送商和总部职能部门。

Today 技术团队负责人表示，新零售云平台首先解决的是效率问题。"顾客点一份 6 元的早餐，老系统收银共 12 个步骤，需要费时 15～20 秒，而新系统只有 4 步，5～10 秒就能结完。""消费者喜欢尝鲜，需要经常变换策略。"顾客在便利店是即时消费，可能受天气等各种因素影响，因此门店的促销规则、会员营销需要快速响应。

Today 新零售云平台所有终端设备均基于云端，实现后台统一管理，使用户行为、商品数据和支付场景，成为线上数据分析和线下场景构建数字模型的基础。Eywa 中台系统连接与控制产品链上下游，进行日常运营管理，是协作经营的指挥与调度中心。Eywa 中台系统包含多个核心模块，它们以商品库为基石，支撑全国商品实现线上与线下个性化信息配置，同时适用于不同的采购场景，还可以实时监控全国门店与仓库订购、验收、转货等日常业务数据，保证门店、仓库与供应商有序高效地协同运作，赋能企业运营与用户。在智慧物流方面，Today 在武汉、南宁和长沙三城运营了三个常温仓、三个冷藏仓和三个冷冻仓。Today 所构建的是一个基于互联网，用数据实时驱动的新零售协同物流及供应链平台。

大数据可以赋能单店极致体验和规模效益。智慧零售业态每天都会产生大量数据，运用大数据进行科学分析尤为重要。"每天几十万顾客走进 Today，无形中产生大量消费数据，靠人的经验很难有效利用（它们）。"Today 大数据负责人如此介绍。

[①] Today 自主研发云平台全国上线，开启智慧零售新篇章［EB/OL］．［2023-12-20］．https://zhuanlan.zhihu.com/p/9033
6360.

Today 云平台用互联网思维梳理逻辑，设计年轻化、极简化，与传统零售系统大相径庭，同时与阿里云进行大数据合作，可对每家门店和潜在消费者进行画像分析。比如，早高峰时，刚进地铁的白领小汐收到微信消息，自己常去的便利店上了新款三明治，正是自己喜爱的口味，她果断下单。出地铁后，她径直来到门店自提区，拿着 Today 店员提前准备好的三明治走进公司，以愉悦的心情开始了新的一天。这是发生在 Today 的一个再寻常不过的消费场景。

大数据分析从表面上看和消费者没直接关系，但很快消费者就会拥有更好的体验。Today 通过大数据对消费者进行观察，实现供应链管理和场景布局效益的优化，打通线上线下流量，实现精准化营销。对于门店经营而言，Today 大数据部门开发的"超级店长"应用，是一款移动端的经营数据分析产品，可以帮助店长、店员全方位了解门店经营情况，场景的精细化运营也将节省零售运营成本，有效提升经营效率，规模化提升零售营业额。同时，该大数据负责人透露，Today 大数据选址平台已上线，它能为新店选址、消费者画像和高效经营提供指导。这将为 Today 打造新的市场积累长远优势。

■【思考】

1. Today 云平台是如何为智慧零售服务的？
2. Today 是如何利用大数据进行科学分析的？

第一节　云　计　算

一、云计算的特征

"云"，是对计算机集群及 IT 基础设施的一种形象比喻，一个计算机集群可以包括几十万甚至上百万台计算机，就好像天上大朵大朵的云团。"计算"，是指计算机的交付、使用与服务。通俗地讲，云计算（cloud computing）是一种基于网络的计算机资源交付、使用、服务的新方式（模式）。谷歌、微软、雅虎、IBM 等专业网络公司搭建计算机存储、运算中心，实际上就是为用户提供云服务，让用户可以按需购买数据资料的存储和计算服务。

云计算是物联网和大数据时代传统计算机和网络技术发展融合的产物。在互联网生态中，"云数据中心"好比水库，水库中的水遇到阳光会蒸发，在空气中，水气凝结成云滴，云滴进一步聚集成云，云又会形成降水落入水库；阳光相当于用户的需求，水蒸发可以视为服务的发布，云滴可以理解为服务，云滴所聚集的云可以理解为服务的聚合，降水可以理解为用户按需取用。

云计算的本质是将计算资源、存储资源、网络资源等通过互联网以服务的方式提供给用户，让用户可以随时随地、按需使用这些资源，而不需要自己建设和维护庞大的信息技术基础设施。

归结起来，云计算具有以下特征。

（一）高性价比

云计算依赖资源的共享达成规模经济，具有传统模式五倍以上的性价比优势。云计算时代，我们只需要一台显示器（浏览器、手机）和一根网线，就能在任何地点获得网络资源。云计算意味着用户不需要大硬盘、高内存和强大的 CPU（电脑中央处理器），不用安装杀毒、视频、游戏等电脑软件，一切都可通过网络由"云"提供服务，云计算好比电力供应从单台发电机转向电厂集中供电、家庭无须购买和维护任何发电设备一样，用户消费计算能力这种商品，就像消费气、水、电一样，使用方便、费用低廉。

（二）服务可租用

云计算通过网络以服务的方式，为千家万户提供廉价的 IT 资源。用户所需资源不在客户端，而在网络。网络中的资源（如硬件、平台、软件）在使用者看来是可以无限扩展的，并且可以随时获取。这种特性经常被比喻为像使用水电一样使用硬件资源，按需购买和使用。

（三）服务可计量

云计算服务具有分钟级或秒级的计算能力。云计算技术可将计算任务分布于大量由计算机构成的资源池，使各种应用系统能够根据需要获取计算力、存储空间和信息服务。网络服务提供者利用云计算技术可以在数秒之内，处理数以千万计甚至亿计的信息，享受和超级计算机具有同样强大效能的网络服务。

二、云计算的服务模式和类型

（一）云计算的服务模式

云计算的本质是把应用程序和数据都放在由大量服务器组成的"云"中，用户需要什么么，购买相应服务并使用即可。作为一种服务模式，根据交付内容的不同，云计算主要包括以下三个层次的服务：基础设施即服务（IaaS）、平台即服务（PaaS）和软件即服务（SaaS）。

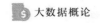 **1. 基础设施即服务（IaaS，infrastructure as a service）**

IaaS 即把由多台服务器组成的"云端"基础设施作为计量服务提供给客户。云计算提供商向个人或组织提供虚拟化的计算资源，用户可以通过网络使用计算机（物理机或虚拟机）、存储空间、网络连接等计算机基础设施服务。IaaS 是把数据中心、基础设施等硬件资源通过 Web 分配给用户，用户基本上是租用基础架构，像操作系统、应用和中间件等内容由用户管理，而硬件、网络、硬盘驱动器、数据存储和服务器，则由云计算提供商业化管理，并负责处理中断、维修及硬件问题。这种模式最为突出的特点是用户无须自行搭建耗资巨大的 IT 基础设施。

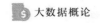 **2. 平台即服务（PaaS，platform as a service）**

PaaS 即将软件研发的平台作为一种服务提供给客户，为开发、测试和管理软件应用程序提供按需开发的环境。PaaS 主要面向开发人员和编程人员，为用户提供了一个共享的云平台，使用户可以在不购买服务器等设备环境的情况下开发新的应用程序，这有助于用户提高效率。PaaS 上的硬件和应用软件平台由外部云服务提供商来提供和管理。

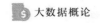 **3. 软件即服务（SaaS，software as a service）**

SaaS 即由服务提供商维护和管理软件，提供软件运行的硬件设施，用户无须购买软件，而是向服务提供商租用基于 Web 的软件来管理企业经营活动。只要用户拥有能够接入互联网的终端，就可以随时随地使用软件。服务提供商为面向企业的用户提供软件服务，如财务管理、客户关系管理、商业智能等，为面向个人的用户提供软件服务，如电子邮件、文本处理、个人信息存储等。SaaS 大大降低了软件的使用成本，并且由于软件是托管在服务提供商的服务器上，所以减少了用户的管理维护成本，可靠性也更强。

当前的科技发展可以用"ABCDE"来表示，A 即人工智能（AI），B 即区块链（blockchain），C 即云计算（cloud computing），D 即大数据（big data），E 即万物互联（Internet of Everything）。云计算将会成为我们 IT 基础设施的"水电气"，随处可见、不足为奇。而基于云上的服务到服务（S2S，service to service）可以直达用户，让人们无须再考虑"云"的事情，"云"将是无感的。S2S 才是云计算这个基础设施的终极服务模式。

中国云计算产业各领域主要领先厂商如表 2-1 所示。

表 2-1　中国云计算产业各领域主要领先厂商①

领域	主要领先厂商
基础设施与系统集成服务	浪潮信息、华胜天成、浙大网新、华东电脑等
IaaS 运营维护	中国电信、中国联通、中国移动、百度、世纪互联等
PaaS 云平台	八百客、阿里云、华为、华胜天成等
SaaS 云应用软件	八百客、阿里软件、三五互联、用友软件、焦点科技、东软集团等

（二）云计算的类型

按客户的部署方式分类，云计算可分为公有云、私有云及混合云三类。

1. 公有云

公有云的云端资源向社会大众开放，符合条件的任何个人或组织都可以租赁并使用云端资源，且无须进行底层设施的运维。云服务提供商通过客户资源使用情况（vCPU 数、磁盘空间大小、时长等）进行收费。公有云所有的应用、服务、数据都存放在公有云提供商处，其优势是用户使用成本较低、无须维护、使用便捷且易于扩展，可以满足个人用户、互联网企业等大部分客户的需求。公有云的缺点在于数据的安全性较低，由于公有云的数据不在使用者的本地数据中心，存在很大的安全风险。对于创业初期的公司来说，选择公有云服务，可避免一次性投入过多成本。类似的应用场景如高性能计算、基因测序等可按需付费获取公有云服务。典型的公有云有 Amazon EC2、阿里云 ECS、腾讯云 CVM 等。

2. 私有云

私有云的云端资源仅供某一客户使用，其他客户无权访问。私有云所有的服务不是供别人使用，而是供自己内部人员或分支机构使用。私有云的优点在于数据安全性和系统可

---

① 一文读懂云计算行业前景：产业蓬勃发展，行业应用加速渗透［EB/OL］．（2023-03-14）［2023-12-19］．https：//baijiahao．baidu．com/s？id=1760312627345310336&wfr=spider&for=pc．

用性可控，由于私有云模式下的基础设施与外部分离，因此数据的安全性、隐私性相比公有云更强，能满足政府机关、大型企业、金融机构以及其他对数据安全要求较高的客户的需求。私有云的缺点在于投资规模比较大，尤其是一次性建设的投资。集团化的大企业可通过建设企业私有云，为子公司提供 IT 基础设施平台。

3. 混合云

混合云是私有云和公有云结合的 IT 模式。一方面，用户在本地数据中心运用私有云技术构建了自己的 IT 平台，处理大部分业务并存储核心数据；另一方面，用户采购了公有云服务商提供的 IT 服务，满足峰值时期的 IT 资源需求。混合云主要应用场景包括云灾备、电商大促、游戏公测等。混合云的优势在于对现有的业务进行合理分区，用户通过私有云本地数据中心具备的安全性和可靠性，来满足基本业务的需求，通过公有云保障业务的弹性，并根据各部门工作负载来灵活选择云部署模式，比如私有云资源不够时，可调度公有云的资源。近些年，混合云受到规模庞大、需求复杂的大型企业的广泛欢迎。例如，12306 的客票平台将核心数据全部放在私有云的数据中心内部，在春运或者大型节假日期间数据突增时，可以通过阿里云扩展分发更多的业务云主机，保障订票业务正常运行。

三、云计算的应用

在云计算行业产业链图谱（见图 2-1）中，处于上游的基础设施提供商将芯片、服务器、交换机等销售给互联网数据中心（IDC）制造商或直接销售给云服务提供商，云服务提供商开发云产品并提供相应的服务。云计算下游面向传统行业和个人用户，如互联网信息服务、政务、金融、交通等。

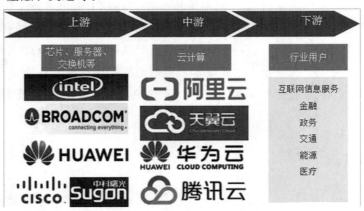

图 2-1 云计算行业产业链图谱①

---
① 一文读懂云计算行业前景：产业蓬勃发展，行业应用加速渗透［EB/OL］．（2023-03-14）［2023-12-19］．https：//baijiahao．baidu．com/s？id=1760312627345310336&wfr=spider&for=pc．

我国云计算的行业应用水平参差不齐。互联网行业和信息服务业具备 IT 属性的先天优势，充分将人工智能、大数据、区块链等新兴技术与云原生能力融合，基本实现云计算的深化应用，以提升企业业务智能化水平。当前，我国金融、政务、交通等行业云化改造能力持续加强，能源、医疗、工业等行业的核心系统云化改造程度有待提升。

云计算已广泛应用于电子商务、教育、医疗、交通、政务、游戏、机场、生物科学、媒资、汽车、物流等行业。云计算在人们的日常生活中越来越普及，如在线办公、云音乐、云存储、地图导航、电子商务、搜索引擎等。

12306 网站采用阿里云是云计算应用模式的成功范例，展示了云计算的强大生命力。2015 年前后，天量的火车票查询是影响 12306 网站性能的重要原因之一，这个并发业务大概占了 12306 网站 90% 的访问流量，需要解决当时人民群众迫切的购买回家车票的需要与购票系统无法快速高效响应之间的主要矛盾。为满足 12306 网站的业务需求，阿里云计算产品对底层技术架构网络、存储、计算进行全面升级，提高整机性能。对于阿里云来说，其通过云的弹性和按量付费的计量方式，支持 12306 网站巨量的查询业务；对于 12306 来说，其得以把架构中高消耗、低周转的系统迁移到云计算上。这是一个充分利用云计算弹性的绝好实例。

从最早单一的通用计算，到推出异构计算与高性能计算产品，再到一系列新品，阿里云弹性计算已覆盖互联网、金融、零售等行业的近 300 种场景，支撑了各种流量高峰，如 12306 网站的春运抢票、微博热点的暴涨流量、钉钉 2 小时扩容 10 万台云服务器等。阿里云目前已经拥有神龙计算平台、盘古存储平台、洛神网络平台以及整个飞天操作系统，阿里云通过对这些平台技术的沉淀和提升，持续演进产品、提升服务，驱动云计算脚步向前迈进。阿里云服务于制造、金融、政务、交通、医疗、电信、能源等众多领域的领军企业，包括中国联通、12306、中石化、中石油、飞利浦、华大基因等大型企业客户，以及微博、知乎、锤子科技等明星互联网公司。

华为云是华为的云服务品牌，它通过基于浏览器的云管理平台，以互联网线上自助服务的方式，为用户提供云计算 IT 基础设施服务。谷歌云是谷歌提供的云计算服务平台，它不仅为企业客户提供数据管理、机器学习、托管和安全解决方案，还为其提供基础架构服务，包括计算、存储、网络和分析服务，以满足用户的复杂业务需求。亚马逊云科技连续 12 年被 Gartner 评为"全球云计算产业的领导者"，在 2022 年全新 Gartner 魔力象限中被评为"云基础设施与平台服务（Iaas & PaaS）领导者"。从计算、存储和数据库等基础设施技术，到机器学习、人工智能、数据湖和分析以及物联网等新兴技术，亚马逊云科技提供了丰富完整的服务及功能。

最先从云计算生态系统的形成中获益的是政府的公共服务。云计算和云计算生态系统将逐渐改变公共服务的投资方式和公共服务的质量，政府提供公共服务不再需要拥有 IT 资源的产权，租用等方式可以大大提高 IT 资源配置的灵活性和投资效率，减少政府的资金投入。

云计算也给企业带来了巨大的价值。企业通过低成本的手段用数据驱动业务高效发展。云计算的导入帮助企业在全面战略层提高综合能力，从而打造新的竞争优势。云计算是用足够低的成本解决大计算的问题，可以大幅节约中小企业 IT 资源的使用成本。云计算有助于实现 IT 服务的"在线化"，让技术的门槛大幅降低。伴随云计算而来的大数据处理，将企业的数据变成生产资料和无形资产，将彻底改变企业的商业模式和运营模式。

云计算生态系统丰富的商业形态和多层次的 IT 模式，将彻底变革现有的 IT 产业链，形成升级换代的新型 IT 产业链。

随着人工智能技术的快速发展，云计算将成为人工智能技术的支撑，为企业提供智能化的服务和解决方案。5G 技术也将极大地提高云计算的速度和效率，为用户提供更好的体验和服务，使企业能更快地进行数据处理和分析。

第二节　物　联　网

一、物联网的内涵及体系架构

物联网的英文名称是 Internet of Things（IoT）。顾名思义，物联网就是物物相连的互联网。物联网的核心和基础依然是互联网，物联网的很多技术都是在互联网基础上的延伸和扩展。物联网的用户端延伸和扩展到了任何物品与物品之间，进行信息交换和通信。物与物、人与物之间的信息交互是物联网的核心，各种信息传感设备与网络结合起来形成一个巨大的网络，实现任何时间、任何地点，人、机、物的互联互通。

百度百科中，物联网是指通过信息传感设备，按约定的协议，将任何物体与网络相连接，物体通过信息传播媒介进行信息交换和通信，以实现智能化识别、定位、跟踪、监管等功能。参考百度百科的解释，我们认为物联网是指通过信息传感器、射频识别技术、全球定位系统、红外感应器、激光扫描器等各种装置与技术，实时采集任何需要监控、连接、互动的物体或过程，采集其声、光、热、电、力学、化学、生物、位置等各种需要的信息，通过各类可能的网络接入，实现物与物、物与人的泛在连接，实现对物品和过程的智能化感知、识别和管理。物联网涉及传感技术、射频识别技术、网络通信技术、数据分析、挖掘技术等多种技术。

物联网的架构一般分为三层或四层。三层的架构由底层至上层依次为感知层、网络层与应用层；四层的架构由底层至上层依次为感知层、网络层、平台层与应用层。三层架构与四层架构的区别在于，增加了一个平台层。物联网四层架构与三层架构没有本质上的区别，只有功能划分细节上的差异。下面以四层架构为例进行相关说明。物联网典型四层架构如图 2-2 所示。

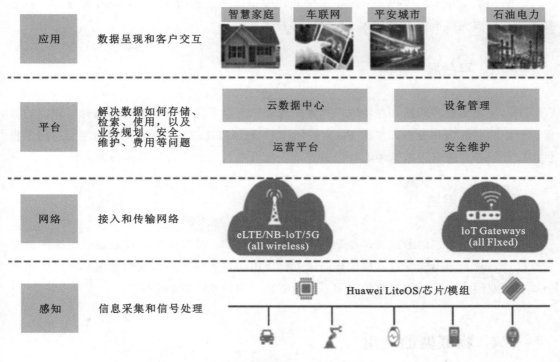

图 2-2 物联网典型四层架构[①]

1. 感知层

感知层的主要功能就是采集物理世界的数据。感知层的数据来源主要有两种，一种是主动采集生成信息，这种方式需要主动记录或跟目标物体进行交互以获取数据，信息实时性高，比如传感器、多媒体信息采集、GPS 等，存在一个长期交互采集数据的过程；另一种是接收外部指令被动保存信息，这种方式一般都是事先将信息保存起来，等待被直接读取，比如射频识别（RFID）、IC 卡识别技术、条形码、二维码技术等。感知层一般采用搭载 LiteOS 这类物联网操作系统的 MCU 作为核心控制器，物联网操作系统能够辅助 MCU 管理传感器设备，并为其接入网络提供便利。

2. 网络层

网络层的主要功能就是传输信息，将感知层获得的数据传送至指定的目的地。物联网的连接可通过多种技术实现，这些技术可分为有线和无线两种。有线技术通过双绞线（常见的网线）、光纤连接网络，或通过电缆线接入网络。无线技术基于有效传输距离的不同，可分为短距离无线、中距离无线和长距离无线。短距离无线通过蓝牙、Li-Fi、RFID、

---

① 物联网的典型 4 层架构［EB/OL］．（2022-02-22）［2023-12-28］．http：//www.togogo.net/news/3852.html．

NFC、Wi-Fi、ZigBee、Z-Wave 等技术接入，中距离无线通过 LTE-Advanced 和 5G 技术接入，长距离无线通过 LPWAN、VSAT 等技术接入。

3. 平台层

平台层负责处理数据，在物联网体系中起着承上启下的作用，主要将来自感知层的数据进行汇总、处理和分析，包括 PaaS 平台、AI 平台和其他能力平台。平台层为应用层提供接口和服务，拥有云数据中心、设备管理、运营平台、安全维护等多种能力。

4. 应用层

应用层是物联网的最顶层，也是物联网的最终目的，其主要是将设备端收集来的数据进行处理，从而为不同的行业提供智能服务。应用层主要基于平台层的数据解决具体垂直领域的行业问题，包括消费驱动应用、产业驱动应用和政策驱动应用。

二、 物联网的应用

目前，人们在物流管理、交通出行、城市安全、医疗健康、安全生产等方面对物联网有切实的需求，这使得物联网在这些领域发展迅速。当物联网发展到一定的规模时，其借助 RFID、传感器、可穿戴设备、智能感知、视频采集、增强现实等技术可实现实时信息采集和分析。这些数据能够支撑智慧城市、智慧交通、智慧能源、智慧医疗等的发展。

在物流管理方面，物联网的应用领域主要有仓储、运输监控、快递终端等。借助现代物联网技术，人们可以对货物的温湿度和运输车辆的位置、状态、油耗和速度等进行监控，提升运输效率，大大提高了物流业的智能化水平。

在交通出行方面，物联网与交通的结合主要体现在人、车、路的紧密结合，其以图像识别技术为核心，综合利用射频技术、标签等手段，对交通流量、驾驶违章、行驶路线、牌号信息、道路的占有率、驾驶速度等数据进行自动采集和实时传送。物联网在智慧交通方面的应用，具体体现在智能公交、共享单车、车联网、充电桩监控和检测、智能红绿灯、智慧停车场等方面，大大改善了我们的交通环境，保障了交通安全，提高了资源利用率，让人们的出行更加方便。

在城市安全方面，传统的安防是以人为基础的，而物联网的智能安防可以利用设备进行防控，减少对人员的依赖，同时，还可以对不同的情况进行分析和处理。智能安防最核心的部分在于智能安防系统，该系统可以实时传输数据和存储图像，并对拍摄的图像进行分析与处理。一个完整的智能安防系统包括门禁、报警和监控三大部分。

在医疗健康方面，物联网通过传感器与移动设备对生物的生理状态进行捕捉。比如，医生通过无线网络可以随时连接访问各种诊疗仪器，实时掌握患者的各项生理指标数据，如心跳频率、体力消耗、葡萄糖摄取、血压高低等。这些数据被记录在个人的电子健康文件里，方便个人或医生进行查阅，同时还能监控人体的健康状况，科学合理地制定诊疗方案。

此外，物联网在智能家居、智慧零售、智慧农业、智慧工业、智能环保等领域的应用也越来越广泛。随着人工智能和物联网的融合，万物都将实现数据化和智能化。

三、 物联网产业链

我们接下来依然从物联网的四层架构方面来分析物联网产业链。感知层为物联网产业链上游，网络层和平台层为物联网产业链中游；应用层为物联网产业链下游，主要为物联网的应用及相关服务。

感知层的主要参与者是传感器厂商、芯片厂商和终端及模块生产商，产品主要包括传感器、系统级芯片、传感器芯片和通信模组等底层元器件。RFID和二维码属于被动读取技术，也是第一代物联网技术。传感器是一种检测装置，能感受到被测对象的信息物理、化学、生物等信息，并将其按一定规律变换为可识别的电信号或其他信号形式。传感器是物联网上游感知层的核心，控制芯片、智能控制器等的主要功能是实现物端智能以及提取物品本身的信息。控制和实现物联网终端功能的核心是 MCU 芯片。MCU 也称单片机或单片微型计算机，是智能控制的核心部件，其将计算机的 CPU、RAM、ROM、定时计数器和多种 I/O 接口集成在一片芯片上，为不同的应用场合做不同的组合控制。

网络层的参与者是通信服务提供商，它们主要提供通信网络服务，包括硬件载体和软件平台。通信网络可以分为蜂窝网络和非蜂窝网络。物联网的传输层以无线传输为主，按照传输距离的不同，无线传输又可以分为局域网（LAN）和广域网（WAN）两种。局域网通信距离相对较短，包括人们较为熟知的蓝牙、Wi-Fi 等，适用于智慧家居、智能仓库等低移动性场景。广域网通信范围大，包括 NB-IoT、Sigfox 等，适用于车联网、物流跟踪、资产定位等移动性场景。硬件载体厂商包括华为、爱立信、惠普、联想、思科、英特尔等。软件平台厂商包括阿里云、百度云、华为云、腾讯云等。

平台层的参与者是各式各样的平台服务提供商，其提供的产品与服务可以分为物联网云平台和操作系统，实现对数据、信息的存储和分析。随着大数据和人工智能的发展，物联网对数据的提取、存储、处理、利用等能力大为提高，能够提供设备管理、连接管理、应用使能、安全服务等服务。平台层成为物联网海量连接的生态聚合点，运营商、互联网企业与垂直行业巨头持续布局，为物联网建立大规模的连接。

应用层提供丰富的基于物联网的应用，包括智能硬件和应用服务，其中，应用服务可以根据应用场景的不同进行细分，将物联网技术与行业信息化需求相结合。物联网根据不同应用场景可分为消费物联网和产业物联网两大类。其中，消费物联网可细分为个人物联网和家庭物联网；产业物联网可细分为工业物联网、商业物联网、智慧城市及智慧交通/

车联网。物联网应用领域丰富，涉及智能交通、环境保护、政府工作、公共安全、工业监测、个人健康等多个领域。

物联网层次结构及相关公司如表 2-2 所示。

表 2-2   物联网层次结构及相关公司[1]

大类	细分产业链	相关公司
传感层	RFID	远望谷、新大陆、厦门信达、思创医惠、先施科技
	传感器	汉威电子、华工科技、苏州固锝、上海华虹、大唐微电子、国民技术
	语音、人脸识别	科大讯飞、佳都科技、汉王科技、航宇微（曾用名：欧比特）
网络层	通信芯片、模块	中兴通讯、光迅科技、大唐电信、东软载波
	网络传输（NB-IoT）	华为、中兴通讯、烽火通信
	无线传输（WiFi）	三变科技、北纬通信、星网锐捷
平台层	网络运营	中国移动、中国联通、中国电信
	平台运营	宜通世纪、国脉科技、旋极信息
应用层	工业互联网	东土科技、东华测试、大富科技、佳讯飞鸿
	智能家居	科大讯飞、美的集团
	智能交通	高新兴、佳讯飞鸿、思维列控、千方科技、数字政通
	智慧医疗	朗玛信息、理邦仪器、九安医疗
	车联网	盛路通信、商业城、国脉科技、四维图新、荣联科技（曾用名：荣之联）、兴民智通

四、物联网、大数据、云计算的关系

《互联网进化论》一书提出，互联网的未来功能和结构将与人类大脑高度相似，也将具备互联网虚拟感觉、虚拟运动、虚拟中枢、虚拟记忆神经系统。[2]有学者根据这一观点以及大数据、物联网、云计算、人工智能等的发展情况，绘制了一幅互联网虚拟大脑结构图（见图 2-3）。

从图 2-3 中我们可以看出：大数据代表了互联网的信息层（数据海洋），是互联网智慧和意识产生的基础；物联网对应了互联网的感觉和运动神经系统；云计算是互联网的核心硬件层和核心软件层的集合，也是互联网中枢神经系统的萌芽。人工智能与互联网的结合促进了各个神经系统的联合运转。

①   物联网演进的核心变数平台层 [EB/OL]. [2023-12-29]. https://cloud.tencent.com/developer/news/343630.
②   刘锋. 互联网进化论：破解互联网的奥秘 [M]. 北京：清华大学出版社，2012.

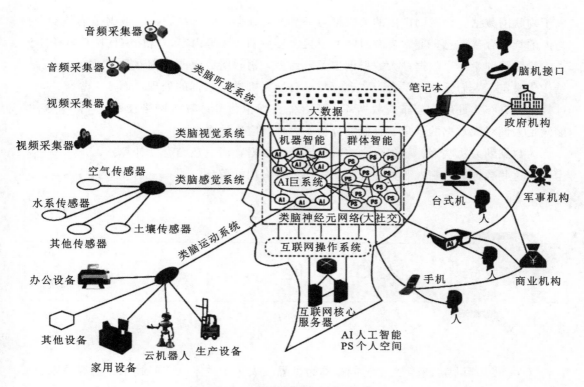

图 2-3　互联网虚拟大脑结构①

　　从技术上看，大数据与云计算密不可分。在互联网时代，尤其是物联网、社交网络、电子商务与移动通信把人类社会带入了一个以"PB"为单位的结构化与非结构化数据共存的新时代。在云计算出现之前，传统的计算机是无法处理如此量大并且不规则的非结构化数据的。大数据采用云端分布式架构对海量数据进行分布式存储、分布式处理。

　　云计算为大数据资源的利用、大数据的挖掘提供技术设施，大数据的价值就像漂浮在海洋中的冰山，人们第一眼只能看到冰山的一角，而未能看到隐藏在表面之下的主体部分。而人们发掘数据价值、探索数据海洋的工具就是云计算。云计算为大数据提供了可以弹性扩展且相对便宜的存储空间和计算资源，使得中小企业也可以像亚马逊一样通过云计算来完成大数据分析。大数据挖掘为计算建设和运作提供决策。

　　从本质上看，云计算与大数据的关系是动与静的关系：云计算强调的是计算，而大数据则是计算的对象。如果结合实际应用来看，云计算强调的是计算能力，或者说看重的是存储能力，而大数据则注重处理数据的能力，如数据获取、清洁、转换、存储、分析、统计等能力。

　　大数据与物联网是相辅相成的关系。物联网产生大量数据。这里的数据并非单纯指人们在互联网上发布的信息，全世界的工业设备、汽车、电表上有无数的数码传感器，随时测量和传递有关位置、运动、震动、温度、湿度乃至空气中化学物质的变化，这些数据也

---

① "大脑"爆发背后是 50 年互联网架构重大变革［EB/OL］.（2018-09-25）［2024-01-02］. https：//blog. sciencenet. cn/blog-39263-1136902. html.

属于物联网数据。物联网产生的大数据与一般的大数据不同。物联网的数据是物与物、物与人的社会合作信息，通常带有时间、位置、环境和行为等内容，增长快且具有多样性。

物联网催生了大数据，大数据催生了云计算。物联网数据的异构性和非结构化决定了人们无法用单台、数台、数十台计算机进行数据的处理，而云计算依托分布式处理、分布式数据库、云存储、虚拟化等计算机网络技术，能满足人们对大数据的采集、存储、分析、管理和应用的要求。

大数据助力物联网，不仅仅是收集传感器的数据，而且还结合云计算技术，将这些数据进行筛选和处理分析，提前发现有用的信息。

数字资源 2-1
物联网在共享
单车中的应用

第三节　人工智能

20 世纪 70 年代以来，人工智能被称为世界三大尖端技术（空间技术、能源技术、人工智能）之一，也被认为是 21 世纪三大尖端技术（基因工程、纳米科学、人工智能）之一。人工智能（artificial intelligence，AI）是研究使用计算机来模拟人的某些思维过程和智能行为（如学习、推理、思考、规划等）的学科，涉及计算机科学、心理学、哲学和语言学等内容。人工智能研究的目的是通过探索智慧的实质，扩展人类的智能，例如在语音识别、机器翻译等领域促使智能主体会听，在图像识别、文字识别等领域促使智能主体会看，在语音合成、人机对话等领域促使智能主体会说，在人机对弈、专家系统等领域促使智能主体会思考，在知识表示、机器学习等领域促使智能主体会学习，在机器人、自动驾驶等领域促使智能主体会行动。

一、人工智能发展概况

20 世纪五六十年代是人工智能的起步发展期。1950 年，艾伦·麦席森·图灵提出图灵测试，拉开了人工智能的序幕。图灵测试是测试者在与被测试者（一个人和一台机器）隔开的情况下，通过一些装置（如键盘）向被测试者随意提问，即测试机器能否表现出与人相似的智能。由此让机器产生智能这一课题开始进入人们的视野。20 世纪 70 年代，由于计算力及相关理论等的匮乏，人工智能难以达到人们的期望，发展步入低谷。20 世纪 80 年代，人工智能迎来应用发展的新高潮，机器学习（特别是神经网络）在大量的实际应用中也开始慢慢复苏，机器探索不同的学习策略和各种学习方法。20 世纪 90 年代至 2010 年，人工智能进入平稳发展期。互联网技术的迅速发展，加速了人工智能的创新研究，与人工智能相关的各领域都取得了长足的进步，促使人工智能技术进一步走向实用化。2011年至今，人工智能进入蓬勃发展期。随着大数据、云计算、互联网、物联网等信息技术的发展，以深度神经网络为代表的人工智能技术，跨越了科学与应用之间的技术鸿沟，在图像分类、语音识别、人机对弈、无人驾驶等应用领域实现了重大的技术突破。2022年，AI 应用迎来爆发式增长，从 OpenAI 发布 ChatGPT 到微软的 Microsoft 365 Copilot，再到百度的"文心一言"，AI 展现了惊人的学习力和思考力。

人工智能发展过程中的代表性事件如表 2-3 所示。

表 2-3　人工智能发展过程中的代表性事件①

时间	主要事件	事件的主要内容
1950 年	图灵测试	一个人（C）询问两个他看不见的对象（机器 A 和正常思维的人 B）。如果经过若干询问后，C 无法区分 A 与 B，则 A 通过图灵测试。
1997 年	"深蓝"击败国际象棋世界冠军	IBM 研制的超级计算机"深蓝"在标准比赛时限内以 3.5 比 2.5 的累计积分击败了国际象棋世界冠军卡斯帕罗夫，震惊世界。国际象棋人工智能首次以总比分战胜国际象棋顶尖棋手。"深蓝"是基于暴力穷举实现国际象棋领域的智能，通过生成所有可能的走法，然后执行尽可能深的搜索，并不断对局面进行评估，尝试找出最佳走法。
2011 年	"沃森"夺得人机大战的冠军	2011 年 2 月 16 日，在美国智力竞猜节目《危险边缘》第三场比赛中，IBM 另一超级计算机"沃森"以三倍的巨大分数优势力压该竞猜节目有史以来最强的两位选手肯·詹宁斯和布拉德·鲁特，夺得这场人机大战的冠军。"沃森"在比赛中没有连接互联网，其数据库中包括《辞海》和《世界图书百科全书》等数百万份资料，强大的硬件助力其在 3 秒钟之内检索数亿页的材料并给出答案。
2015 年	ImageNet挑战赛	在图像识别准确率上，机器的表现首次超过了人类。
2016 年	围棋人机大战	2016 年 3 月，AlphaGo 与围棋世界冠军、职业九段棋手李世石进行围棋人机大战，以 4 比 1 的总比分获胜。
2017 年	围棋人机大战	2017 年 5 月，AlphaGo 以 3 比 0 的总比分战胜柯洁。AlphaGo Zero，在此前版本的基础上，结合了强化学习，进行了自我训练。
2022 年 11 月	ChatGPT发布	ChatGPT 的全名为 Chat Generative Pre-trained Transformer，是 OpenAI 研发的聊天机器人程序，是人工智能技术驱动的自然语言处理工具，拥有语言理解和文本生成能力，通过连接大量的语料库来训练模型。这些语料库包含真实世界的对话，使得 ChatGPT 具备根据聊天的上下文进行互动的能力。

① 一文概览人工智能（AI）发展历程［EB/OL］.［2024-01-03］. https：//zhuanlan. zhihu. com/p/375549477？ utm _ id=0.

二、人工智能的关键技术

人工智能是利用数字计算机或者数字计算机控制的机器模拟、延伸和扩展人的智能，让机器实现原来只有人类才能完成的任务。人工智能的关键技术如表 2-4 所示。

表 2-4　人工智能的关键技术①

技术	简要描述	应用程序示例
机器学习	自动化训练过程并将模型拟合到数据	利用大数据进行高度精细的市场分析
神经网络	使用人工"神经元"加权输入并将它们与输出关联	识别信用欺诈、天气预报
深度学习	具有多层变量或特征的神经网络	图像和语音识别，从文本中提取含义
自然语言处理	分析和"理解"人类的语音和文本	语音识别、聊天机器人、智能座席
专家系统	一组源自人类专家的逻辑规则	保险承保、信贷审批
物理机器人	自动完成一个物理动作	工厂和仓库任务
机器人流程自动化	自动执行结构化的数字任务并与系统对接	更换信用卡、验证在线凭证

1. 机器学习

机器学习是 AI 最常见的形式之一，也是使计算机智能化的根本途径。机器学习涉及统计学、系统辨识、逼近理论、神经网络、优化理论、计算机科学、脑科学等诸多领域，通过研究计算机怎样模拟或实现人类的学习行为获取新的知识或技能。机器学习使计算机能够在研究数据和统计信息的过程中学习规律，以预测未来的行为结果和趋势。机器学习跟人类学习过程相似，即通过训练集不断识别特征、不断建模，最后形成有效的模型。机器学习在实际操作层面一共分为七步，即收集数据、数据准备、选择模型、训练、评估、参数调整、预测（开始使用）。

2. 神经网络

传统机器学习的研究方向主要包括决策树、随机森林、人工神经网络、贝叶斯学习等方面。神经网络是机器学习的一种更为复杂的形式。大数据时代的机器学习更强调将学习本身作为手段。机器学习成为一种支持和服务技术，越来越朝着智能数据分析的方向发展。

---

①　一文看懂人工智能的 7 大关键技术［EB/OL］.［2023-12-30］. https://zhuanlan.zhihu.com/p/266257374.

3. 深度学习

深度学习是机器学习的子集，也是机器学习研究中的一个新领域，旨在建立、模拟人脑进行分析学习的神经网络。深度学习是基于现有的数据进行学习操作，它模仿人脑的机制来解释数据，例如图像、声音和文本。深度学习的学习过程是深度性的，这得益于人工神经网络的结构，它由多个输入、输出和隐藏层构成，每个层包含的单元可将输入数据转换为信息，供下一层用于特定的预测任务。这种结构使机器可以通过自身的数据处理进行学习。深度学习通常需要很长的时间才能完成训练，因为深度学习算法涉及许多层。AlphaGo 在围棋人机大战中获胜，其主要工作原理就是深度学习。AlphaGo 先深度学习数百万围棋专家的棋谱，结合强化学习的监督学习进行自我训练，通过与自己对弈获得更多棋局，再用深度学习技术评估每一个格局的输赢率，最后通过蒙特卡洛树搜索决定最优落子。AlphaGo 主要包括蒙特卡洛搜索树（Monte Carlo tree search，MCTS）、估值网络（value network）、策略网络（policy network）三个部分。AlphaGo 通过深度学习，在当前给定棋盘条件下，预测下一步在哪里落子，通过大量对弈棋谱获取训练数据，通过自己跟自己对弈的方式提高落子水平，并能判断在当前棋盘条件下黑子赢棋的概率，其使用的数据就是策略网络自己和自己对弈时产生的，最后AlphaGo 使用蒙特卡洛搜索树，根据策略网络和估值网络对局势的评判结果来寻找最佳落子点。

4. 自然语言处理

自然语言处理（natural language processing，NLP）是一门融语言学、计算机科学、数学于一体的科学。计算机以用户的自然语言数据作为输入，在其内部通过定义的算法进行加工、计算等系列操作后（用以模拟人类对自然语言的理解），再返回用户所期望的结果。我们常用的搜索引擎、智能音箱等产品，都是以自然语言处理技术为核心的人工智能产品。自然语言处理包括语音识别、文本分析、翻译、生成的应用程序及其他与语言有关的目标。自然语言处理广泛应用于语音识别、机器翻译、聊天机器人等。

5. 专家系统

专家系统（expert system，ES）是在特定领域中，能够有效地运用专家多年积累的经验和专业知识，通过模拟专家的思维过程，能够像人类专家一样解决复杂问题的计算机软件系统。专家系统需要通过一定的知识获取方法，将专家知识保存在知识库中，然后运用推理机，结合人机交互接口进行工作。专家系统属于人工智能的一个发展分支，专家系统模型通常包括人机界面、知识获取程序、知识库、解释器、推理机、综合数据库六个模块。按照推理规则划分，专家系统可分为基于规则的专家系统、基于案例的专家系统、基于人工神经网络的专家系统。按照功能划分，专家系统可分为解释专家系统、预测专家系统、诊断专家系统、设计专家系统、规划专家系统、监视专家系统、控制专家系统等。

6. 物理机器人

物理机器人是一种应用物理原理和技术设计的机器人，它模拟了人类在物理学领域的行为和思维方式，使得机器人可以更好地适应和应对环境中的物理需求。它的应用范围非常广泛，包括生物学、天文学、教育、学术研究等多个领域。物理机器人通过应用物理原理，可以实现很多新奇的功能，比如仿生潜艇、自主驾驶等，为人们带来更加便利和安全的生活。物理机器人的研发涉及机械工程、电气工程和计算机科学等多个学科领域，未来物理机器人的研发和应用将会更加深入和广泛。

7. 机器人流程自动化

机器人流程自动化（robotic process automation，RPA）是以软件机器人及人工智能为基础的业务过程自动化科技。人们可以通过配置计算机软件或机器人来模仿、集成人与数字系统之间的交互行为，进而展开自动化业务流程。RPA 中的"机器人"是一种虚拟机器人，属于软件层面，而实体机器人属于硬件层面。RPA 将机器人作为虚拟劳动力，依据预先设定的程序与现有用户系统进行交互并完成预期的任务，倾向于重复地接收并执行命令，模拟用户手工操作及交互，通常具有"动手"的能力，不需要做很多的判断。RPA 是目前最受欢迎的人工智能应用技术之一，它允许企业在原有业务系统之上进行行业业务流程自动化的部署，无须对原有系统进行任何改造，是一种非侵入式技术。

三、人工智能的主要应用与发展

联想集团首席技术官、高级副总裁芮勇在 2017 年全球人工智能技术大会上提出以下观点：如果把人工智能做好的话，需要四个字母 ABCD，A 即算法，B 是行业，C 是算力，D 就是数据；算法是引擎，行业是方向，算力是车轮，数据是油；人工智能的核心是算法，算法代表着用系统的方法描述解决问题的策略机制，是一系列解决问题的清晰指令，可以将算法理解为利用计算机解决问题的处理步骤。算法再厉害，有再多的数据，有再好的模型，它也只是一个工具，我们需要把人工智能的工具与具体行业相结合，推动人工智能在传统行业和新兴行业的应用和发展。

人工智能应用广泛，主要集中于家居、零售、交通、医疗、教育、物流、安防等领域，同时逐渐拓展至智能机器人、智能驾驶等新兴领域。2023 年全球人工智能产品应用博览会以"万物赋苏，智汇圆融"为主题，一系列以人工智能为主题的科技创新集中亮相，汇集阿里巴巴、华为、百度、科大讯飞等 70 余家人工智能企业，展示了 AR/VR 技术

（增强现实技术/虚拟现实技术）、大模型、工业视觉、智能医疗、智能交互、自动驾驶、机器人、智能芯片等多项技术及其应用。

人工智能在生活中有很多应用领域，比如虚拟个人助理、语音评测、天气预测等，主要集中于自然语言处理、语音识别、计算机视觉、专家系统、交叉应用等。自然语言处理是实现人与计算机之间用自然语言进行有效通信的方式，其正在努力打破翻译的壁垒，解决多语言的翻译问题，各种虚拟个人助理、智能家居、智能车载、智能客服等，在听到语音指令后就可以提供相应服务。语音识别方面的应用也很多，如语音评测。语音测评将自动口语评测服务放在云端，开放 API 接口供客户远程使用，可以实现人机交互式教学。计算机视觉通过对采集的图片或者视频进行处理获得相应场景的三维信息，在智能安防、人脸识别打击犯罪等方面发挥着重要的作用。专家系统是人工智能中最重要也是最活跃的一个应用领域。天气预测中，专家系统可以通过手机的 GPRS 系统确定用户所处的位置，再利用算法对覆盖全国的雷达图进行数据分析并做出预测，让用户收到的天气预报能精准到分钟和所在街道。交叉应用最突出的方面就是智能机器人，如物流机器人，它的任务是协助或取代人类的工作，例如生产业、建筑业，或是危险的工作。

人工智能的产品功能越来越强大。百度"文心一言""文心一格"、科大讯飞"讯飞星火认知大模型"等生成式人工智能产品，可以通过自然对话方式理解和执行用户任务。用户简单输入文字，它们仅用几秒钟就能生成图画、创意、文本等。ChatGPT 目前仍以文字方式互动，而除了通过人类语言交互外，它还可以用于处理相对复杂的语言工作，完成包括自动文本生成、自动问答、自动摘要等在内的多种任务。这些都是自然语言处理、机器学习、神经网络等技术的应用与发展。

许多互联网企业都在利用人工智能提供相应的服务。字节跳动人工智能实验室成立于 2016 年 3 月，其研究重点是开发为字节跳动内容平台服务的创新技术。字节跳动是一个以人工智能为核心驱动的公司。无论是今日头条依靠算法、大数据进行"千人千面"的个性化内容分发，还是抖音上的各种特效，比如在人脸识别的基础上给用户加上合适的"帽子"等，都是人工智能的具体应用形式。

科大讯飞是亚太地区知名的智能语音和人工智能上市企业。自成立以来，科大讯飞一直从事智能语音、自然语言理解、计算机视觉等核心技术的研究并保持了国际前沿技术水平，积极推动人工智能产品和行业应用落地。2022 年，科大讯飞正式宣布启动"讯飞超脑 2030 计划"，目标是让人工智能懂知识、善学习、能进化，让机器人走进每个家庭。

百度 AI 开放平台提供全球领先的语音、图像、NLP 等多项人工智能技术，开放对话式人工智能系统、智能驾驶系统两大行业生态，共享 AI 领域最新的应用场景和解决方案。

阿里巴巴作为一个云计算和人工智能高度结合的云智能公司，致力于让人工智能更加普及。未来，阿里云基础大模型的核心能够支撑属于客户自己的产业模型，更好地被各行各业使用，同时，阿里云希望在云的基础设施平台上，不仅有阿里"通义千问"大模型，同时有阿里与高校、科研院所以及各行各业合作的基础大模型。

进入智能时代，人工智能的相关产业发展迅速。我们可以将人工智能这个庞大且复杂的行业比喻为一栋三层楼房：第一层是基础层，它是人工智能的基石；第二层是技术层，它包括各种 AI 技术；第三层是应用层，它是人工智能的最终价值体现。人工智能基础层为人工智能产业奠定网络、算法、硬件、数据获取等（包括芯片、大数据、算法系统、网络等）多项基础。人工智能领域研究的重点是计算机视觉、自然语言处理、跨媒体分析推理、智适应学习、群体智能、自主无人系统、智能芯片和脑机接口等关键技术。人工智能技术层包括计算机视觉、语音语义识别、机器学习、知识图谱等。人工智能应用层主要是人工智能和具体的行业场景相结合，从电商、搜索，到对话、产业场景，我国的人工智能大模型正逐步落到应用层面。机器人已大规模应用于自动装配生产线，自动驾驶车辆已可以在城市道路行驶，以深度学习为代表的人工智能推动了科技、医疗、电子、金融等行业的快速发展。未来随着技术不断迭代更新，其应用场景将更加广泛。

数字资源 2-2
百度的"文心一言"
未来前景分析

当今社会，人工智能不再是简单的软件或硬件，已经成为包括算法、数据、硬件、应用、人才等一系列要素的集合。未来人工智能的发展将以智能化生活、人机协同和智能决策支持为主要趋势。

◇ **本章小结**

云计算的本质是把应用程序和数据都放在由大量服务器组成的"云"中，用户需要什么，购买相应服务并使用即可。作为一种服务模式，根据交付内容的不同，云计算主要包括三个层次的服务：基础设施即服务（IaaS）、平台即服务（PaaS）和软件即服务（SaaS）。按客户部署方式分类，云计算可分为公有云、私有云及混合云三类。我国云计算的行业应用水平参差不齐。物与物、人与物之间的信息交互是物联网的核心，各种信息传感设备与网络结合起来形成一个巨大的网络，实现任意时间、任意地点，人、机、物的互联互通。物联网催生了大数据，大数据催生了云计算。随着人工智能技术的快速发展，云计算将成为人工智能技术的支撑，为企业提供智能化的服务和解决方案。人工智能是利用数字计算机或者数字计算机控制的机器模拟、延伸和扩展人的智能，让机器实现原来只有人类才能完成的任务，人工智能应用广泛，未来人工智能的发展将以智能化生活、人机协同和智能决策支持为主要趋势。

◇ **练习与思考**

1. 简述云计算技术的应用。
2. 简述物联网技术的应用。
3. 简述人工智能技术的应用。

◇ **综合案例**

阿里"通义千问"和 OpenAI "ChatGPT"有什么不同?①

2023 年 4 月 11 日,在 2023 阿里云峰会上,阿里正式宣布推出大语言模型"通义千问",并开始邀请用户测试体验。据悉,"通义千问"是一个超大规模的语言模型,功能包括多轮对话、文案创作、逻辑推理、多模态理解、多语言支持等。阿里董事会主席兼首席执行官张勇表示,未来阿里所有产品都将接入"通义千问"实现全面升级。

"通义千问"是阿里云智能首席技术官周靖人领衔的团队自主研发的大模型,其训练数据截止到 2023 年 2 月,可以联网查询信息,例如直接提供网页摘要和翻译等。周靖人介绍,"通义千问"可通过 API 插件实现 AI 能力的泛化,不仅可以通过续写小说、编写邮件和生成会议摘要等功能帮助用户提升工作效率,还可以通过调用差旅接口推荐差旅产品,作为智能购物助手自动推荐品牌和产品提升用户购物体验。

在云峰会上,张勇介绍了钉钉、天猫精灵等阿里旗下产品在接入"通义千问"后变得更加智能和强大。天猫精灵接入"通义千问"后,不仅能够支持自由对话,可以随时打断、切换话题,还可以根据用户需求和场景随时生成内容,成为更聪明、更人性化的智能助手;钉钉接入"通义千问"后,不仅能够自动生成工作方案,还可以在会议纪要后自动生成总结和待办事项,总共可以实现近 10 项新 AI 功能。

张勇说,"通义千问"是一场"AI+云计算"的全方位竞争,超万亿参数的大模型研发,并不仅仅是算法问题,而是囊括了底层庞大算力、网络、大数据、机器学习等诸多领域的复杂系统性工程,需要有超大规模 AI 基础设施做支撑。他表示,阿里云已经积累了从飞天云操作系统、自研芯片到智算平台的"AI+云计算"的全栈技术实力,这些技术将为未来 AI 时代企业和社会的发展提供强大助力,并且阿里云将会把这些 AI 基础设施和大模型能力向所有企业开放,共同推动 AI 产业的发展。

发布会当天,阿里云宣布将与 OPPO 安第斯智能云联合打造 OPPO 大模型基础设施,基于"通义千问"完成大模型的持续学习、精调及前端提示工程,未来建设服务于其海量终端用户的 AI 服务。同时,吉利汽车、智己汽车、奇瑞新能源、毫末智行、太古可口可乐、波司登、掌阅科技等多家企业表示,将与阿里云在大模型相关场景展开技术合作的探索和共创。阿里云在大模型应用方面的生态建设已初见成效。

---

① 阿里"通义千问"和 OpenAI "Chatgpt",它们有什么不同?[EB/OL].(2023-04-14)[2024-12-28]. https://www.sohu.com/a/666657615_121611234.

　　"通义千问"是阿里云智能在人工智能领域的重要突破，也是国内大模型领域的一次重要尝试。据悉，"通义千问"目前还在不断学习和成长中，未来将不断提升其功能和性能，为更多用户提供更好的 AI 服务。阿里云智能邀请所有有兴趣的用户参与"通义千问"的测试体验，共同见证 AI 的发展和进步。

　　2022 年 11 月，OpenAI 推出了自己的大语言模型 ChatGPT，该模型可以与用户进行自然的文本对话，并生成有创意的写作作品。ChatGPT 是基于 GPT-3.5 语言模型构建的，该模型于 2022 年初完成训练。

　　那么，"通义千问"和 ChatGPT 到底有什么不同呢？我们从以下几个方面进行比较。

1. 参数规模

　　参数规模是衡量语言模型复杂度和能力的一个重要指标。"通义千问"的参数规模为 1.2 万亿，而 ChatGPT 的参数规模为 1.5 万亿。两者都是目前全球最大的语言模型之一，但 ChatGPT 略微领先于"通义千问"。

2. 训练数据

　　训练数据是影响语言模型质量和泛化能力的一个关键因素。"通义千问"的训练数据截止到 2023 年 2 月，可以联网查询信息，例如直接提供网页摘要和翻译等。ChatGPT 的训练数据则基于互联网上海量的文本数据进行训练。两者都拥有丰富和多样化的训练数据，但"通义千问"具有更强的实时性和时效性。

3. 模型架构

　　模型架构是决定语言模型性能和效率的一个重要因素。

　　"通义千问"和 ChatGPT 都是基于 Transformer 架构构建的，该架构可以使模型学习语言中的规律，并生成连贯和人性化的文本。Transformer 架构还可以支持多模态输入和输出，例如图像和音频。"通义千问"和 ChatGPT 在 Transformer 架构上都进行了一些优化和改进，以提高其计算速度和资源利用率。

4. 优化方法

　　优化方法是影响语言模型学习效果和对话质量的一个重要因素。"通义千问"是基于人类反馈进行强化学习优化的，这使得它可以根据用户的偏好和满意度调整自己的回答，并提高对话质量。ChatGPT 则是基于监督学习进行微调的，这使得它可以更好地适应特定的任务或领域。两者都采用了先进的优化方法，但"通义千问"具有更强的交互性和适应性。

　　从以上比较可以看出，"通义千问"和 ChatGPT 都是目前全球领先的大语言模型，它们在功能和性能上各有优势和不足。

　　一般来说，"通义千问"在文本对话、阅读理解等方面表现较好，而 ChatGPT 则在推理、数学等方面表现较好。两者都有时会生成不正确或无意义的回答，这是目前大语言模型面临的一个共同挑战。未来，我们期待两者能够不断改进和创新，为人类带来更多惊喜，创造更大的价值。

　　2023 年 8 月 3 日，阿里云宣布开源了"通义千问"70 亿参数模型，这包括通用模型 Qwen-7B 和对话模型 Qwen-7B-Chat。这两款模型已经上线于魔搭社区，而且是开源、免费、可商用的。此举使得阿里云成为国内首个加入大模型开源行列的大型科技企业。

　　另外，中国的科技巨头也在积极推出自己的 AI 大模型，如华为的盘古大模型、腾讯的混元大模型、百度的文心大模型、字节跳动的云雀大模型和讯飞星火大模型等。

■【思考】

1. 比较"通义千问"和 ChatGPT 的不同之处。

2. 请思考"通义千问"的应用场景。

第三章　大数据的关键技术

◇ 学习目标

■ **知识目标**

1. 理解数据采集的数据源及工具、数据预处理的方式、数据分布式存储与处理；

2. 掌握数据分析的流程与方法、数据可视化形式及应用。

■ **能力目标**

理解数据生命周期管理的流程，包括数据采集、数据预处理、数据存储与管理、数据分析、数据可视化等。

■ **情感目标**

理解大数据价值的实现离不开技术的支撑，需要从数据、技术、思维三个层面来提升数据素养。

◇ 学习重点

1. 了解大数据处理平台的技术架构；

2. 理解数据预处理、数据存储与管理、数据可视化的概念；

3. 掌握数据采集、数据分析的基本方法。

◇ 学习难点

1. 理解大数据对传统数据处理方式的挑战；

2. 清楚大数据的关键技术是如何应对海量数据的存储与管理的；

3. 掌握数据采集的渠道、方法，并结合行业背景展开数据分析，发挥数据的价值。

◇ **导入案例**

支撑阿里巴巴"一万亿梦想"的大数据计算引擎厉害在哪里?①

　　2008 年，淘宝网的业务呈现核爆炸般的增长态势，生意大了，淘宝的 IT 系统要忙不过来了。那时候，阿里巴巴底层计算力系统采购的都是美国公司的软硬件，服务器买的是 IBM，存储用的是 EMC，大数据系统使用的是全球最有名的商业软件甲骨文（Oracle）。如果数据量太大，淘宝的计算速度和查询速度都会秒变龟速。在这种危急的情况下，马云从微软拉来了王坚，建立了阿里云。当时的军令状是这样的：第一步，阿里云发明一个用于计算力调度的底层系统——飞天；第二步，阿里巴巴集团在这个底层系统的基础上，研发一个好用的大数据计算引擎——ODPS，然后尽快用ODPS 替代之前的老系统。当年，阿里云的飞天系统和淘宝网的 ODPS，基本上是同时研发的，这就像一边造发动机，一边装配一台整车。

　　后来，ODPS 引擎改了一个更酷的名字：MaxCompute。之后，在这套MaxCompute 大数据计算系统周围，阿里的"大牛"又专门研究了负责实时计算的Flink 系统、负责人工智能计算的系统 PAI 等。也正是由于阿里巴巴一步步的积累，如今用户才有机会体验"双十一"每秒搞定几千万交易和访问数据的淘宝天猫。2017年 11 月 11 日当天，淘系创造了总成交额 1682 亿元、每秒 32.5 万笔交易的纪录。如果用户仔细观看当时的大屏就会发现，每隔两三秒，这些交易数据就会被刷新。这些数据是真实地从每秒几千万次写入的数据库中实时计算出来的。阿里巴巴这一整套大数据计算引擎，是其十年来最好的作品之一。

　　不仅淘宝，像唯品会、拼多多，还有诸多小电商，它们手里都拥有很多用户。它们都需要一套大数据计算系统，让订单可以实时准确地汇聚，让用户仅用 0.1 秒就搜到想要的商品，还要根据用户画像做出准确的智能商品推荐。当然，不仅是电商，现在工业、医疗、农业、气象、教育、城市治理等各行各业都需要用到大数据计算引擎。

　　阿里巴巴的大数据计算引擎相当于企业在大数据计算领域用的 Windows。因为它也像一个操作系统，每家公司都可以利用该系统的功能，在上面开发具体的大数据应用软件。

　　新一代计算引擎的底层技术主要有三个，即 MaxCompute（离线计算）、Flink（实时计算）、PAI（人工智能）。在它们之上，是用来统一调度各个技术模块的操作系统——DataWorks。简单来说，就是"一带三"的模式。

---

① 支撑阿里巴巴"一万亿梦想"的大数据计算引擎厉害在哪 ［EB/OL］.［2023-12-29］. https://zhuanlan.zhihu.com/p/45739907.

MaxCompute 是阿里巴巴的"镇山之宝"。MaxCompute 的独门绝技就是大型分布式数据计算。一般来说，大型数据计算要解决的第一个问题就是"规模"。不同的数据源分散在不同的数据库。就像我们的地球，大部分国家的人都拥有自己的语言，要是把不同国家不同语言的人拉在一起组成"十一国联军"足球队，教练肯定要疯掉，因为他要用不同的语言指挥不同的球员。MaxCompute 利用 Datalake 技术，把不同的数据源用类似的方式存储，用统一的方法计算。这就像球队的球员都使用英语交流，能极大地发挥集体优势。大型数据计算要解决的第二个问题是"查询"，这个问题可通过交互式查询来解决。淘宝、天猫的基础交易功能，都离不开 MaxCompute 快速、稳定的运算力。

PAI 的独门绝技是人工智能运算，其要解决的问题就是如何实现"丰富＋易用"。所以，PAI 平台的任务很清晰，就是尽可能丰富地提供人工智能算法、环境和框架，让开发者不用费劲去搭建环境，就能够按照自己的想法快速进行机器学习的训练。淘宝的实时推荐系统就利用了 PAI 提供的人工智能技术。

Flink 的独门绝技是实时运算，关键时刻它可以牺牲一定的计算资源，在第一时间给出结果，所以它要解决的重要问题，就是"速度"。举个例子，一家电商跟路边小卖部的经营模式其实差不多——白天卖货，晚上盘点。一盘点就能知道很多信息，比如，今天火腿肠存货不多，第二天该进货了。这个盘点其实就是 MaxCompute 负责的。一个有理想的电商需要"实时盘点"。库存下降，商家需要得到实时预警，一秒钟之内就要启动物流备货，这就需要 Flink 的实时运算。如果一个促销战略不奏效，下一秒就要所有用户看到新的促销策略，这也需要 Flink 的实时运算。"从我开店那天起，到现在这一秒为止，我的货总共卖了多少？"要回答这个问题，就要把今天以前的数据和今天凌晨到现在的数据相加，这需要 MaxCompute 和 Flink 合作给出答案。

DataWorks 会根据使用者给的任务，自动调度 MaxCompute、Flink、PAI。使用者只需要在 DataWorks 里面编辑好任务，系统就会在后台自动选择"离线计算"或者"实时计算"，也会自动调用"人工智能的算法"。DataWorks 既支持傻瓜式的拖拽编程，也支持各种编程环境的代码开发。2018 年 10 月的云栖大会上，阿里巴巴提出 DataWorks 将在阿里云对外提供服务。这意味着，所有人都可以在统一的平台上使用阿里巴巴的底层技术编写自己的大数据应用。

我们可以看到数据世界三个泾渭分明的历史拐点：2010 年，只有 BAT 这样的大公司，自己开发独立的工具，"孤独地"使用数据；2018 年，人类使用数据的方法，从单独的工具进化成全套的系统，DataWorks 就是其中一例；未来，无数行业开发者将会利用成型的大数据操作系统，开发出各行各业专用的大数据应用，改变农业、商业、医疗、教育和每个人的真实生活。

■【思考】

1. 阿里巴巴的大数据计算引擎的底层技术包含哪几个方面？这几个技术各有什么特点？

2. DataWorks 具有什么功能？

第一节　　数 据 采 集

　　大数据技术就是从各种类型的数据中快速获得有价值信息的技术。大数据领域已经涌现大量新的技术，它们成为大数据采集、存储、处理和展现的有力武器。大数据的关键技术一般包括数据采集、数据存储与管理、数据分析与挖掘、计算结果展示（见图 3-1）。

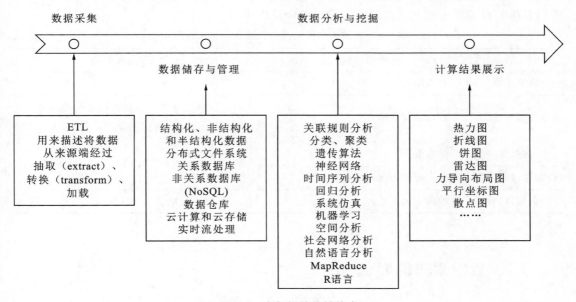

图 3-1　大数据的关键技术

　　数据采集是大数据产业的基石，也是大数据生命周期的第一个环节。数据分析与挖掘以及价值实现都建立在数据采集的基础之上。从大数据中采集有用的信息已经成为大数据发展的关键因素之一。

一、 数据采集的概念及特点

数据采集，又称数据获取，是指利用某种装置或技术手段，获取数据源所产生的各种实时或非实时的数据。大数据采集指的是从传感器和智能设备、企业在线系统、企业离线系统、社交网络和互联网平台等获取数据的过程。

大数据采集与传统的数据采集既有联系又有区别。大数据采集是在传统的数据采集的基础上发展起来的，传统的数据采集技术在大数据的时期得以继承和发展。大数据本身具有数据量大、数据类型丰富、处理速度快的特性，这使得大数据采集表现出和传统的数据采集不同的特点（见表 3-1）。

传统的数据采集中，数据来源比较单一，数据结构也相对简单，存储、管理和分析的数据量相对较小，大多采用关系型数据库和并行数据库即可处理。大数据采集的数据来源广泛，数据类型丰富，包括结构化数据、半结构化数据和非结构化数据。在依靠并行计算提升数据处理速度方面，传统的并行数据库技术追求高度一致性和容错性，难以保证其可用性和扩展性，而大数据采集更多的是利用分布式数据库和分布式文件系统，使得数据具有可用性和扩展性。

大数据采集与传统的数据采集最大的区别就是数据采集思维方式的转变。这主要体现以下两个方面：第一，在数据量的变化上，数据采集由样本数据向全量数据转变；第二，数据采集的目的发生变化，由消除不确定性向发现相关性转变。

表 3-1　传统的数据采集与大数据采集的区别

	传统的数据采集	大数据采集
数据来源	比较单一	广泛
数据类型	结构相对简单	数据类型丰富，包括结构化数据、半结构化数据和非结构化数据
数据量	样本数据	全量数据
数据存储与管理	关系型数据库和并行数据库	分布式数据库和分布式文件系统
采集目的	消除不确定性	发现相关性

二、 数据采集的要求

信息时代，人们获取信息的目的是消除事物的不确定性。以前信息量相对较小，信息是分散的、局部的、不成系统的，数据或信息所起的作用也是非常有限的。大数据呈现出数据的新价值，大数据应用真正要实现的是"用数据说话"。大数据的数据采集有以下几个要求。

（一）采集全量数据

采集全量数据不仅要求数据量足够大、有分析价值，而且要求数据面广，能够支撑分析需求。数据时代的数据采集要尽量涵盖全量数据和增量数据。数据是对人类生活和客观世界的测量和记录。随机抽样曾被认为是非常有效的分析方法，即通过少量的材料获得具有代表性的数据，这些数据被称作样本，人们认为，只要样本具有代表性，通过分析这些少量的样本数据，就可以总结出规律。但是由于各种技术条件的限制，这些样本数据太少，有时难以具有代表性。大数据时代，随着各种传感器和智能设备的普及，人们可以轻而易举地获得海量数据，利用全面而完整的数据进行分析，这是传统的随机抽样法所无法达到的。大数据常常是以全集作为样本集，把数据材料（原始数据）中有价值的数据尽量全部保留下来。

（二）发现相关数据

数据采集是一个看似简单实则相当复杂的问题，在采集的过程当中，不仅要注重直接的数据采集，还要进行间接的数据采集，特别是利用数据的相关性，找出自己真正想要得到的数据或信息。许多数据和信息是在不经意的采集过程中发现的。事物的真相往往藏于细节之中，而随机抽样法是很难捕捉到这些细节的。除了采集全量数据之外，还要注意发现数据的相关性。比如，某电商想要制定一个针对某地区消费者的活动方案，就要去采集该地区消费者的购物喜好和购物习惯，了解该地区消费者感兴趣的商品类型、平时的购物时间等。

（三）注重数据的多维性

多维性要求采集的数据能够进行灵活、快速的自定义，充分考虑数据的多种属性和不同类型，从而满足使用者不同的分析需求。

（四）高效而及时地采集

采集数据时要有针对性，避免采集无用数据，浪费资源。对于实时监控性质的系统，要能够实时采集数据并上报数据。

三、数据采集的数据源

数据采集技术广泛应用于社会生活的各个领域。它利用一种装置，从系统外部采集数据，并将其输入到系统内部的一个接口之中。比如，摄像头、麦克风等都是常见的数据采集工具。利用数据采集设备和技术获得的数据主要包括 RFID 数据、传感器数据、用户行为数据、社交网络交互数据及移动互联网数据等各种类型的结构化、半结构化及非结构化数据。

数据采集的主要数据源有以下几种。

1. 企业业务系统数据源

企业内部的经营交易信息主要包括联机交易数据和联机分析数据。这些数据是结构化的、通过关系型数据库进行管理和访问的静态、历史数据。人们通过这些数据，能了解过去发生了什么。大数据系统从传统企业系统中获取相关的业务数据，如客户关系管理系统、企业资源计划系统、库存系统、销售系统等。

2. 机器运行类数据源

随着互联网及物联网的快速发展，各种传感器/智能仪表/智能设备、视频监控系统成为数据采集的重要组成部分。摄像头、可穿戴设备、智能家电、工业设备等都属于传感器/智能仪表/智能设备，包括多种环境信息、人体运动记录、操作记录等，可以获取大量行业数据，比如用智能电表获取用电量等；视频监控系统通过各种各样的视频监控设备采集用户的线下行为数据，比如用户的位置和轨迹信息。随着移动终端、智能设备与物联网的发展，机器运行类数据规模将更加庞大。

3. 互联网数据源

互联网已成为推动我国经济社会发展的重要力量。中国互联网络信息中心（CNNIC）发布的第 50 次《中国互联网络发展状况统计报告》显示，截至 2022 年 6 月，我国网民规模为 10.51 亿人，互联网普及率达 74.4%。规模庞大的网民在网络上留下很多痕迹，产生大量的互联网数据，比如搜索引擎的记录、电商网站的流量、各种各样的社交评论等。这些数据有非常大的价值，但是它们分散于不同的数据源，如电商系统、服务行业业务系统、政府监管系统等。人们利用互联网数据源，可以采集用户线上行为数据，比如用户的一些评价（信息反馈），也可以采集相关的业务数据，比如消费者数据、客户关系数据等。

4. 社交媒体等交互型数据源

社交媒体是人们用来分享看法、意见的平台和工具，比如微信、QQ、微博、博客、新闻网站、朋友圈等。进入 Web2.0 时代后，用户既是数据的使用者，也是数据的生产者，用户的网络状态在互联网上会留下痕迹。社交媒体等交互型数据源一般是用户生成的内容，它们是用户在使用的过程当中创造出来的，一般以音频、视频、文本、图像等虚拟方式进行展现，很难加以组织，价值密度非常低。在社交媒体等交互型数据源中，人们可以采集到线上用户行为数据及用户所产生的各种内容数据，比如应用日志、语音、数据、电子文档等。

在大数据体系中，数据源与数据类型的关系如图 3-2 所示。

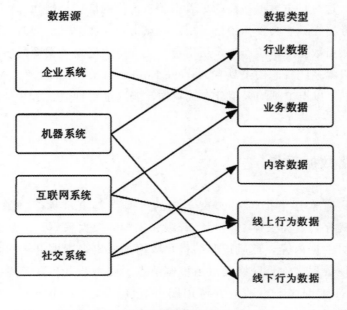

图 3-2　数据源与数据类型的关系[①]

四、 数据采集的方法

对于不同的数据源，大数据采集时使用的方法会有所不同。归结起来，数据采集的方法主要有以下几种。

（一）数据库采集

一些企业会使用传统的关系型数据库，如 MySQL、Oracle、SQL Server 等来存储数据。大数据采集的一个特点就是并发高，比如火车票售票网站并发访问量在峰值可以达到百万，这种情况通常在采集端要部署大量数据库，并在数据库之间进行负载均衡和分片。在大数据时代，Redis、MongoDB 等非关系型数据库（NoSQL），也常用数据库采集方法。

---

① 武智学. 大数据导论：思维技术与应用 [M]. 北京：人民邮电出版社，2019：22-24.

（二）系统日志采集

系统日志是一种非常关键的组件，可以记录系统中硬件、软件和系统问题的信息，具体包括系统事件信息日志、应用程序日志和安全日志。许多公司的业务平台每天都会产生大量的日志数据，这些日志数据往往隐藏着很多有价值的信息。例如，Web 日志就是由服务器产生的，服务器在日志文件当中记录用户的点击访问次数、访问时间和其他属性的记录。日志数据一般由数据源系统产生，用指定的文件格式记录数据源的各种操作活动。目前应用最广泛的采集系统日志的工具有 Apache Flume，Facebook（现为 Meta）的 Scribe，LinkedIn 的 Kafka。以上工具均采用分布式架构，能满足每秒数百 MB 的日志数据采集和传输需求。

（三）网络数据采集

网络数据采集通常是借助网络爬虫实现的。网络爬虫也称"蜘蛛"，是一个能够自动提取网页的程序，支持文本、图片、音频和视频等数据采集。网络爬虫先从网站的服务器上获取网页数据内容，然后把非结构化数据抽取出来，再以结构化的方式将数据存储为统一的本地数据文件。网络爬虫由控制节点、爬虫节点和资源库构成。控制节点主要负责根据 URL 地址分配线程，并调用爬虫节点进行具体的爬行。爬虫节点会按照相关的算法，下载网页并对网页的文本进行处理，再将对应的爬行结果存储到相应的资源库中。网络爬虫按照实现的技术和结构可以分为通用网络爬虫、聚焦网络爬虫、增量式网络爬虫、深层网络爬虫等类型。在实际的网络爬虫中，通常是这几类爬虫的组合体。网络爬虫可用于搜索引擎，从 Web 上下载网页，是搜索引擎工作任务的重要组成部分。比如百度搜索引擎的爬虫叫作百度蜘蛛（Baiduspider），它每天会在海量的互联网信息中爬取优质信息并收录，当用户在百度搜索引擎上检索某关键词时，百度将对此关键词进行分析处理，从收录的网页中找出相关网页，并按照一定的排名规则进行排序，最后将结果呈现给用户。网络爬虫除了用于搜索引擎之外，还被广泛用于互联网上网页数据的收集，它已经成为许多商业应用、大数据研究人员采集大规模数据的重要工具。

（四）感知设备数据采集

感知设备数据采集是指通过传感器、摄像头和其他智能终端自动采集信号、图片或录像来获取数据。传感器是物联网的重要组成部分，它是一种检测装置，能测量物理环境变量，并将其转为可读的数字信号以待处理。如今的智能手环、智能手机、共享单车中都设置了许多的传感器。传感器的类型很多，包括温度传感器、压力传感器、声音传感器、距离传感器、电流传感器等多种类型。各种网络信息通过有线传感器网络或无线传感器被送到数据采集点。日常生活中人们常使用的手机拍照功能就属于传感器数据采集的一部分。人们通过感知设备数据采集，采集图片、音频、视频等非结构化数据。

五、数据采集的工具

（一）火车采集器（http：//www.locoy.com/）

火车采集器是一个供各大主流文章系统、论坛系统等使用的多线程内容采集发布程序，已有十几年的历史了。它不仅可以做抓取工具，还可以做数据清洗、数据分析、数据挖掘和可视化等工作。数据源适合绝大部分网页，网页中能看到的内容都可以通过采集规则进行抓取。火车采集器的数据采集工作分为两部分：一是采集数据；二是发布数据。人们可以根据采集需求，借助火车采集器在目标数据源网站采集相应数据并整理成表格或TXT 导出。

（二）八爪鱼（https：//www.bazhuayu.com/）

八爪鱼是一款通用网页数据采集器，使用简单，完全可视化操作，功能强大，任何网站均可采集。它有免费的采集模板和云采集（付费）。免费的采集模板实际上是内容采集规则，包括电商类、生活服务类、社交媒体类和论坛类网站，它可以自定义任务。云采集是当配置好采集任务后，在八爪鱼云端进行采集，通过云端多节点并发采集，速度远远超过本地，可以自动切换多个 IP，避免 IP 被封。很多时候自动转换 IP 以及云采集才是自动化采集的关键。八爪鱼采集到的数据可导出为多种格式。人们可以用八爪鱼来采集商品的价格、销量、评价、描述等内容。

六、数据质量的评估

数据质量是数据应用的基础。几乎没有所谓的"完美数据"，事实上，很多时候人们遇到的数据会包含属性值错误、数值缺失或其他类型不一致等情况。使用不正确的数据（即数据质量差）可导致决策失败，正所谓"差之毫厘，谬以千里"。互联网数据中心（IDC）公司的相关质量报告显示，全球范围内 98.7％的 BI 系统受数据质量影响而不能充分发挥其价值，在这之中，80％以上的 BI 系统因数据质量问题而遭受投资者的质疑。也就是说，各种工具采集的数据都可能存在一些质量问题，人们需要通过一定的标准来对数据进行评估，评估数据是否达到预期的质量要求。从数据采集的角度来看，数据质量可以从以下几个方面来进行评估。

（一）完整性

判断数据的完整性，就是看数据信息是否存在缺失的情况，这种缺失可能是数据当中某个字段信息的缺失，也有可能是整个数据的缺失。在传统的关系型数据库中，完整性通常与空值（null）有关，一般包括记录的缺失和记录属性的缺失。数据不完整可能是数据输入过程中人为疏忽导致的，也有可能是在输入和传输的时候机器故障导致的，还有可能是由于个人隐私设置无法获取相关属性数据。数据的完整性要求数据集合包含足够的数据来回答各种咨询，支持各种计算。

（二）准确性

数据的准确性要求数据集合中的每一个数据都能准确表示现实世界中的实体，数据存储在数据库中的数值要对应于真实世界的数值。与一致性不同的是，准确性关注的是数据记录中存在的错误。比如，字符串数据的乱码、异常大小的数值就属于准确性方面的问题。数据不准确的原因可能是数据输入时出现错误、数据传输过程中出现错误，也有可能是数据采集设备发生故障，还有可能是数据记录规则不一致，例如输入字段（如日期）的格式不一致。

（三）一致性

数据的一致性是指在数据集合中，不同地方存储和使用的同一数据应当是等价的，即有相等的数值和相同的含义。如果数据库中同一个实体没有相同的标识或者数量不一致，存在大量具有差异的重复数据，将导致实体表达的混乱。一致性要求在数据集合中，每个信息都不包含语义错误或者相互矛盾的数据。数据一致性包含两个方面：一是数据之间逻辑关系一致，多项数据之间的逻辑关系是相对固定的；二是数据遵循统一的规范，不同的数据有不同的记录格式，对于同一属性的数据，命名规则要保持一致。

（四）相关性

数据的相关性是指数据与特定的应用和领域有关。构造预测模型时，需要尽量采集全面的相关的数据信息，以提高模型预测的精度。相同的数据在不同的应用领域中相关性也是不一样的。

（五）时效性

时效性指有些数据会随时间而变化，数据仅在一定时间段内对决策具有价值的属性。使用老化的数据进行数据分析、数据挖掘，会产生不同的分析结果。例如，城市的智能交通管理系统能够提供实时的交通路况信息，就是利用大数据的时效性给用户带来便利。

第二节　数据预处理

现实世界中存在的数据是零散不完整的、有噪声的、不一致的，为了提高数据使用的质量，就要对数据进行预处理。数据预处理就是将采集的数据从多种数据库导入大型的分布式数据库，同时对数据进行清洗、集成、变换、规约等系列处理工作。数据预处理是数据分析中必不可少的一步，更是进行数据分析前必要的准备工作。数据预处理通过对数据格式和内容进行调整，将源数据转换为目标数据，改进数据的质量，使数据更符合分析的需要。大数据预处理将数据划分为结构化数据、半结构化/非结构化数据，分别采用传统的 ETL 工具和分布式并行处理框架来实现。大数据预处理的方法主要包括数据清洗、数据集成、数据变换和数据规约（见图 3-3）。

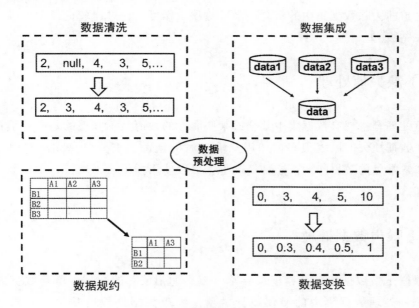

图 3-3　数据预处理的方法[1]

① 胡广伟. 数据思维 [M]. 北京：清华大学出版社，2020.

一、 数据清洗

数据清洗是数据预处理的第一步，也是保证后续结果正确的重要一环。若不能保证数据的正确性，我们就可能得到错误的结果，比如因小数点错误造成数据值变为之前的十倍、百倍甚至更大等。宣明栋在"得到APP"的"数据思维"课中强调，生产数据的机构只管生产，不搞品控，没有人对数据的准确性负责，因而不要低估数据清洗的重要性、难度和成本。在数据量较大的项目中，数据清洗时间可达整个数据分析过程的一半或以上。数据清洗是非常费时费钱的，有学者估计，它的花费经常占到项目成本的80％。

数据清洗是在汇聚多个维度、多个来源、多种结构的数据之后，对数据进行抽取、转换和集成加载。数据清洗能消除数据错误和噪声，使数据适合分析和建模，并提高分析和建模的精度。在实践中，数据清洗需要根据具体的数据集和业务需求进行调整和优化，以满足不同的数据处理和分析要求。因此，数据清洗需要不断优化和改进，以适应不断变化的数据和业务环境。数据清洗的操作包括去除重复数据、填补缺失值、处理异常值和转换数据格式等操作。以下是一些常见的数据清洗技术。

（一）数据去重

数据去重即去除数据集中的重复记录。这项工作可以通过比较记录中的唯一标识符或关键字段来完成。

（二）缺失值处理

缺失值处理是指现有数据集中某个或某些属性的数值是不完整的，需要填补数据集中的缺失值。数据缺失的原因很多，如用户输入时的遗漏、重要信息无法获得、隐私问题等，这是非常常见的数据问题。这种情况下，可以使用插值、平均值、中位数、众数等方法进行处理。

（三）噪声数据处理

噪声数据是指数据中存在错误或异常（偏离期望值）的数据。噪声数据处理的主要工作是检测和处理数据集中的错误或异常值。噪声数据处理通常包括分箱方法、聚类分析方法、人机结合检查方法、回归方法等，将错误或异常值删除或替换为可接受的值。

二、数据集成

数据集成有广义和狭义之分。狭义的数据集成是指如何合并规整数据；广义的数据集成涵盖数据的存储、移动、处理和其他与数据管理有关的活动。数据集成是把不同来源、不同格式、不同特点性质的数据在逻辑上或物理上有机地予以集中，从而提供全面的数据共享。数据集成包括内容集成和结构集成两个方面。内容集成即当目标数据集的结构与来源数据集的结构相同时，集成过程对来源数据集中的内容（个案）进行合并处理。在结构集成中，目标数据集的结构为对各来源数据集的结构进行合并处理后的结果。数据集成过程中需要处理的问题包括实体识别、冗余与相关分析、数据值冲突和检测等。

1. 实体识别

实体识别要解决的问题是如何匹配多个信息源在现实世界中的实体事物。例如，确定一个数据库中的"custom_id"与另一个数据库中的"customer_number"是否表示同一实体。实体识别涉及多个数据源的实体之间的匹配，包括含义、数据类型、取值范围等，以达成一致表示。通常有两种实体识别问题需要解决：一种是同义不同名；另一种是同名不同义。实体识别问题如果处理不当将会造成损失。通常，在这两种情况下，人们需要根据数据库或者数据仓库中的元数据来区分这些实体的真正含义。每个属性的元数据都包括属性名字、含义、数据类型、允许取值范围、空值规则等。元数据不仅能够帮助避免数据不一致的问题，避免模式集成的错误，还可以帮助转换数据，将不同数据间的相关结构转换成统一的格式。

2. 冗余与相关分析

在数据集成时，数据冗余是不可避免的，一个属性能由另一个或另一组属性导出、不同数据源中属性的命名不一致或存储模式不一样等都会带来数据冗余的情况。造成数据冗余的原因主要有表示方法的不同、度量单位不一致、编码或比例的差异等。人们可以通过相关分析来检验属性之间的相关度，进而判断是否存在数据冗余。

3. 数据值冲突和检测

在现实世界实体中，来自不同数据源的数值的属性值或许不同。数据值冲突的原因可能是比例尺度或编码的差异，比如价格属性在不同地点采用不同的货币单位。这种语义上的差异性是数据集成面临的巨大挑战，人们通常采用数据映射（data mapping）方式来解决数值冲突问题。

三、数据变换

数据变换是将数据从一种表示形式变为另一种表示形式的过程，也就是将数据转换为适合挖掘的形式。数据变换采用线性或非线性的数学变换方法，将多维数据压缩成较少维的数据，消除它们在时间、空间、属性及精度等特征表现方面的差异，如统计学中的数据标准化。数据变换可分为属性类型变换和属性值变换。

1. 属性类型变换

属性类型变换可以使用数据概化与属性构造等方法进行。数据概化是用更抽象（更高层次）的属性来代替低层或原始数据，例如年龄属性可以概化为青年、中年、老年等。属性构造是指构造新的属性并将其添加到属性集合中以便帮助分析。根据原属性与目标属性之间的映射关系，可将属性类型变换分为一对一转换和多对一转换。一对一转换是将来源数据集中的变量数据类型直接转换为目标数据集中所需要的数据类型，这只是形式上的转换，并且满足一对一的关系。多对一转换是在目标数据项与来源数据项之间进行多对一的映射。

2. 属性值变换

属性值变换的方式包括数据的标准化和数据的离散化。数据的标准化是将数据按比例缩放，使之落入一个小的特定区间。其中最典型的是最小最大标准化、标准差标准化和小数定标规范化。最小最大标准化通过对原始数据的线性变换，将数值映射到［0，1］这个范围，从而消除量纲（单位）及变异大小因素的影响，这也称为离差标准化或极差规格化。标准差标准化通过原始数据的均值和标准差对变量的数值和量纲进行处理，实现数据的标准化，这也称为零-均值标准化。小数定标规范化通过移动数值的小数位数，将数值映射到［-1，1］范围内，以消除单位的影响，移动的小数位数取决于数据绝对值的最大值。数据的离散化是指把连续型数据切分为若干"段"，用区间或概念标签表示数据，常用的手段包括分箱、聚类、直方图分析、基于熵的离散化等。

四、数据规约

数据规约是从数据库或数据仓库中选取并建立使用者感兴趣的数据集合，然后从数据集合中滤掉一些无关、偏差或重复的数据，在尽可能保持数据集完整性的前提下，最大限度地精简数据量，以达到提升数据分析效果与效率的目的。对大规模数据库内容进行复杂的数据分析通常需要耗费大量的时间，数据规约技术正是用于帮助人们从原有的庞大数据集中获得一个精简的数据集合，它与原始数据集近似等效，但数据量较少，在精简的数据集中进行数据分析与挖掘，效率会更高，而且所得结果与使用原有数据集所获得的结果基本相同。数据规约主要有维度规约和数值规约，它们分别针对原始数据集中的属性和记录；除此之外，还有数据压缩。

📊 1. 维度规约

数据集可能包含成百上千的属性，而这些属性中的许多属性是与分析任务无关或冗余的。维度规约是为了避免数据维度增多带来分析的困难，从原有的数据中删除不重要或不相关的属性，或者通过对属性进行重组来减少随机变量或属性的个数。属性选择的目标是找出最小的属性子集，使该子集数据类的概率分布尽可能地接近原数据集使用所有属性得到的概率分布。维度规约可采用线性代数方法，如主成分分析、奇异值分解和离散小波变换等方法。

📊 2. 数值规约

数值规约用具有替代性的较小的数据来表示、替换或估计原数据，如通过参数模型（如回归、对数线性模型等）或非参数模型（如抽样、聚类、直方图等），选择数据较小的替代值，以降低数据量。

📊 3. 数据压缩

数据压缩就是利用数据编码或数据转换将原来的数据集合压缩为一个规模较小的数据集合。数据压缩包括无损压缩和有损压缩两种。无损压缩可以根据压缩后的数据集恢复原来的数据集，例如，字符串的压缩通常的文件格式是 Zip 或 RAR。有损压缩能重新构造原数据的近似表示，如音频或视频的压缩。数据压缩的方法主要有基于熵的编码方法、离散小波变换和主成分分析。

数字资源 3-1
利用移动通信
大数据进行
人口动态
监测的
数据价值

第三节 大数据存储与管理

当今社会，大数据对传统数据处理技术体系中的采集、存储、计算、分析等环节都提出了挑战，如图3-4所示。

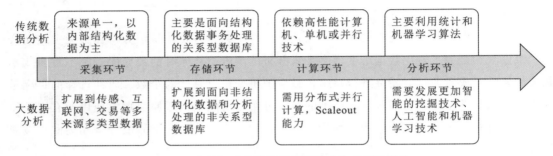

传统数据分析	来源单一，以内部结构化数据为主	主要是面向结构化数据事务处理的关系型数据库	依赖高性能计算机、单机或并行技术	主要利用统计和机器学习算法
	采集环节	存储环节	计算环节	分析环节
大数据分析	扩展到传感、互联网、交易等多来源多类型数据	扩展到面向非结构化数据和分析处理的非关系型数据库	需用分布式并行计算，Scaleout能力	需要发展更加智能的挖掘技术、人工智能和机器学习技术

图 3-4　大数据对传统数据处理技术体系提出挑战

Hadoop 起源于 Doug Cutting 的 Apache Lucene 的子项目之一 Nutch 项目，是 Apache 资助的一个顶级开源项目，其在由大量计算机组成的集群中运行海量数据的分布式计算，可以让应用程序支持上千个节点和 PB 级别的数据。

Hadoop 不仅是一个产品，更是一套生态系统，其以一种可靠、高效、可伸缩的方式进行数据处理。它以并行的方式工作，通过并行处理加快处理速度。Hadoop 还是可伸缩的，能够处理 PB 级别的数据。Hadoop 能够自动保存数据的多个副本，并且能够自动将失败的任务重新分配。

Hadoop 是一个能够对大量数据进行分布式处理的软件框架。Hadoop 由多种元素构成。Hadoop 分布式计算平台最核心的部分包括分布式文件系统 HDFS（Hadoop Distributed File System）、MapReduce，以及数据仓库工具 Hive 和分布式数据库 HBase。Hadoop 的最底层是分布式文件系统 HDFS，它存储着 Hadoop 集群中所有存储节点上的文件。HDFS 的上一层是 MapReduce，MapReduce 由 JobTrackers 和 TaskTrackers 组成。MapReduce 是一个编程环境，提供并行处理框架，用于对 HBase 和 HDFS 的访问。HBase 是一个基于 HDFS 的以列存储的数据库，具有海量数据存储能力。Hive 提供类似于 SQL（Structured Query Language）的查询语言，通过 MapReduce 完成计算，实现对 HBase 的访问。

Hadoop 可以处理非常大的数据集，支持多种数据处理方式和数据源，被广泛应用于大规模数据分析、数据挖掘、机器学习等领域，在企业中，它通常和其他的数据处理和存储技术一起使用，构建完整的数据处理和分析平台。

Hadoop 两大核心 HDFS 和 MapReduce 如图 3-5 所示。

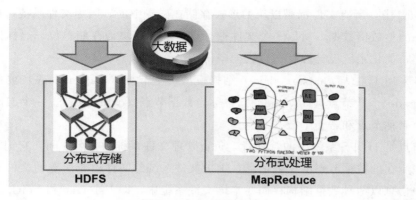

图 3-5 Hadoop 两大核心

一、分布式存储与处理

传统的分布式文件系统之前可以满足数据增长的需要，但由于其数据计算与存储是分离的，随着数据量的增长，网络带宽出现瓶颈。新型分布式文件系统采用数据计算与存储绑定的新策略，可有效应对海量的数据增长。

（一） HDFS

HDFS 是一个易于扩展的分布式文件系统，运行在成百上千台低成本的机器上。HDFS 主要用于对海量文件信息进行存储和管理，也就是解决大数据文件（TB 乃至 PB 级）的存储问题，是目前应用最广泛的分布式文件系统。

分布式文件系统把文件分布存储到多个计算机节点上，成千上万的计算机节点构成计算机集群。目前的分布式文件系统所采用的计算机集群，都是由普通硬件构成的，这就大大降低了硬件方面的成本开销。分布式文件系统的整体结构如图 3-6 所示。

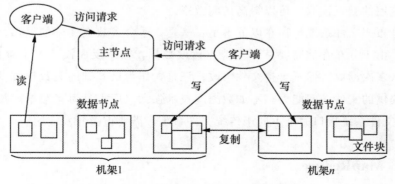

图 3-6 分布式文件系统的整体结构[1]

---

[1] 林子雨. 大数据导论 [M]. 北京：人民邮电出版社，2020.

在 HDFS 中，所有文件都是以块的形式存储在磁盘中的，因为文件系统每次只能操作磁盘块大小的整数倍数据，所以一个文件被分成多块，以块为存储单位，这样能支持大规模文件存储，简化系统设计并且适合数据备份。

HDFS 采用了主从（master/slave）结构模型，主节点（master node）被称为名称节点（name node），从节点（slave node）被称为数据节点（data node）。一个 HDFS 集群通常包括一个名称节点和若干个数据节点。

名称节点是 HDFS 系统中的管理者，负责管理文件系统的命名空间，它记录了每个文件中各个块所在的数据节点的位置信息，维护文件系统的文件树及所有的文件和目录的元数据。这些信息以两种数据结构存储在本地文件系统中，即 FsImage 和 EditLog。

数据节点负责处理客户端的读/写请求，根据需要存储并检索数据块。集群中的数据节点在名称节点的统一调度下进行数据块的创建、删除和复制等操作，定期向名称节点发送它们所存储的块的列表。每个数据节点的数据实际上是保存在本地 Linux 文件系统中的。

客户端可以支持打开、读取、写入等常见操作，通常通过一个可配置的端口向名称节点主动发起 TCP（传输控制协议）连接，并使用客户端协议与名称节点进行交互，客户端与数据节点的交互通过 RPC（远程过程调用协议）实现。

作为一个分布式文件系统，HDFS 的主要设计目标就是保证系统的容错性和可用性。HDFS 采用了多副本方式对数据进行冗余存储，通常一个数据块的多个副本会被分布到不同的数据节点上，HDFS 默认的副本系数是 3。这种多副本的方式加快了数据传输的速度，容易检查数据错误，同时保证了数据的可靠性。

Hadoop 的 HDFS 是新型分布式文件系统的典型代表，可以提供高可靠、高扩展、高吞吐能力的海量文件数据存储服务。它具有以下优点：一是支持任意超大文件存储，硬件节点可不断扩展，存储成本低；二是对上层应用屏蔽分布式部署结构，提供统一的文件系统访问接口，应用无须知道文件具体存放的位置，使用简单；三是文件分块存储，不同块可分布在不同的机器节点上，通过元数据记录文件块位置，应用可顺序读取各个块；四是系统设计为高容错性，允许电脑故障；五是每块文件数据在不同机器节点上保存 3 份，这方便了不同应用的就近读取，可以提高访问效率。

HDFS 分布式文件系统也存在以下不足：一是，适合大数据文件的保存和分析，但不适合小文件，由于分布存储需要从不同节点读取数据，效率反而没有集中存储高；二是，支持一次写入多次读取，但不支持文件修改；三是，作为最基础的大数据技术，其基于文件系统层面提供的文件访问能力，不如数据库技术强大（但也是海量数据库技术的底层依托）；四是，文件系统接口完全不同于传统文件系统，需要重新开发应用。

（二） MapReduce

MapReduce 是由 Google 提出的一种分布式计算框架，用于进行大规模数据集的并行处理。Google 公司设计 MapReduce 的初衷主要是解决其搜索引擎中大规模网页数据的并行化处理问题，后来将其广泛应用于大规模数据处理问题。Google 公司内上万个不同的算法问题和程序都使用 MapReduce 进行处理，包括大规模的算法图形处理、文字处理、数据挖掘、机器学习、统计机器翻译以及众多其他领域。

互联网、移动互联网的高度发达，对数据存储和数据计算都带来了新的挑战。当数据的规模大到一定程度时，单独的机器已经无法负荷；而让一定数量的机器实现协同工作，并且工作效率还不低，就是 MapReduce 需要解决的问题了。MapReduce 作为一个分布式并行计算框架，就是一个把一群机器组织起来工作的编程模型。

在 Hadoop 技术生态当中，MapReduce 是作为计算引擎出现的，用于大规模数据集（通常大于 1 TB）的并行运算。在处理超大规模的数据集上，MapReduce 性能优越，通过分布式计算，它将大规模数据计算任务分解，分布到不同的计算节点去并行计算，从而使得低成本的大规模数据计算成为可能。

MapReduce 采用"分而治之"思想，先把任务分发给集群的多个节点，并行计算，然后把计算结果合并，从而得到最终计算结果。MapReduce 实现了 Mapper 和 Reducer 两个功能，分别用于映射和统计数据。Mapper 把一个函数应用于集合中的所有成员，将大规模数据集拆分为小块，并将每个小块分配到不同的计算机节点上进行处理，然后返回一个基于这个处理的结果集。这些中间结果会被分组，再经过 Reducer 进行分类和归纳，得出最终结果。在这个过程中，Map 和 Reduce 两个函数可能并行运行，即使不是在同一个系统的同一时刻。

MapReduce 可以利用大量计算机节点进行处理，并将数据存储于分布式文件系统，支持快速、高效地处理和存储大规模数据。同时，它还能自动检测计算机节点的故障，从而保证任务的高可用性和容错性。MapReduce 被广泛应用于大数据处理、机器学习和人工智能领域。

MapReduce 运行流程如图 3-7 所示。

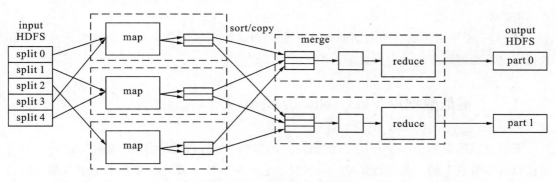

图 3-7　MapReduce 运行流程

二、　NoSQL

大数据的主要数据来源有商业数据、互联网数据、传感器数据等。大数据也可以分为线上行为数据（页面数据、交互数据、表单数据、会话数据等）和内容数据（应用日志、电子文档、机器数据、语音数据、社交媒体数据等）。由于数据来源广、数据量巨大、数据结构复杂（包括结构化、半结构化和非结构化等），数据必须采用非结构化数据结构来存储，而不是传统的关系型数据库。

关系型数据库是建立在关系模型基础上的数据库，现实世界中的各种实体以及实体之间的各种联系均用关系模型来表示。关系模型就是一对一、一对多、多对多等二维表模型。关系型数据库就是由二维表及其之间的联系组成的一个数据组织。行也称元组或记录，在表中是一个横向的数据集合；列也称字段，在表中是一个纵向的数据集合，列也定义了表的数据结构。表是一系列二维数组的集合，用来代表和存储数据对象之间的关系，它由纵向的列和横向的行组成。关系型数据库以行和列的形式存储数据，这一系列行和列被称为表，一组表就组成了一个数据库。在关系型数据库中，程序对数据的操作几乎全部建立在一个或多个关系表格上，即程序通过对这些关联表的表格分类、合并、连接或选取等运算来实现对数据的管理。

关系型数据库管理系统（relational database management system，RDBMS）大多为本地存储或共享存储。随着业务量不断增加，容量渐渐成为该管理系统的瓶颈。关系型数据库管理系统伸缩性比较差，集群扩容、缩容成本较高，且不能满足分布式事务的要求。关系型数据库里面的数据是按照数据结构来组织的，因为有了数据结构，所以关系型数据库里面的数据是条理化的。这些数据库无法应对非结构化数据的个性化存取要求，由此，非结构化数据库（NoSQL）应运而生。

NoSQL 是一种非关系型数据库，与传统的关系型数据库如 MySQL、Oracle、SQL Server 不同，NoSQL 不使用 SQL 作为查询语言，而是使用其他查询语言或 API 来处理数据。主要的 NoSQL 包括 MongoDB、Cassandra、CouchDB、Redis 等。NoSQL 主要用于大数据存储和大规模数据处理任务，可以满足复杂数据模型、高并发性能和高可扩展性等方面的要求。

NoSQL 不使用传统的关系型数据库模型，而是使用键值数据库、列式数据库、文档数据库、图数据库等方式存储数据模型。

（一）键值数据库（key-value database）

键值数据库是采用 key-value（键值对）的数据模型，数据是以键值对集合的形式存储在服务器节点上的，其中键是唯一标识符。它用一个哈希表来存储一个特定的键（key）和一个指针指向特定的值（value），用户可通过 key 对具体的 value 进行存储和检索。

对于海量数据存储系统来说，键值存储最大的优势在于数据模型简单，易于实现，容易通过 key 对数据进行查询和修改等操作。基于键值存储的高性能海量数据存储系统的主要特点是具有极高的并发读写性能。键值数据库主要应用于少量数据存储、高速读写访问的场合，如存储会话信息、配置文件信息及购物车数据等。键值存储不支持逻辑特别复杂的数据操作。

（二）列式数据库（column-oriented database）

列式数据库采用面向列的数据模型，用来区别关系型数据库中面向行的存储模式。列式数据库由多个行组成，每一行由多个列组成，不同行中列的数量可以是不同的。列存储可以将数据存储在列族中。列族是多个列的集合，列族中列的数量也可以不同，属于同一个列族的数据会存放在一起。

列式数据库是以列相关的存储体系架构进行数据存储的数据库，主要适用于批量数据的处理和即时查询。与之对应的行式数据库，数据以行相关的存储体系架构进行空间分配，主要适用于大批量的数据处理，常用于联机事务型数据处理。

列存储是指按列对数据进行存储，这种方式对数据的查询非常有利。与传统的关系型数据库相比，列式数据库可以在查询效率上有很大的提升。列式数据库主要应用于对分布式数据进行存储和管理的场合。

（三）文档数据库（document database）

文档数据库是一种专门用来存储管理文档的数据库模型。面向文档的数据库不存在表、行、列关系，而是由一系列自包含的文档组成的。文档数据库的数据模型采用的是版本化的文档，用来存储并检索文档数据。文档以特定的格式进行存储。每个文档都是自包含的数据单元，是一系列数据项的集合。每个数据项都有一个名称与对应的值。此值既可以是简单的数据类型，如字符串、数字和日期等，也可以是复杂的类型，如有序列表和关联对象。数据存储的最小单位是文档，同一个表中存储的文档属性可以是不同的，数据可以使用 XML、JSON 或者 JSONB 等多种形式存储。

文档数据库通过 key 对文档进行定位，文档数据库中存储的文档，相当于键值数据库中存储的 value。文档存储的目标，是在键值存储方式（提供高性能和高伸缩性）和传统的关系数据系统（丰富的功能）之间架起一座桥梁，集两者的优势于一身。文档数据库可以看作键值数据库的升级版，允许在存储的值中再嵌套键值，且文档存储模型一般可以对其值创建索引，方便上层应用。

与关系型数据库不同的是，文档存储模型支持嵌套结构。例如，文档存储模型支持 XML 和 JSON 文档，字段的"值"又可以嵌套存储其他文档。文档存储模型也支持数组和列值键。与键值存储不同的是，文档存储关注文档的内部结构。这使得存储引擎可以直接支持二级索引，从而允许对任意字段进行高效查询。其支持文档嵌套存储的能力，使查询语言具有搜索嵌套对象的能力。

文档数据库主要应用于存储、索引并管理面向文档或没有固定数据类型的数据，如用户评论、用户注册等。MongoDB 是一种用得比较多的文档数据库，是非关系型数据库中功能最丰富、最像关系型数据库的数据库。它支持的数据结构非常松散，采用类似 JSON 的 BSON 格式，因此可以存储比较复杂的数据类型。

（四）图数据库（graph database）

图数据库采用图形理论存储实体之间的关系信息，其采用图形结构的数据模型，将数据以图形的方式进行存储。在构造的图形中，实体被表示为节点，实体与实体之间的关系则被表示为边。图数据库通过节点、边来对数据进行高效的存储，最常见的例子就是社会网络中人与人之间的关系。图数据库主要应用于复杂、相互连接、低结构化的图结构场合。现代应用产生了很多大规模的图数据，如在线社交网络、万维网、知识图谱等。这些图数据通常含有数以亿计的节点和边，因而很难在一台机器上进行高效的处理与分析。图数据库支持复杂的图形算法，可用于构建复杂的关系图谱，弥补了关系型数据库的缺陷。

三、小结

MySQL 是一种关系型数据库管理系统，NoSQL 数据库不使用传统的关系数据模型，而是使用如键值存储数据库、列存储数据库、文档型数据库、图形数据库等方式存储数据模型。MongoDB 是面向文档的数据库，HBase 是面向列的数据库，Redis 是键值数据库，InfiniteGraph 是图数据库。

数字资源 3-2
NoSQL 的
应用场景

MySQL 产生年代较久远，尽管其后期没有大的改进，但依然是新兴的互联网使用得最多的数据库。MongoDB 是个新生事物，它提供更灵活的数据模型、异步提交、地理位置索引等丰富有趣的服务。HBase 依仗 Hadoop 的生态环境，有很好的扩展性。Redis 是键值存储的代表，功能最简单，提供随机数据存储，它的伸缩性特别好。人们通常用新型数据库（NewSQL）来表示各种新的可扩展、高性能数据库，这类数据库不仅具有 NoSQL 对海量数据的存储管理能力，还保持了传统数据库支持 ACID 和 SQL 等的特性。

第四节　大数据分析

大数据分析是基于某种行业需要，有目的地进行数据的收集、整理、加工和分析，提炼出有价值的信息的过程。借助大数据分析技术，政府、企业以及个人可以更好地洞察事实、做出决策。随着计算机科学技术的进步，数据挖掘、商务智能、机器学习等得到进一步发展，大数据分析的手段和方法更加多样。

一、大数据分析的流程

CRISP-DM（cross-industry standard process for data mining），即跨行业数据挖掘标准流程，是目前已被业界广泛认可的数据分析流程，其主要包含以下六个方面。

（一）业务理解（business understanding）

业务理解的主要任务是确定目标、明确分析需求。数据分析的本质是服务于业务需求，因此业务理解是数据分析的前提，即从业务的角度理解需求，对具体的业务问题进行抽象与归纳，识别需要解决的业务问题，然后通过对业务问题的拆分，确定待解决问题的概念范畴，进而将待解决的业务需求转化为数据分析问题的形式化定义。

（二）数据理解（data understanding）

数据理解包括收集原始数据、描述数据、探索数据、检验数据质量等。首先，要识别并理解原始数据中属性数据的含义，比如，数据库中表的结构，数据表之间的关系，数据表每一列的含义、格式、约束条件，等等；其次，要熟悉并理解原始数据的含义及产生条件，发现数据的内部属性，识别潜在的特征；最后，要识别数据的质量问题，如检查数据是否完整、正确，是否存在缺失值等。抽取的数据必须能够正确反映业务需求，否则分析结论会对业务造成误导。数据质量也是数据分析的一个关键性问题，需要选择合适的数据，比如什么样的数据可以用、多少数据才够用、数据必须包含什么、分析需要多长的时间等。

（三）数据准备（data preparation）

数据准备是将原始数据处理成最终建模需要的数据，该过程可能多次执行，且非常耗时，包括选择数据、清洗数据、构造数据、整合数据、格式化数据等。选择数据是在原始数据的基础上进行筛选，根据问题定义进行选择，在此基础上运用统计方法对数据进行探索，发现数据的内部规律，在原始数据属性的基础上派生新的数据属性。为了达到模型的输入数据要求，需要对数据进行转换，包括生成衍生变量、一致化、标准化等。

（四）建立模型（modeling）

这个阶段的主要任务是为了特定的目的做出假设，运用适当的工具建立模型，利用模型解释特定的现象和预测对象的未来状况。建立模型阶段的工作包括选择建模技术、参数调优、生成测试计划、构建模型等。通常需要综合考虑业务需求精度、数据情况、花费成本等因素，选择最合适的模型。在实践中对于一个分析目的，往往运用多个模型，然后通过后续的模型评估，对模型进行优化、调整，以寻求最合适的模型。

（五）模型评估（evaluation）

这个阶段的主要工作是对模型进行较为全面的评估，包括建模过程的评估和模型结果的评估两个方面。建模过程的评估对模型的精度、准确性、效率和通用性进行评估，通常将模型输出的结果与现实生活中发生的结果进行对比，从而进一步评估模型的准确性。模型结果的评估主要是评估是否有遗漏的业务，模型结果是否回答了当初的业务问题，一般需要结合业务专家的意见进行评估。

（六）部署（deployment）或应用

这个阶段的主要工作是分析结果的应用及分析模型的改进。只有将模型应用于业务实践，才能产生商业价值和解决业务问题。构建模型不是项目的终点。在模型建立并得到验证之后，还需要一个"部署—监控—更新"的过程，对模型应用效果进行及时跟踪和反馈，以便后期对模型进行调整和优化。

二、大数据分析的方法

大数据分析的数据是人们通过观察、试验或计算得出的结果。数据和信息是不可分离的，数据是信息的表现形式和载体，信息是数据的内涵。数据本身没有意义，需要利用数据分析技术来获取数据中包含的有价值的信息。如何从形形色色的数据中提取有用的、可以量化或分类的信息，为企业和个人带来增加价值的方法，是社会各界关注的焦点。目前，很多传统的数据分析方法也可用于大数据分析，这些方法源于统计学、数据挖掘等多门学科，可以通过特定的算法对大量的数据进行自动分析，从而揭示数据当中隐藏的规律和趋势，即在大量的数据当中发现新知识，为决策者提供参考。下面简单介绍几种大数据分析的方法。

（一）聚类分析

聚类分析是划分样本的统计学方法，它把具有某种相似特征的物体归为一类。数据库中的记录可被划分为一系列有意义的子集，即聚类。聚类分析可以创建数据对象集合，这种数据对象集合也称为簇（cluster），在没有预先指定类别的情况下，聚类分析把给定的数据集分成由类似的对象组成的多个类，把数据分到不同的类或者簇，并使得同一个簇中的对象有很大的相似性，而不同簇间的对象有很大的差异性。聚类可以增强人们对客观现实的认识，聚类分析的目的是通过对无标识训练样本的学习，将样本分成若干类，力求同簇成员尽可能相似，异簇成员尽可能相异。它属于无监督学习的范畴。k-means 算法，又称 k-均值算法，是目前应用最广泛的聚类算法。给定一个数据集和需要划分的簇的数目 k 后，该算法根据某个距离函数反复把数据划分到 k 个簇中，直至收敛。在商务活动中，聚类分析能帮助企业分析人员从客户数据库中识别不同的客户群，如 VIP 客户、普通客户，刻画不同的客户群特征，分析预测客户购买趋势等。

（二）相关或关联分析

统计学中的相关分析是研究两个或两个以上随机变量的相关关系，并据此进行预测的分析方法。数据关联是数据库中存在的一类重要的可被发现的知识。若两个或多个变量的取值之间存在某种规律性，就称为关联。关联可分为简单关联、时序关联、因果关联等。相关分析或关联分析的目的是找出多个事物之间具有的规律性或关联，找出数据库中隐藏的关联网。关联分析可用来发现关联规则，有时人们并不知道数据库中数据的关联函数，即使知道也是不确定的，因此关联分析生成的规则带有可信度。关联分析被广泛地应用于"购物车"或事务数据分析中，通过发现消费者放入其"购物车"中不同商品之间的联系，分析消费者的购买习惯；通过关联哪些商品频繁地被消费者同时购买，帮助零售商制定相应的营销策略。

（三）时序模式分析

时序模式分析基于时间或其他序列经常发生的规律或趋势，对其建模。时序模式分析反映的是属性在时间上的特征，以及属性在时间维度上如何变化，利用已知的数据预测未来的值。在时间序列分析中，数据的属性值是随着时间不断变化的。回归不强调数据的先后顺序，而时间序列要考虑日历的影响，如节假日等。时间序列的变化主要受到长期趋势、季节变动、周期变动、不规则变动这四个因素的影响。时序模式分析主要应用于产品生命周期预测、寻求客户等领域。

（四）回归分析

回归分析是监督学习中一个重要的方面。回归分析通过函数表达数据映射的关系，来发现属性值之间的依赖关系，用于预测输入变量（自变量）和输出变量（因变量）之间的关系。人们通过回归分析，可以把变量间的复杂关系变得简单化，使其有章可循。在市场营销中通过对本季销售的回归分析，可对下一季的销售趋势做出预测，从而有针对性地进行营销策略的改变。

（五）偏差分析

偏差分析是指关注数据库中的异常点。数据库中的数据常有一些异常记录，可根据一定准则识别或者检测出数据集中的异常值或离群点（outlier）。所谓"异常值"就是和数据集中大多数的数据表现不一样的值。对管理者来说，这些异常点往往是更需要给予特别关注的。偏差检测的基本方法是，寻找观测结果与参照值之间有意义的差别，如分类中的反常实例、不满足规则的特例、观测结果与模型预测值的偏差、量值随时间的变化等。偏差分析常应用于信用卡欺诈行为检测、网络入侵检测、劣质产品分析等。

（六） A/B 测试

A/B 测试是一种在大规模测试条件下评价两个元素或对象中较优者的分析方法。A/B 测试是一种随机测试，将两个不同的东西（A、B）进行假设比较。A/B 测试的本质是试验，具体来说就是对照试验。A/B 测试是数据驱动的重要手段，速度快且科学，可以更高效地发现商业机会。A/B 测试广泛应用于互联网产品、设计、搜索、推荐系统、广告系统、增长黑客、用户增长、数据分析、数字化运营、智能营销等领域。

三、 大数据分析的分类

从数据来源的演化角度来看，大数据分析可以分为结构化数据分析和非结构化数据分析。

根据分析采用的方法以及收集和分析的数据类型，我们也可以将大数据分析分为定性分析（qualitative analysis）和定量分析（quantitative analysis）。

借鉴统计学领域的划分方法，根据分析方法和目的的不同，大数据分析可以被划分为描述性分析（descriptive analytics）、预测性分析（predictive analytics）和规范性分析（prescriptive analytics）。

从数据来源的多样性进行划分，大数据分析可以分为文本分析、多媒体数据分析、社交网络分析、移动数据分析、Web 数据分析等。

按照数据分析的实时性，大数据分析可以分为实时数据分析和离线数据分析两种。实时数据分析一般用于金融、移动和互联网 B2C 等产品，往往要求在数秒内返回上亿行数据的分析，从而达到提升用户体验的目的。离线数据分析适用于大多数对反馈时间要求不那么严苛的应用，比如离线统计分析、机器学习、搜索引擎的反向索引计算、推荐引擎的计算等，其通过数据采集工具将日志数据导入专用的分析平台。但面对海量数据，传统的 ETL 工具往往彻底失效，主要原因是数据格式转换的开销太大，在性能上无法满足海量数据的采集需求。

数字资源 3-3
网易云音乐
用户数据运营

四、大数据分析工具

数据分析需要将数学理论、行业经验、计算机工具结合。数学和统计学的知识是数据分析的基础，行业经验能帮助分析人员在数据分析前明确分析需求，在数据分析中检验方法是否合理，以及在数据分析后指导应用。每个行业都有不同的数据分析体系。数据分析工具将分析模型封装，能快速响应分析需求，使不了解技术的人也能够快捷地实现数学建模。在大数据分析过程中，分析人员可以借助相关的工具方便快捷地进行分析工作。表 3-2 介绍了一些比较常见的数据分析工具。随着计算机技术发展和数据分析理论的更新，当前的数据分析在原有的基础上逐步融合数据挖掘、人工智能等，向机器学习、深度学习发展，数据分析的手段和方法更加丰富、智能化。针对大数据庞大的规模及复杂的结构，目前业界已开发了众多的大数据挖掘分析工具，如 Mahout、Spark MLlib、Storm、RapidMiner、Apache Drill、Pentaho BI 等。

表 3-2　数据分析工具

项目	操作		编程			
	EViews	SPSS	SAS	Stata	Matlab	R
主导优势	时间序列分析	多元横截面数据	数据管理及挖掘	面板数据处理	数值分析，复杂模型	算法及绘图
应用领域	经济	通信、政府、金融、制造、医药、教育等	市场调研、医药研发、能源公共事业、金融管理等	经济	建筑工程	学术研究，医药研发，IT
处理功能	推断统计	推断及多元统计	批量数据集	统计分析、数据建模	统计预测，优化建模	统计分析，数据挖掘
界面设计	直观，可视化	简易，可视化	语言机械规范化	可视，代码灵活	偏向底层	语言丰富灵活
数据安全	软件稳定	大数据易丢失	软件稳定	软件稳定	软件稳定	软件稳定
处理效率	高，稳定	低，不适宜大数据	高，稳定	高，稳定	高，稳定	极适合大量数据
结合形式	Excel, SAS, SPSS	Excel	Excel, txt	txt	All	All

第五节　大数据可视化

数据可视化是关于数据视觉表现形式的科学技术研究，是较为高级的技术方法，其利用图形、图像处理、计算机视觉以及用户界面，通过表达、建模以及对立体、表面、属性、动画的展示，直观地表达数据与数据之间的关系。数据可视化可以分为两种类型：一种是探索型，帮助人们发现数据背后的价值；另一种是解释型，把数据简单明了地解释给人们。

大数据可视化是一个复合概念，包含大数据和数据可视化两个方面。大数据可视化主要借助图形化手段，清晰有效地传达信息，即通过对大数据进行获取、清洗、分析，将所示分析结果用图形、图像、地图、动画等生动且易于理解的方式展现，以便人们更好地理解数据之间的关系、趋势与规律。

从用户的角度看，大数据可视化可以帮助人们更加科学地从视觉角度对海量数据进行诠释，获取更加有价值的、容易内化和理解的信息。视觉是获取外部世界信息的重要通道，人眼对视觉符号的感知速度快于数字和文本，并且能够补充有限的记忆内存。数据可视化提供了一种非常清晰的沟通方式，利用简单的图形呈现复杂的信息，使用户能够快速抓住要点信息。借助可视化工具，用户可以对数据的多个属性或变量数据进行切片、钻取、旋转等，以此剖析数据，从而多角度、多方面分析数据，有效提升数据分析的效率。同时，用户能够方便地通过交互界面实现数据的管理、计算与预测。

数据可视化应用范围广泛，从商业智能到科学研究，从市场营销到医疗保健，数据可视化都能发挥巨大的作用。目前社会上对大数据可视化应用领域的众多讨论，大部分集中于行业和业务领域。如果按照应用领域进行划分，大数据可视化可以分为三类，即宏观态势可视化、设备仿真运行可视化、数据统计分析可视化。宏观态势可视化应用通过构建复杂的仿真环境，对特定环境中一段时间内的持续动作和改变的目标实体进行感知和理解，实现大量数据的多维累积，直观、逼真地展示宏观态势。设备仿真运行可视化是"工业4.0"（即利用信息化技术促进产业变革的时代）涉及的"智能生产"的具体应用之一，其将图像、三维动画、计算机程控技术与实体模型融合，使管理人员对所管理的设备的外形及所有参数一目了然。设备仿真运行可视化实现了设备的可视化表达，提高了管理效率和管理水平。数据统计分析可视化普遍应用于商业智能、政府决策、公众服务、市场营销等领域，它借助于可视化的数据图表，面向企业、政府战略，服务于管理层和业务层，指导经营决策。

大数据可视化的表现形式包括传统图表、二维可视化形式、三维可视化形式、仪表盘及定制可视化形式。传统图表中反映趋势的图表包括分组柱形图、堆叠柱形图、折线图、柱线混合图，反映比例关系的图表包括百分比圆环图、饼图、圈图、堆叠面积图，展示逻

辑关系的图表包括散点图、雷达图、网络关系图、词云图，展示空间关系的
图表包括数据地图、动态热力图、3D 动态显示图等。二维可视化形式包括
2D 区域图、时间序列图、网络图等，其以平面的形式表达数据之间的关联，
其中，网络图是一种常见的大数据展示方法，能展示数据点之间错综复杂的
相互关系。三维可视化形式包括 3D 渲染技术、体感互动技术、增强现实技
术等。仪表盘是模仿汽车速度表的一种图表，常用来反映比率性指标。定制
可视化形式针对不同企业和用户的需求，可提供定制化图表支持、定制化分
析挖掘模型，提供不同的解决方案。

数字资源 3-4
6 款常用的
大数据可视化
分析工具

　　数据可视化是大数据生命周期的最后一步，也是非常重要的一步。虚拟现实技术和增
强现实技术的进步为数据可视化带来了新的发展机遇，深度学习与可视化的融合将进一步
推动数据可视化技术的发展，数据可视化将在自动化、智能化等领域得到更广泛的应用。

◇ 本章小结

　　大数据技术就是从各种类型的数据中快速获得有价值的信息的技术。大数据技术
是大数据得以采集、存储、处理和展现的有力武器。大数据的关键技术一般包括大数
据采集、大数据预处理、大数据存储及管理、大数据分析、大数据可视化等。大数据
采集是大数据生命周期的第一个环节，数据的分析挖掘以及价值实现都是建立在数据
采集的基础上的。现实世界中存在的数据是零散不完整、有噪声、不一致的，为了提
高数据使用的质量，需要对数据进行预处理。数据预处理就是将采集的数据从多种数
据库导入大型的分布式数据库，并对数据进行清洗、集成、变换、离散和规约等一系
列处理工作。大数据对传统数据处理技术体系提出了挑战。Hadoop 可以处理非常大
的数据集，支持多种数据处理方式和数据源，从而被广泛应用于大规模数据分析、数
据挖掘、机器学习等领域。HDFS 主要用于对海量文件信息进行存储和管理，也就是
解决大数据文件的存储问题，是目前应用最广泛的分布式文件系统。在 Hadoop 技术
生态当中，MapReduce 是作为计算引擎出现的，用于大规模数据集的并行运算。大
数据来源广、数据量巨大、数据结构复杂（包括结构化数据、半结构化数据、非结构
化数据）等特点，这决定了大数据必须采用非结构化数据结构来存储，而不是传统的
关系型数据库。NoSQL 数据库不使用传统的关系型数据库模型，而是使用键值数据
库、列式数据库、文档数据库、图数据库等方式存储数据模型。大数据分析是基于某
种行业需要，有目的地进行数据的收集、整理、加工和分析，提炼有价值的信息的过
程。目前，很多传统的数据分析方法也可用于大数据分析。这些方法源于统计学、数
据挖掘等多门学科，可以通过特定的算法对大量的数据进行自动分析，从而揭示数据
中隐藏的规律和趋势。大数据可视化主要借助图形化手段，清晰有效地传达信息。数
据可视化是大数据生命周期的最后一步，也是非常重要的一步。

◇ **练习与思考**

1. 简述数据采集的数据源。
2. 简述数据预处理的方法。
3. 简述分布式文件存储与管理的特点。
4. 简述数据分析的流程和工具。
5. 简述数据可视化的应用。

◇ **综合案例**

Netflix 案例分析：他们是如何运用大数据科学技术的？[①]

目前，Netflix 公司估值已经达到了 2340 亿美元，被誉为世界上最有价值的公司/媒体公司，甚至超越了迪士尼。虽然具体的使用方式不为人知，但他们的成功方式并不是秘密，归结起来，只是一个术语——客户留存。客户留存可以定义为：吸引客户，诱导他们使用服务或购买产品。

这乍一看似乎是一个简单的策略，但值得注意的是，这一策略被许多媒体公司看作最强战术。Netflix 使用这个策略的方法非常明智，他们的客户保留率非常可观，并且多年来稳增不减。

你能猜出 Netflix 的订阅总人数吗？截至 2020 年 12 月，Netflix 付费订阅用户已经达到了 2.0366 亿，数额巨大（见图 3-8）。这对 Netflix 来说具有里程碑式的意义，因为这一数字首次突破了两亿大关。

Netflix 确实远远领先于其竞争对手，因为其更成功的电视节目和电影吸引了观众的关注，这有助于提高其订阅率。同时，Netflix 在识别客户或观众的兴趣方面更为成功。

你想知道人们为什么选择 Netflix 吗？你又是为什么会选择 Netflix 呢？

我看到了一篇博客（见图 3-9），内容非常全面，讨论了人们选择 Netflix 的主要原因。我觉得我应该在这里分享一下。

Netflix 是如何使用数据和进行大数据分析的？

这个问题看似简单明了，但只有在工作或学习中接触过数据或相关经验的人，才能理解这个问题的深层意义。

---

① 案例分析：他们是如何运用大数据科学技术的？［EB/OL］.（2021-09-22）［2024-01-02］. https：//python. plainenglish. io/how-netflix-uses-data-analytics-data-science-general-research-case-study-4d525b881038.

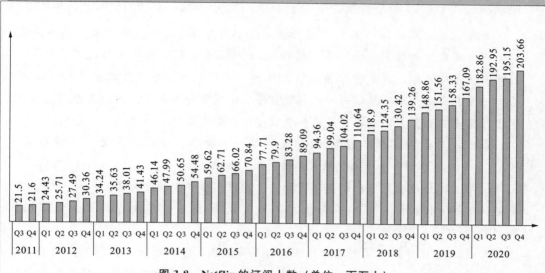

图 3-8 Netflix 的订阅人数（单位：百万人）

Reason	Average importance out of five
No ads	2.4
Can choose content	2.5
Can binge watch	2.7
Like the shows	2.8
Like the movies	3.1
Curation	3.6
Family likes it	4.4
Children's content	4.4

图 3-9 人们选择 Netflix 的主要原因[①]

　　对于任何公司而言，数据收集都是必不可少的。想象一下约拥有 2.03 亿订阅用户的 Netflix，研究这么多客户的数据特征会是一项多艰巨的任务。Netflix 使用收集到的信息，得出自己的见解、研究成果或可视化结果，并根据客户的喜好和兴趣推荐电视节目和电影。再读一遍这句话——感觉就像是一种超自然的天赋或力量。

　　如果你是 Netflix 用户，你应该能够与之产生共鸣。根据 Netflix 的研究，观众的活跃度取决于平台的个性化推荐，超过 75％ 的订阅者都是如此。深入研究后，他们会收集多个数据点，并生成每个订阅者的详细资料。令人吃惊的是，Netflix 创建的用户档案比用户自己提供的信息或偏好要详细得多。

---

① 图片来源：recode。

简单来说，Netflix 收集的数据主要是关于用户在应用程序或网页上的互动以及对节目或电影的响应。如果用户在 Netflix 上观看电视节目或电影，该平台会知道用户观看的日期、地点和设备，以及用户观看的时长。最重要的是，Netflix 还会知道用户是如何观看节目的——何时暂停或恢复节目或电影。他们还会考虑用户是否已经看完这部剧，完成一集或一季或一部电影需要几个小时、几天或几周。

最终，它会跟踪用户在 Netflix 上的每一步操作，并将其视为一个数据点。Netflix 一共会使用多少个指标来收集数据呢？

这项工作还没有完成！读完上一段，你能想到哪些极端的数据点？试一试，你就能知道 Netflix 付出了多少努力。用户有反复看自己喜欢的场景的习惯吗？Netflix 知道这一点。

Netflix 会捕获用户反复观看的场景的屏幕截图，并根据评分对用户进行分类。它会记录用户在选择观看节目之前的搜索次数，甚至在搜索中使用了哪些关键词。想象一下，如果收集得当，这些数据会多么精美。收集完数据，Netflix 将清理数据，生成流行词，即推荐算法。

现在，你可能已经了解了 Netflix 收集、处理和使用数据的强大能力背后的原因。

Netflix 收集和使用数据的能力是其成功背后的原因，直接使得它每年客户保留率都不断上升。研究表明，Netflix 的客户保留率正在上升，因为有 80% 的用户遵循了推荐算法，同时，推荐的节目或电影是流式传输的。

你听说过"绿灯原创内容"（green-light original content）吗？绿灯指某件事是允许的。因此，绿灯原创内容是基于用户数据库中各种接触点对内容进行验证或评级得到的。

大数据和某些分析技术用于定制营销策略，例如，推广 Netflix 发行的电视节目或电影（可能包含各种宣传片或预告片）。如果用户多观看以女性为中心的内容，那么他们将看到侧重女性的预告片。

这同样适用于其他方面，例如，某些人只看特定导演或特定演员的电影。这种对每个用户的内外研究或报告减少了研究营销策略的时间，因为 Netflix 已经知道其订阅用户的兴趣和好恶。

Netflix 真正在做的，不过是跟踪订阅者的行为，并在此基础上收集数据这件事。Netflix 也使用了一种非常传统的技术，即从订阅者那里获取反馈，将反馈转换为评级，然后团队对系统进行改进或提出建议。Netflix 的资深人士 Joris Evers 表示，Netflix 有 3300 万个不同版本。

■【思考】

1. Netflix 是如何采集数据的？

2. Netflix 是如何做大数据分析的？

第四章 大数据安全

◇ 学习目标

■ 知识目标

1. 了解传统的数据安全与大数据安全的不同之处；
2. 理解大数据安全问题带给个人、企业和国家的社会和经济影响；
3. 掌握大数据保护的基本原则。

■ 能力目标

1. 能够对大数据全生命周期内存在的数据知情权风险、数据操作权和控制权风险、数据真实性和隐私泄露风险等安全风险进行深入分析；
2. 了解大数据安全技术与隐私保护技术框架包含的技术内容。

■ 情感目标

1. 深刻理解大数据安全问题不仅关系到公民的个人隐私，更关系到社会安全甚至国家安全，以及安全问题可能带来的严重后果；
2. 主动加强数据安全的知识学习，合理保障自身的数据权益。

◇ 学习重点

1. 了解大数据安全区别于传统数据安全的特征；
2. 理解大数据为何成为国家之间博弈的新战场；
3. 理解我国数据领域基础性法律《数据安全法》的主要内容。

◇ 学习难点

1. 理解大数据安全领域诸多治理问题；
2. 掌握大数据全生命周期安全风险的四个阶段；
3. 掌握大数据技术安全与隐私保护技术框架。

◇ **导入案例**

某境外咨询调查公司秘密搜集窃取航运数据案①

2021 年 5 月，国家安全机关工作发现某境外咨询调查公司通过网络、电话等方式，频繁联系我国大型航运企业、代理服务公司的管理人员，以高额报酬聘请行业咨询专家之名，与我国境内数十名人员建立"合作"关系，指使其广泛搜集、提供我国航运基础数据、特定船只载物信息等。办案人员进一步调查了解到，相关境外咨询调查公司与所在国家间谍情报机关关系密切，承接了大量情报搜集和分析业务，通过我国人员所获的航运数据，都提供给了该国间谍情报机关。

为防范相关危害持续发生，国家安全机关及时对有关境内人员进行警示教育，并责令所在公司加强内部人员管理和数据安全保护措施，同时，依法对该境外咨询调查公司有关活动进行了查处。

进入信息化时代，数据被广泛采集汇聚和深度挖掘利用，这在促进科技进步、推动经济发展、优化社会服务的同时，也使得安全风险大大增加。有的数据"看似非密、实则甚密"，一旦被窃取将威胁国家安全。有的数据关系国计民生，一旦遭篡改或破坏将威胁我国经济社会安全。有的数据涉及大量个人隐私信息，一旦泄露将威胁我国公众利益。境外间谍情报机关运用人力、技术等方式，以公开掩护秘密，以合法掩护非法，搜集窃取我国重要数据，对我国的国家安全和利益造成了损害。

■【思考】

1. 如何理解数据安全关乎国家安全和公众利益，是非传统安全的重要方面？

2. 如何使全社会进一步增强数据安全意识，落实数据安全保护责任，自觉维护国家安全？

---

① 境外间谍情报机关窃取我航空公司数据案告破！国家安全机关公布 3 起典型案例［EB/OL］.（2021-11-02）［2023-12-21］. https：//baijiahao. baidu. com/s？id=1715280891163323995&wfr=spider&for=pc.

第一节　　大数据安全问题

　　数据作为一种具有普遍性、共享性、增值性、可处理性和多效用性的资源，对于人类具有特别重要的意义。数据安全的实质就是保护信息系统或信息网络中的数据资源免受各种类型的威胁、干扰和破坏，即保证数据的安全性。传统的数据安全的威胁主要包括计算机病毒、黑客攻击、数据信息存储介质的损坏等。随着信息化和信息技术的进一步发展，信息社会从小数据时代进入大数据时代，通过共享、交易等流通方式，数据质量和价值得到更大程度上的实现和提升，数据动态的利用逐渐走向常态化、多元化，这使得大数据安全表现出与传统数据安全不同的特征。具体来说主要有以下几个方面：一是大数据成为网络攻击的显著目标；二是大数据加大了隐私泄露的风险；三是大数据技术被应用于攻击手段；四是大数据成为高级的可持续攻击的载体。

　　总的来说，数据从静态安全到动态利用安全的转变，使得数据安全不再是仅确保数据本身的保密性、完整性和可用性，更承载着个人、企业、国家等多方主体的利益诉求，涉及隐私和个人信息安全保护、企业知识产权保护、产业健康生态建立、社会公共安全维护、国家安全维护等诸多数据治理问题。

一、隐私和个人信息安全保护

　　隐私权是客观存在的个人自然权利。在大数据时代，个人身份、健康状况、个人信用和财产状况以及自己和恋人的亲密过程是隐私，使用设备、位置信息、电子邮件也是隐私，上网浏览情况、应用的 APP、网上参加的活动、发表及阅读的帖子以及点赞情况，也可能成为隐私。大数据的价值更多地源自其二次利用。在大数据时代，人们的日常活动和行为在各式各样的数据系统中留下"数据脚印"，一旦将它们通过自动化技术整合，就会逐渐还原和预测个人生活的轨迹和全貌，使个人隐私无所遁形。

　　大数据时代的个人隐私保护涉及五个方面的问题：第一，将个人信息保护纳入国家战略资源的保护和规划范畴；第二，加快完善个人隐私保护的相关立法；第三，加强对个人隐私保护的行政监管；第四，加强对个人隐私权的技术保护；第五，加强行业自律保护与监督作用。

◇ **案例**

Facebook 改名 Meta，元宇宙能成为隐私的"保护神"吗?①

2021 年 10 月 28 日，Facebook 首席执行官马克·扎克伯格宣布从 28 日起，该公司将正式改名为 Meta，元宇宙开发将成为未来公司发展的重心。时间倒退至 10 月 4 日晚上，Facebook、Instagram 和即时通信软件 WhatsApp 出现大规模瘫痪，宕机近 6 个小时。在此期间，据称有超过 15 亿 Facebook 用户的数据在黑客论坛上被出售。数据包含用户的姓名、电子邮件、电话号码、位置、性别和用户 ID。

在传统互联网世界中，我们的个人身份数据由一个个对应的中心化互联网服务商保存管理。这些服务节点除了拥有我们身份数据的控制权外，还可能受到外部攻击导致隐私数据泄露事件发生。

之所以说元宇宙是下一代互联网世界，是因为元宇宙解决了当下互联网最主要的问题——数据主权。在元宇宙中，互联网将真正属于所有用户。不同于当前互联网环境下的数据垄断与数据滥用等，元宇宙将数据所有权交给了用户自己，并利用区块链和 NFT 实现了数字身份的确立与资产的确权。用户可以通过创立 NFT 来确定自己的元宇宙身份，所有人或物都可以用不同的 NFT 代替。建立在区块链上的 NFT 能够有效防止数据丢失或被篡改，也避免了企业对数据管理不善造成数据隐私泄露的结果。

GDF（Good Data Foundation）旗下的区块链平台 GoodData 首页就设立了 NFT 创建入口，简单清晰的操作界面对用户也十分友好。此外，众所周知，NFT 目前最大的问题是元数据存储问题。对此，GDF 也建立了完善的分布式存储系统——GDFS（Good Data File System）。GDFS 是基于 IPFS（Inter Planetary File System）和区块链的云存储系统。相较于 IPFS，GDFS 通过区域感知技术和激励机制，实现了高可靠性和高可用性的存储解决方案。用户只需要验证 NFT 身份即可在 GDFS 中存储自己的 NFT 元数据及其他文件，这对于保证 NFT 的有效性和存储需求越来越高的现代人来说无疑是一大福音。

二、企业知识产权保护

国务院知识产权战略实施工作部际联席会议办公室印发的《2023 年知识产权强国建设纲要和"十四五"规划实施推进计划》提到，要完善新兴领域和特定领域知识产权规

---

① Facebook 改名 Meta 的真正原因竟是这个? 元宇宙能成为隐私的保护神吗? [EB/OL]. (2021-10-29) [2024-01-03]. https：//www.sohu.com/a/498006548 _ 121029272.

则，加快数据知识产权保护规则构建，探索数据知识产权登记制度，开展数据知识产权地方试点，探索大数据、人工智能、区块链以及传统文化、传统知识领域知识产权保护规则。随着我国社会主义市场经济制度的不断完善，数据作为一种生产要素必将在社会主义市场经济中发挥越来越重要的作用，经过技术开发或者智力创造加工形成的分析数据或者数据集合具有明显的独创性，是典型的无形财产。尽管目前在立法层面还没有针对数据权利的专门立法，司法实践中也应当充分利用现有法律资源对其进行保护。在通过司法手段强化对大数据知识产权的保护的同时，要注意保护作为资料来源的主体的人格权利，从而更好地发挥司法保护知识产权的主导作用，确保取得保护个人权利与激励技术创新两方面的良好效果，推动大数据产业健康发展。

三、产业健康生态建立

大数据生态圈是以大数据系统为核心，围绕大数据系统建设，由大数据系统建设所需的人员、技术、服务、信息、产品和管理等多个维度要素构成的局部生态圈。常见的大数据生态圈面临的安全威胁有基础设施安全威胁、存储安全威胁、网络安全威胁和隐私问题。

1. 基础设施安全威胁

大数据基础设施包括存储设备、运算设备、一体机和其他基础软件（如虚拟化软件）等。这些基础设施在给用户带来各种大数据新应用的同时，也会遭受各种安全威胁，如非授权访问、信息泄露、信息丢失、网络基础设施传输过程中破坏数据完整性、拒绝服务攻击和网络病毒传播等。

2. 存储安全威胁

目前，数据常采用关系型数据库和非关系型数据库进行存储。常见的存储安全威胁有模式成熟度不够、系统成熟度不够、客户端软件问题、数据冗余和分散性问题等。

3. 网络安全威胁

现在的网络攻击手段越来越难以辨识，这给现有的大数据防护机制带来了巨大的压力。

4. 隐私问题

隐私泄露成为大数据必须面对且急需解决的问题。除了大数据在基础设施、存储、网络、隐私等方面面临安全威胁外，网络化社会使大数据易成为攻击目标，大数据也存在滥用和误用的风险。

四、社会公共安全维护

公共安全领域的大数据信息主要包括社会治安类安全信息（如治安环境、犯罪信息等）、消费经济类安全信息（如信用卡信息）、公共卫生类安全信息（如空气质量、传染病、食品安全信息等）、社会生活类安全信息（如气象、交通信息等）等。大数据处理在给社会带来巨大效益的同时，也会引发处理成本过高的问题。大数据处理成本高昂，一方面源于数据规模的巨大，另一方面源于大数据的价值密度较低。大数据来源的广泛性以及传播的开放性意味着网络攻击者有了更多的破坏渠道，可以进行高级持续性威胁（APT），各种破坏行为将更为隐蔽，网络安全管理者的监控成本将大幅度提升。除此之外，由于大数据中 80％ 以上的数据为非结构化数据，这也对数据的安全存储构成了挑战。在大数据应用环境中，各类数据呈现动态特征，现有的基于静态数据集的传统数据隐私保护技术面临挑战，特别是在公共安全领域，安全保障的公共性与公众隐私的个人性之间的界限更是难以清晰界定。技术的发展并不一定能够顺利转化为社会事务治理绩效的改善，这一点在公共安全领域体现得尤为明显。由于各类安全数据之间缺乏统一的标准，现有组织、部门、制度间的分割以及信息管理理念的滞后往往导致"数据孤岛"现象的出现。数据管理模式的重构将成为制约公共安全治理领域大数据应用效果的关键。

五、国家安全维护

大数据作为一种社会资源，不仅给互联网领域带来变革，也给全球的政治、经济、军事、文化、生态等带来影响，已经成为衡量综合国力的重要标准。大数据事关国家主权和安全，必须加以高度重视。

1. 大数据成为国家之间博弈的新战场

大数据意味着海量的数据，也意味着更复杂、更敏感的数据，特别是关系国家安全和利益的数据，如国防建设数据、军事数据、外交数据等，极易成为网络攻击的目标。一旦机密情报被窃取或泄露，整个国家的安全都会受到影响。大数据安全作为非传统安全因素，已经受到各国的重视。大数据重新定义了大国博弈的空间，国家强弱不仅以政治、经济、军事实力为着眼点，数据主权同样决定着国家的命运。目前，电子政务、社交媒体等已经扎根于人的生活方式、思维方式，各个行业的有序运转已经离不开大数据，此时，数据领域一旦"失守"，将会给国家安全带来不可估量的损失。

2. 自媒体平台成为影响国家意识形态安全的重要因素

自媒体又称"公民媒体"或"个人媒体"，是私人化、平民化、普泛化、自主化的传播者以现代化、电子化的手段，向不特定的大多数或者特定的单个人传递规范性或非规范性信息的新媒体的总称。自媒体平台包括博客、微博、微信、抖音、百度官方贴吧、论坛/BBS等网络社区。自媒体的发展良莠不齐，一些自媒体平台为了追求点击率，不惜突破道德底线发布虚假信息，让受众群体难辨真伪，冲击了主流发布的权威性。网络舆情是人民群众参政议政、舆论监督的重要反映，但是网络的通达性使其容易受到境外敌对势力的利用和渗透，削弱了国家主流意识形态的传播，对国家的主权安全、意识形态安全和政治制度安全都会产生很大影响。

第二节　大数据生命周期安全风险分析

大数据生命周期包括数据产生、采集、传输、存储、分析与使用、分享、销毁等诸多环节，每个环节都面临不同的安全威胁。其中安全问题较为突出的是数据采集、数据传输、数据存储、数据分析与使用四个阶段。这些安全风险是大数据安全与隐私保护技术选型的主要依据。

一、大数据生命周期各环节安全威胁

1. 数据采集阶段

数据采集是指采集方对于用户终端、智能设备、传感器等产生的数据进行记录与预处理的过程。在大多数应用中，数据不需要预处理即可直接上传；而在某些特殊场景下，例如传输带宽存在限制或采集数据精度存在约束时，数据采集方需要先进行数据压缩、变换甚至加噪处理等步骤，以降低数据量或精度。一旦真实数据被采集，用户隐私保护就会完全脱离用户自身控制，因此，数据采集是数据安全与隐私保护的第一道屏障，人们可根据场景需求选择安全多方计算等密码学方法，或选择本地差分隐私等隐私保护技术。

数据资源 4-1
差分隐私

2. 数据传输阶段

数据传输是指将采集到的数据由用户端、智能设备、传感器等终端传送到大型集中式数据中心的过程。数据传输阶段的主要安全目标是数据安全性。为了保证数据内容在传输过程中不被恶意攻击者收集或破坏，人们有必要采取安全措施保证数据的机密性和完整性。现有的密码技术已经能够提供成熟的解决方案，例如目前普遍使用的 SSL（安全套接层）、通信加密协议或专用加密机、VPN 技术等。

3. 数据存储阶段

大数据被采集后常汇集并存储于大型数据中心，而大量集中存储的有价值数据无疑容易成为某些个人或团体的攻击目标。因此，大数据存储面临的安全风险是多方面的，不仅包括外部黑客的攻击、内部人员的信息窃取，还包括不同利益方对数据的超权限使用等。因此，该阶段集中体现了数据安全、平台安全、用户隐私保护等多种安全需求。

4. 数据分析与使用阶段

大数据采集、传输、存储的主要目的是分析与使用数据，通过数据挖掘、机器学习等算法处理提取所需的知识。本阶段的焦点在于如何实现数据挖掘中的隐私保护，降低多源异构数据集成中的隐私泄露，防止数据使用者通过数据挖掘得到用户刻意隐藏的信息，防止分析者在进行统计分析时得到具体用户的隐私信息。

二、大数据流动的信息生命周期安全风险识别

大数据流动的信息生命周期如图 4-1 所示。

大数据流动的信息生命周期中，要对各类数据从采集至销毁的全生命周期所存在的数据知情权风险、数据操作权和控制权风险、数据真实性和隐私泄露风险、数据关联性风险、数据访问风险等安全风险进行深入分析。

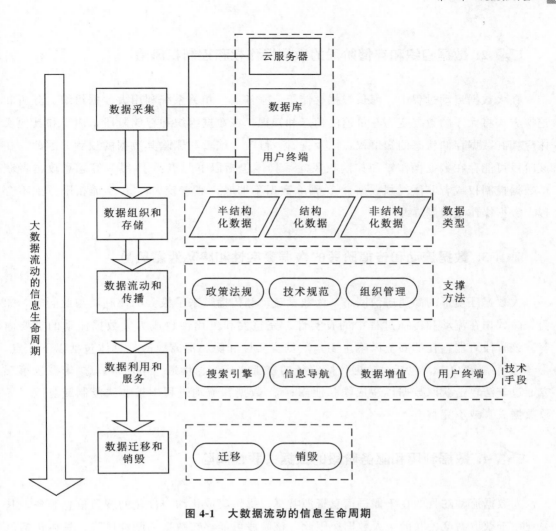

图 4-1　大数据流动的信息生命周期

1. 数据采集阶段的数据知情权风险

在大数据环境下，智能数据采集设备无处不在，比如保险公司通过传感器捕捉的海量行车数据，结合其他交通数据如行车路线、车损情况、地理位置等信息，制定差别保费。在此情况下，用户应对个人数据何时何地被采集、哪些个人数据被采集享有知情权，同时拥有不被智能设备采集的权利。然而，大数据挖掘方往往利用自身技术优势和法律政策漏洞，采集和分析各类用户数据，却不向用户通报，严重侵害了用户的数据知情权和占有权。因此，数据采集阶段面临的安全风险主要是数据知情权风险，具体包括以下几点：① 在用户或其他实体不知情的情况下采集数据，或者在获得允许的情况下过度采集数据；② 在未经许可的情况下将实体间的数据相关联，分析得出其他结果；③ 无法停止智能设备对个人数据的采集。

91

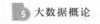 **2. 数据组织和存储阶段的数据操作权和控制权风险**

在大数据流动过程中，海量数据存储于云服务器，相关系统利用大数据组织、分析和挖掘方法将无序的数据变为有价值的信息和知识。在数据组织和存储阶段，用户和其他实体应拥有数据存储状态的知情权，以及查看、修改、编辑和删除其数据的权利。因此，在该阶段可能存在数据操作权和控制权风险，具体包括以下几点：① 黑客等恶意攻击者获得数据控制权或者非法复制数据；② 删除数据不彻底，成本较大；③ 实体权限分配不合理，数据操作权限越界。

3. 数据流动和传播阶段的数据真实性和隐私泄露风险

大数据环境下的高速通信网络，为数据流动和传播带来了极大的便利，与此同时，如何保障数据在流动和传播过程中的真实性、完整性和可用性也成为大数据流动的重要内容。该阶段可能存在的安全风险主要是数据真实性和隐私泄露风险，具体包括以下几点：① 黑客的恶意攻击，包括对数据传播路径的窃听、篡改、伪造、中断等；② 未授权第三方通过非法攻击获取数据，造成隐私泄露；③ 数据在流动过程中被非法复制或篡改，导致数据失真或不完整。

4. 数据利用和服务阶段的数据关联性风险

大数据流动的目的在于促进信息资源共享，提供集成化和个性化的智慧信息服务，其关键在于获取高度关联的个人数据。因此，该阶段可能存在数据关联性风险，具体包括以下几点：① 在用户不知情的情况下将数据使用权授权给第三方实体；② 数据被非法出售和转让；③ 数据关联导致隐私侵害，如恶意营销、人肉搜索等。

5. 数据迁移和销毁阶段的数据访问风险

在这一阶段，虽然数据本身的时效性和价值已经基本丧失，但数据本身具有关联性，很容易利用前期数据对未来的用户行为进行预测。此时，防范措施也不如前几个阶段严密，因此可能存在数据访问风险，具体包括以下几点：① 黑客攻击导致数据销毁失败；② 访问权限设置不明确，导致数据泄密；③ 数据迁移的目标区域安全性防范不足，导致非法访问。

 大数据流动的安全风险管理框架

在识别大数据流动各阶段安全风险的基础上，人们将大数据技术理念与安全管理的理论方法相结合，构建安全风险管理框架，分析具体的应对策略，具体可分为框架构建、框架结构设计、实施策略等步骤。

一、框架构建

框架构建需要遵循如下原则。

📈 1. 主动性原则

大数据流动的安全风险管理的核心在于风险预测和主动规避，应区别于现有被动的防护措施，在大数据流动的信息生命周期的基础上，采用风险评估方法，建立大数据流动的风险评估机制，主动规避风险。

📈 2. 可扩展性原则

随着大数据技术的不断发展，大数据流动可能面临新的安全风险，因此，大数据流动的安全风险管理框架要具有可扩展性，能够添加新的风险识别和管控模块。

📈 3. 整体性原则

大数据流动的安全风险管理应运用复杂系统的建模方法，明确关键环节，使应对策略从功能层面上相互弥补，达到整体最优。

📈 4. 应用性原则

大数据流动的安全风险管理框架应面向特定的应用情境，对应用的可行性和有效性进行分析和评估，从而对管理框架和实施策略予以反馈调整。

二、框架结构设计

如图 4-2 所示，大数据流动的安全风险管理框架包括三个层面，即法律法规层面、政府监管层面和管理技术层面。法律法规是政府监管的主要依据，政府监管是法律法规得以落实的有效保障。在大数据流动的安全风险管理过程中，单纯依靠管理技术难以全面地对各类安全危害行为进行问责。各国政府应制定相应的大数据安全法案，并完善各级机构的监管措施，为云服务商和用户提供有效的数据安全保护机制。

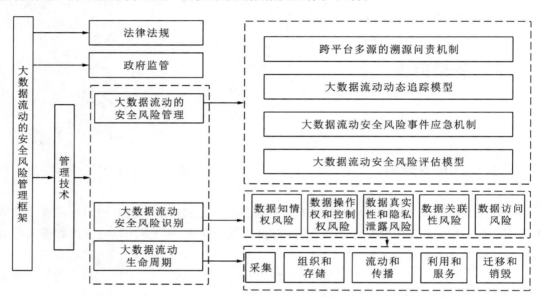

图 4-2   大数据流动的安全风险管理框架

管理技术层面包括以下功能模块。

📊 1. 生命周期建模模块

这一模块主要分析大数据流动生命周期的形成机理，运用数据挖掘和系统分析方法挖掘大数据流动的内在特征，并运用系统动力学刻画隐私信息的演化过程，进而构建大数据流动的生命周期模型。该模块主要实现的功能包括以下几点：① 大数据流动的传播机理分析；② 基于系统动力学的大数据流动生命周期模型构建。

📊 2. 大数据流动安全风险识别模块

这一模块主要分析大数据流动生命周期各阶段所面临的安全风险，设计动态安全风险监测和识别体系。该模块主要实现的功能包括以下几点：① 大数据流动安全威胁的语义描述；② 大数据流动的动态攻击模型构建；③ 大数据流动安全风险识别体系设计。

3. 大数据流动风险管控模块

这一模块针对大数据流动生命周期过程中存在的数据知情权风险、数据操作权和控制权风险、数据关联性风险等，综合运用各类技术手段，有效地评估、预测和规避风险，并建立风险事件发生后的快速应急反应机制。与此同时，跟踪并追捕大数据流动生命周期各阶段违反数据安全策略的实体行为，对其进行问责。该模块主要实现的功能包括以下几点：① 大数据流动的安全风险评估模型构建；② 大数据流动安全风险事件的应急反应机制设计；③ 大数据流动的动态追踪模型构建；④ 跨平台多源的溯源问责机制构建。

三、实施策略

大数据流动的安全风险管理框架在实际领域中的有效应用需要在法律法规、政府监管及管理技术等方面实施一系列策略。这里，编者从管理技术层面，对大数据流动的安全风险管理框架的实施策略进行阐述：大数据流动的安全风险管理框架的实施策略从大数据流动的安全性需求出发，遵循"基础理论方法—核心模型—实践应用—效果反馈"的纵向主线；在此基础上，从实施策略内容的递进角度考虑，形成"生命周期建模—风险识别—风险评估—风险应急—追踪问责"的横向主线。横向主线的提出有利于明确各类安全风险之间的有机联系，促进管理技术的衔接，推动框架的有效应用。大数据流动的安全风险管理框架技术路线如图 4-3 所示。

依据技术路线的指引，这里详细阐述大数据流动的安全风险管理框架的功能模块的实施策略。

1. 针对大数据流动生命周期建模

综合运用专家访谈、层次分析法和数据挖掘等定量和定性研究方法了解大数据流动过程中涉及的各类实体和影响要素，分析影响要素之间的相互因果关系，利用系统动力学描述大数据流动的传播过程与演化机理，进而采用 Vensim PLE 仿真软件模拟和刻画大数据流动的生命周期模型。

2. 建立大数据流动安全风险评估模型

在文献归纳和专家访谈的基础上，定性分析大数据流动的安全风险因素，并利用本体和元数据对生命周期不同阶段的安全威胁进行语义描述；运用德尔菲法构建大数据流动风险评估指标体系，采用层次分析法和熵值法计算风险指标的综合权重，结合神经网络、模糊数学、EBIOS（expression of needs and identification of security objectives）等风险评估

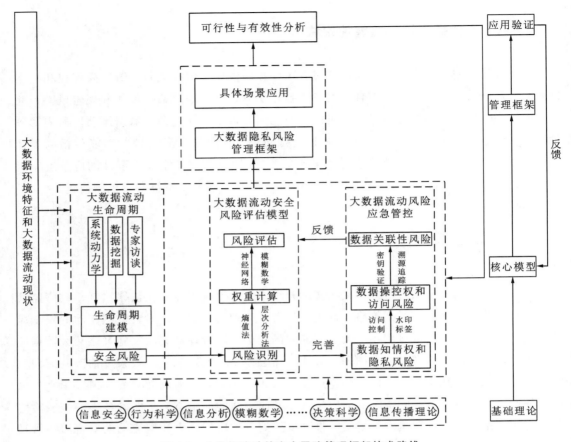

图 4-3　大数据流动的安全风险管理框架技术路线

方法，计算大数据流动安全风险发生的概率和风险程度，构建风险评估模型，进行主动预警，从而起到主动保护的作用。若风险事件难以避免，则依赖快速应急反应机制做出应对。

3. 大数据流动风险应急管控

根据大数据流动生命周期不同阶段的风险事件，制定不同的应急反应策略。

（1）数据知情权和隐私风险应对

数据知情权和隐私风险事件的发生会导致用户隐私受到侵害，降低用户数据共享和流动的兴趣。因此，用户首先需要修改账户和密码等信息，将重要的隐私数据转移至安全的存储区域；其次，在数据流动和隐私保护两者之间达到博弈均衡，避免隐私的过度保护；在此基础上，结合普遍的计算理念和数据溯源技术，构建动态信息追踪模型，对生命周期各阶段的隐私泄露源进行追踪和问责。

（2）数据操控权和访问风险应对

数据操控权和访问风险事件的发生主要是由于外部的非法攻击，因此，根据大数据环境互操作性和动态性的特点，引入水印标签技术，设计一种基于水印标签和上下文感知的用户组访问控制模型，可以实现透明、实时、安全的访问控制，通过资源中嵌入的水印标签，对资源的非法传播进行追踪。

（3）数据关联性风险应对

数据关联性风险事件的发生是由于大数据流动的各方实体在经济利益的驱动下，无视数据自由和行为自由的准则，利用自身技术优势挖掘数据的潜藏关联。因此，需要完善密钥验证技术，建立新型智能的溯源追踪工具来阻止未经授权的数据采集和挖掘，同时出台数据使用和分析的技术标准，确保数据关联挖掘活动合法化。

（4）其他

在上述基础上，运用系统建模方法整合框架的功能模块，并利用开源平台 Hadoop MapReduce 和 Spark 对其在不同应用领域的可行性和有效性进行分析和比较。

第四节　大数据安全技术与隐私保护技术框架

不同的安全需求与隐私保护需求一般需要相应的技术手段来支撑，例如：对于数据采集阶段的隐私保护需求，可以采用隐私保护技术，对用户数据做本地化的泛化或随机化处理；对于数据传输阶段的安全需求，可以采用密码技术来实现；对于包含用户隐私信息的大数据，则既需要采用数据加密、密文检索等安全技术实现其安全存储，又需要在对外发布前采用匿名化技术进行处理。但这种技术划分并不是绝对的，相同的需求可以用不同的技术手段实现。以位置隐私保护为例，虽然传统上多采用泛化、失真等隐私保护技术实现，但也有学者提出应用密文二维区间检索技术进一步提高安全性；又如，访问控制技术曾经构建于安全定理的形式化分析与证明，现在却依赖于机器学习算法分析结果。近年来，各类技术之间的交叉融合日益明显。总之，大数据安全技术与隐私保护技术互为补充，构成了完整的大数据安全技术与隐私保护技术框架（见图 4-4）。

一、大数据安全技术

大数据安全技术旨在解决数据在传输、存储与使用各个环节面临的安全威胁。其面临的核心挑战在于满足数据机密性、完整性、真实性等安全目标的同时，支持高效的数据查询、计算与共享。其中几类关键技术包括大数据访问控制、安全检索和安全计算。大数据访问控制包括采用和不采用密码技术两种技术路线。前者代表的是密文访问控制，无须依赖可信引用监控器，安全性强，但加密带来的计算负担会影响性能。后者的

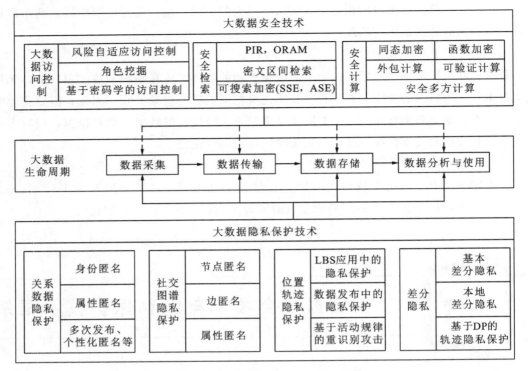

图 4-4　大数据安全技术与隐私保护技术框架

主要代表是角色挖掘、风险自适应访问控制，其特点是效率高、灵活度高，但依赖可信引用监控器实施数据的安全策略，面临可信引用监控器构建困难的问题。加密是保护云环境中数据安全的重要手段，但是密文数据的高效使用离不开密文检索，典型需求包括关键词检索与区间检索。前者又常被称为可搜索加密，包括对称可搜索加密和非对称可搜索加密。后者又可以进一步划分为单维、二维和多维区间检索。除密文检索外，安全检索还包括隐秘信息获取以及健忘 RAM 等多种类型。安全计算的目的是在复杂、恶劣的环境下以安全的方式计算出正确结果，包括同态加密、可验证计算、安全多方计算、函数加密、外包计算等。

（一）数据自身的安全防范技术

📶 1. 数据溯源

　　面对大数据应用中数据被篡改的危险，可引入数据溯源技术保证数据的可信性。数据溯源是一种记录从原始数据到目标数据演变过程的技术，用于评估数据来源的可信性，或在灾难发生后对数据进行恢复。在大数据前期处理过程中，如果将数据溯源技术用于大数据处理，则能为后期的数据处理提供验证和清理的支持。

2. 数据扰乱

为了降低数据泄露隐私风险，一种较常用的方法是对原始数据进行一定的处理，隐去其中的敏感数据。数据扰乱技术是对数据本身进行一些修改，以删除或弱化其中隐私敏感的部分。数据扰乱有多种方式，比如数据乱序、数据交换、数据扭曲、数据清洗、数据匿名、数据屏蔽、数据泛化等。数据扰乱技术虽然能够在一定程度上保护隐私，但同时由于数据本身被修改，会对数据挖掘结果造成一定的影响，因此使用数据扰乱技术需要在隐私保护程度和数据挖掘精度上做一个权衡。

（二）基于计算框架的安全防范技术

分布式计算框架的安全隐患主要在于不可信的计算节点及认证授权机制。因此解决计算框架安全问题的主要途径是建立安全的认证授权机制和减少不可信计算节点的影响。

得克萨斯大学的英德拉吉特·罗伊等人基于流行的 MapReduce 框架，开发了一套分布式计算系统 Airavat，主要就是为了解决 MapReduce 的安全问题。Airavat 在 SELinux 中运行，并利用了 SELinux 的安全特性，防止系统资源泄露。在认证授权机制方面，开发人员采用了 Kerberos 协议认证方式。Kerberos 协议是一种计算机网络授权协议，为网络通信提供基于可信第三方服务的面向开放系统的认证机制，是一种应用对称密钥体制进行密钥管理的系统。

（三）数据挖掘中的隐私保护技术

数据挖掘中的隐私保护，即在控制数据隐私泄露的情况下进行数据挖掘，同时保证数据挖掘的精度不受很大影响。数据挖掘中的隐私保护技术 PPDM（privacy preserving data mining）由阿格拉沃尔在 2000 年首次提出，经过多年的研究已经产生了大量的方法。PPDM 按照数据的隐藏技术划分，可分为基于同态加密、基于不经意传输和基于安全多方计算的技术等。

数字资源 4-2
安全多方计算

二、大数据隐私保护技术

对于大数据隐私保护技术，钱文君等人总结了五个研究方向，即基于数据分离的隐私保护、基于数据干扰的隐私保护、基于安全多方计算的隐私保护、基于硬件增强的隐私保护、基于访问模式隐藏的隐私保护。[1]

---

① 钱文君，沈晴霓，吴鹏飞，等 . 大数据计算环境下的隐私保护技术研究进展 [J] . 计算机学报，2022，45（4）：669-701.

📊 1. 基于数据分离的隐私保护

考虑到敏感数据或者全部原始数据在本地或者私有云环境被处理的隐私保护需求，该类研究方向主要借助数据分离技术抵抗不可信的 CSP，解决了输入隐私问题。

📊 2. 基于数据干扰的隐私保护

考虑到数据需要去隐私后发布到不可信第三方的隐私保护需求，为了抵抗不可信的 CSP 或者不可信的数据消费者，该类研究方向主要是在数据输入或者计算结果发布之前，利用数据匿名或者差分隐私技术泛化、压缩或者随机扰动真实数据，解决输入隐私和输出隐私的问题。

📊 3. 基于安全多方计算的隐私保护

考虑到云服务提供商不可信，需要在数据加密上传后进行密文计算的隐私保护要求，该类研究方向主要借助安全多方计算协议允许互不信任的参与方安全地执行联合计算，同时不泄露计算数据的隐私。

📊 4. 基于硬件增强的隐私保护

由于密文计算在实际应用中面临性能瓶颈，考虑到数据被加密传输但在 TEE（可信执行环境）下执行明文计算的隐私保护需求，该类研究方向主要是利用 Intel SGX 技术提供安全隔离执行环境，保护关键数据和代码的机密性，能够抵抗不可信的 CSP 在计算过程中窃取隐私数据。

📊 5. 基于访问模式隐藏的隐私保护

该类研究方向主要利用不经意的访问模式隐藏技术实现隐私计算，主要研究工作包括在大数据环境下实现基于 ORAM 的不经意计算和基于不经意混洗的不经意计算。

大数据隐私保护技术为大数据提供离线与在线等应用场景下的隐私保护，防止攻击者将属性、记录、位置和特定的用户个体联系起来。典型的隐私保护需求包括用户身份隐私保护、属性隐私保护、社交关系隐私保护与轨迹隐私保护等。其中，用户身份隐私保护的目标是降低攻击者从数据集中识别出某特定用户的可能性；属性隐私保护要求对用户的属性数据进行匿名，杜绝攻击者对用户的属性隐私进行窥探；社交关系隐私保护要求节点对应的社交关系保持匿名，让攻击者无法确认特定用户拥有哪些社交关系；轨迹隐私保护要求对用户的真实位置进行隐藏，不将用户的敏感位置和活动规律信息泄露给恶意攻击者，从而保护用户安全。

当前的大数据隐私保护技术可大致分为两类：一是基于 k-匿名的隐私保护技术；二是基于差分隐私的隐私保护技术。基于 k-匿名的隐私保护根据隐私数据类型与应用场景的差别，又可以进一步划分为关系型数据隐私保护、社交图谱数据隐私保护、位置与轨迹数据隐私保护。基于差分隐私的隐私保护提出了一种替代性的安全目标，即使攻击者已经掌握除了攻击目标之外的其他所有记录信息，仍旧无法获得该攻击目标的确切信息，由于加入了噪声，在相邻数据集上分别进行相同的查询，也可能得到相同的结果。

第五节 《数据安全法》

2021 年 6 月 10 日，十三届全国人大常委会第二十九次会议通过了《数据安全法》。这部法律是数据领域的基础性法律，也是国家安全领域的一部重要法律。

一、《数据安全法》的必要性

随着信息技术和人类生产生活的交汇融合，各类数据迅猛增长、海量聚集，这对经济发展、社会治理、人民生活产生了重大而深刻的影响。数据安全已成为关系到国家安全与经济社会发展的重大问题。党中央对此高度重视，习近平总书记多次作出重要指示批示，提出加快法规制度建设、切实保障国家数据安全等明确要求。《中共中央关于坚持和完善中国特色社会主义制度 推进国家治理体系和治理能力现代化若干重大问题的决定》明确将数据作为新的生产要素。按照党中央部署和贯彻落实总体国家安全观的要求，制定一部数据安全领域的基础性法律十分必要：其一，数据是国家基础性战略资源，没有数据安全就没有国家安全，因此，应当按照总体国家安全观的要求，通过立法加强数据安全保护，提升国家数据安全保障能力，有效应对数据这一非传统领域的国家安全风险与挑战，切实维护国家主权、安全和发展利益；其二，当前，各类数据的拥有主体多样，处理活动复杂，安全风险加大，必须通过立法建立健全各项制度措施，切实加强数据安全保护，维护公民、组织的合法权益；其三，发挥数据的基础资源作用和创新引擎作用，加快形成以创新为主要引领和支撑的数字经济，更好地服务我国经济社会发展，必须通过立法规范数据活动，完善数据安全治理体系，以安全保发展，以发展促安全；其四，为适应电子政务发展的需要，提升政府决策、管理、服务的科学性和效率，应当通过立法明确政务数据安全管理制度和开放利用规则，大力推进政务数据资源开放和开发利用。

《数据安全法》具有如下重要意义。

第一，《数据安全法》是安全保障法。该法以公权介入数据安全保护，提供认识数据安全问题、处理数据安全威胁和风险的法律路径。具体来说，人们通过该法，以其对数据、数据活动、数据安全的界定为出发点，厘清不同面向的数据安全风险，构建数据安全保护管理全面系统的制度框架，以战略、制度、措施等来构建国家预防、控制和消除数据安全威胁和风险的能力，确立国家行为的正当性，提升国家整体数据安全保障能力。

第二，《数据安全法》是基础性法律。基础性法律更多注重的不是解决问题，而是为问题的解决提供具体指导思路，具体问题的解决要依靠与之配套的法律法规。这也决定了《数据安全法》法律表述上的原则性和大量宣示性条款。与此同时，还应特别注意预设相关接口、整体立法语言的表述粒度均衡等。

第三，《数据安全法》是数据安全管理的法律。数据安全作为网络安全的重要组成部分，诸多安全制度可被网络安全制度涵盖。在数据安全管理上，与《网络安全法》充分协调，避免制度设计交叉与重复带来的立法资源浪费、监管重复与真空、产业负担，是《数据安全法》制定过程中应重点关注的问题。

二、《数据安全法》的主要内容

2021年9月1日起，《数据安全法》正式施行。该部法律体现了总体国家安全观的立法目标，聚焦数据安全领域的突出问题，确立了数据分类分级管理，建立了数据安全风险评估、监测预警、应急处置，数据安全审查等基本制度，并明确了相关主体的数据安全保护方面的义务。这是我国首部数据安全领域的基础性法律。《数据安全法》共有七章五十五条，具有以下十个突出亮点。

（一）坚持总体国家安全观

《数据安全法》以贯彻总体国家安全观为出发点，以数据治理中最为重要的安全问题为切入点，抓住了数据安全的主要矛盾和平衡点，是我国数据安全领域一部重要的基础性法律。《数据安全法》第一条明确了该法的立法目的："为了规范数据处理活动，保障数据安全，促进数据开发利用，保护个人、组织的合法权益，维护国家主权、安全和发展利益，制定本法。"

该条中的"规范数据处理活动，保障数据安全，促进数据开发利用"是《数据安全法》的立法基础，其中"规范、保障、促进"这三个关键词，是一种递进关系，规范数据处理活动的目的是保障数据安全，只有在数据安全得到保障的基础上，方能促进数据的有序开发和利用。

（二）我国数据保护的域外法律效力

当前，全球经贸交易、技术交流、资源分享等跨国合作日益频繁，数据跨境流动已经是无法避免的事实。如果我国的数据安全法只适用于在中华人民共和国境内开展数据活动的地域空间，显然是不现实的。为此，《数据安全法》第二条第二款明确规定："在中华人民共和国境外开展数据处理活动，损害中华人民共和国国家安全、公共利益或者公民、组织合法权益的，依法追究法律责任。"

该款中的"在中华人民共和国境外开展数据处理活动"的主体既包括中国境外的数据处理者，也包括中国境内的数据处理者，但其数据处理活动在境外。这两类数据处理活动者的行为只要损害了我国国家安全、公共利益以及公民和组织的合法数据权益，均由我国法律管辖，并追究法律责任。

（三）"中央国安委"统筹协调下的行业数据监管机制

《数据安全法》第五条明确："中央国家安全领导机构负责国家数据安全工作的决策和议事协调，研究制定、指导实施国家数据安全战略和有关重大方针政策，统筹协调国家数据安全的重大事项和重要工作，建立国家数据安全工作协调机制。"

《数据安全法》实行"中央国安委"统筹协调下的行业监管机制：第一，中央国家安全领导机构负责国家数据安全工作的决策和议事协调，研究制定、指导实施国家数据安全战略和有关重大方针政策，统筹协调国家数据安全的重大事项和重要工作，建立国家数据安全工作协调机制；第二，各地区、各部门对本地区、本部门工作中收集和产生的数据及数据安全负责；第三，工业、电信、交通、金融、自然资源、卫生健康、教育、科技等主管部门承担本行业、本领域数据安全监管职责；第四，公安机关、国家安全机关等依照《数据安全法》和有关法律、行政法规的规定，在各自职责范围内承担数据安全监管职责；第五，国家网信部门依照《数据安全法》和有关法律、行政法规的规定，负责统筹协调网络数据安全和相关监管工作。

（四）促进以数据为关键要素的数字经济发展

《数据安全法》第七条规定："国家保护个人、组织与数据有关的权益，鼓励数据依法合理有效利用，保障数据依法有序自由流动，促进以数据为关键要素的数字经济发展。"

数据作为生产要素，由市场评价贡献、按贡献决定报酬，这是党的十九届四中全会首次提出的一项重大产权创新制度。目前，各类网络平台，尤其是超级网络平台通过自身营造的网络生态系统，将网络公共空间的数据当作一种私权，这不利于数据要素市场的构建。因此，《数据安全法》明确提出"国家保护个人、组织与数据有关的权益"，这里的"权益"指公民和法人受法律保护的与数据有关的权利和利益。在个人和组织与数据有关的权益得到充分保护的基础上，依法推动数据合理有效利用和依法有序自由流动。

（五）国家数据分类分级保护制度

《数据安全法》第二十一条第一款规定："国家建立数据分类分级保护制度，根据数据在经济社会发展中的重要程度，以及一旦遭到篡改、破坏、泄露或者非法获取、非法利用，对国家安全、公共利益或者个人、组织合法权益造成的危害程度，对数据实行分类分级保护。国家数据安全工作协调机制统筹协调有关部门制定重要数据目录，加强对重要数据的保护。"

《数据安全法》中的"数据分类"，采用了数据的"重要程度＋危害程度"的立法手段，对数据实行分类分级保护，特别是将"关系国家安全、国民经济命脉、重要民生、重大公共利益等数据"列为国家核心数据，实行更加严格的管理制度。《数据安全法》从国家层面提出了数据分类分级，是确定数据保护和利用之间平衡点的一个重要依据，为政务数据、企业数据、工业数据和个人数据的保护奠定了法律基础。

（六）国家数据安全审查制度

"国家安全审查"是我国《国家安全法》最先确立的一项国家安全审查与监管制度。《国家安全法》第五十九条规定："国家建立国家安全审查和监管的制度和机制，对影响或者可能影响国家安全的外商投资、特定物项和关键技术、网络信息技术产品和服务、涉及国家安全事项的建设项目，以及其他重大事项和活动，进行国家安全审查，有效预防和化解国家安全风险。"

（七）国家数据安全应急处置机制

《数据安全法》第二十三条明确了"国家建立数据安全应急处置机制"，并要求"发生数据安全事件，有关主管部门应当依法启动应急预案，采取相应的应急处置措施，防止危害扩大，消除安全隐患，并及时向社会发布与公众有关的警示信息"。

该条有四层含义。其一，要在国家层面构建数据安全应急处置机制；其二，有关主管部门在发生数据安全事件时，应当依法启动应急预案，该条中的"有关主管部门"应当按照"谁主管谁负责、谁运行谁负责"的原则确定；其三，采取相应的应急处置措施，防止危害扩大，消除安全隐患，同时要组织研判，保存证据，并做好信息通报工作；其四，及时向社会发布与公众有关的警示信息，强调"发布与公众有关的警示信息"的目的，是让公众了解数据安全事件的真相，并及时采取自我保护的措施，以免其数据遭到破坏或在数据遭到破坏后防止损失扩大。

数据安全事件应急预案应当按照紧急程度、发展态势和可能造成的危害程度进行等级分类，一般分为四级：由高到低依次用红色、橙色、黄色和蓝色标识，分别对应可能发生特别重大、重大、较大和一般网络安全突发事件。

（八）数据处理者的数据合规义务

数据合规，是指数据处理者及其工作人员的数据处理行为符合法律法规、监管规定、行业准则和数据安全管理规章制度以及国际条约、规则等要求。《数据安全法》第二十七条到第三十条明确了数据处理者履行数据安全的四项重要合规义务。

（九）重要数据的出境安全管理制度

《数据安全法》第三十一条规定："关键信息基础设施的运营者在中华人民共和国境内运营中收集和产生的重要数据的出境安全管理，适用《中华人民共和国网络安全法》的规定；其他数据处理者在中华人民共和国境内运营中收集和产生的重要数据的出境安全管理办法，由国家网信部门会同国务院有关部门制定。"

本条进行了重要数据出境安全管理的规定，主要包括两个方面的内容：一是关键信息基础设施的运营者在中华人民共和国境内运营中收集和产生的重要数据的出境安全管理，适用《中华人民共和国网络安全法》的规定；二是除关键信息基础设施的运营者处理的重要数据外，其他数据处理者在中华人民共和国境内运营中收集和产生的重要数据的出境安全管理办法，由国家网信部门会同国务院有关部门制定。

（十）提供数据处理相关服务的行政许可准入制度

《数据安全法》第三十四条规定："法律、行政法规规定提供数据处理相关服务应当取得行政许可的，服务提供者应当依法取得许可。"许可含有"准许、允许或授权"的意思，数据处理相关服务的行政许可，其基本性质是行政机关对特定的数据处理服务活动进行事前控制的一种管理行为。

数据处理相关服务的行政许可一般具有以下特征。其一，从事数据处理相关服务的行政许可是一种依行政相对人申请的行政行为，没有行政相对人的申请，行政机关不能主动予以许可。其二，数据处理相关服务的行政许可的设定意味着法律的一般禁止，行政许可的内容是国家一般禁止的活动，为适应社会生活和生产的需要，对符合一定条件者解除禁止，允许其从事某项特定的活动。数据处理相关服务本身涉及维护国家主权、安全和发展利益，应该是国家一般禁止的行为，但国家为了促进数据开发利用，在保障数据安全的前提下，准许符合条件的组织和个人实施数据处理相关服务行为。其三，数据处理相关服务的行政许可是一种授益性行政行为，即赋予相对人某种权利和资格，准许相对人从事数据处理相关服务这项特定活动。

◇ 本章小结

　　当前，人类进入大数据时代，数据安全问题开始引起人们的广泛关注。大数据时代，数据量更大，安全风险更多，一旦发生安全问题，带来的后果更加严重。本章依次介绍了大数据安全问题涉及的隐私和个人信息安全保护、企业知识产权保护、产业健康生态建立、社会公共安全维护、国家安全维护等诸多数据治理问题；围绕数据采集、数据传输、数据存储、数据分析与使用四个阶段介绍了大数据生命周期安全风险分析方法；从隐私保护技术的角度探讨了大数据安全技术与隐私保护技术框架；最后，根据2021年出台的《数据安全法》，解读了《数据安全法》主要内容体现的十个突出亮点。

◇ 练习与思考

1. 请阐述大数据安全问题的主要内容。
2. 请阐述大数据生命周期安全风险分析的主要内容。
3. 请阐述大数据安全技术与隐私保护技术框架的主要内容。
4. 请阐述《安全保护法》这个数据领域基础性法律的主要内容。

◇ 综合案例

网络安全提升农夫山泉竞争优势①

一、业务挑战

　　农夫山泉专注于研发、推广饮用天然水、果蔬汁饮料、特殊用途饮料和茶饮料等各类软饮料。农夫山泉已成为中国饮料20强企业之一，创造了多个知名品牌，均获得了消费者的高度认同。农夫山泉取得如此骄人的业务成绩，和公司坚持不懈地推动并积极实践企业信息化的发展密切相关。农夫山泉一直走在信息化的前沿，从 SAP R3 到移动营销系统，再到亚太区第一家上线的 SAP HANA，以及 Hadoop 系统的上线……技术上的创新，是推动农夫山泉业务增长的有力武器。

---

① 网络安全提升农夫山泉竞争优势〔EB/OL〕. （2018-05-15）〔2023-12-20〕. https：//articles. e-works. net. cn/security/article141293. htm.

如此多的核心应用系统，给农夫山泉带来促进业务发展的"幸福"同时，也带来了一定的"烦恼"——它在应用和数据安全等方面遇到了各种挑战。

第一个挑战来自安全性能方面。由于在数据中心部署大量的应用，农夫山泉特别要求防火墙具有高性能，必须满足大量数据吞吐传输的特点，满足数据中心级别的低延迟、高吞吐的需求。农夫山泉自身的生产系统、各种企业级应用未来将层出不穷。在公司 IT 的规划中，未来其将会向私有云的方向发展，即通过中央控制的软件，顺应 SDN 等软件定义网络、软件定义存储之类的技术浪潮。因此，农夫山泉需要防火墙具有强大的性能和扩展性，具备虚拟化特点，实现安全防护的随时扩展。

第二个挑战来自安全防范的能力范畴。众所周知，在当今复杂的商业环境中，像农夫山泉这样的知名企业，遭受的威胁或攻击类型将不断增多。受利益驱使，那些攻击者开始越来越多地采用高度复杂的方法来开展网络渗透活动（例如，针对企业用户的勒索软件攻击，或者通过浏览器的恶意插件偷偷窃取用户电脑上的宝贵数据），窃取越来越多的数字化资产。

在这种情况下，传统的多专注于应用支持和控制的防火墙产品，无法应对当今高度复杂、不断发展的多途径攻击方法。即使有些防火墙在加入应用访问控制的同时，也加入了一些入侵防御系统或者各种非集成式产品，但是在"威胁感染"发生后，仍然无法快速有效地确定"感染"范围、遏制恶意软件，快速进行补救。

作为一家有多个品牌、产品类别的企业，农夫山泉具有很多的包装、配方等重要知识产权数据，同时还有大量敏感的生产数据，这些都会在数据中心进行分布式存储，数据一旦被泄露或恶意窃取，就会给农夫山泉带来不可估量的损失。

第三个挑战来自农夫山泉整体的安全成本、统一管理方面。农夫山泉曾做过估算，如果满足企业在强劲性能、未来平滑扩展、多种威胁防护等各方面的需求，采取传统的模式部署，就要增加众多不同品牌、多种类型的安全硬件设备（例如，防火墙、防入侵检测、防病毒等一系列设备），这将导致高昂的硬件投入；同时，不同品牌、不同类型的产品要分别配置管理软件，这意味着农夫山泉 IT 部门需要同时熟悉、操作多个管理软件进行设备管理——这肯定会导致管理的复杂度、难度提升，不利于统一管理，那么，不同安全设备彼此间的快速协同、联动将是个大问题。

二、解决方案

针对农夫山泉数据中心在整体安全防护方面的需求，思科提供了以最新一代 Firepower4100 系列防火墙为代表的安全解决方案，用来满足内部访问数据中心以及针对不同业务的安全防护需求，而数据中心外联出口采用思科 ASA 5500-X 系列防火墙，作为边界防护。

相较传统的防火墙设备，思科 Firepower4100 系列新一代防火墙无论在性能和扩展性还是在威胁防护、统一管理等方面都有卓越不凡的表现，而且从整体拥有成本角度考量，同样具有强大的优势。

在性能方面，思科 Firepower4100 系列新一代防火墙在非常紧凑的机架单位空间内，提供了高性能和密度，具备高吞吐率和低延迟威胁检测能力，可有效满足数据中心部署的需求。

这里特别需要强调的是思科 Firepower4100 系列新一代防火墙在性能上的强大扩展性。从单台设备来看，思科 Firepower4100 系列新一代防火墙的性能就表现强劲，通过独立的策略定义和硬件优化，可为指定的应用提供低至 3 微秒的网络延迟，单流 40 G 的超高吞吐量，从而满足数据中心网络的低延迟、高吞吐需求。

而在扩展性上，思科 Firepower4100 系列新一代防火墙完美继承了思科防火墙的集群技术，能够将多台防火墙无缝虚拟成一台防火墙，对防火墙的吞吐、新建会话、并发连接、NAT 连接等关键指标进行性能扩展；提供更高的多活冗余方式，同时又能提供统一管理。对于农夫山泉而言，这个特点非常重要。公司可以根据未来的业务发展，不断采购新的思科 Firepower4100 系列新一代防火墙，动态加入防火墙集群，不断提高防火墙集群的扩展能力。这种"按需扩展"的能力，允许农夫山泉无须最开始就购买超过现阶段性能需求的昂贵防火墙，极大降低 TCO（总体拥有成本），并提高 ROI（投资回报率）。

另外，这种防火墙集群的模式，特别适应当前"双活数据中心"的安全部署，因为它能通过集群的方式，对多个数据中心提供统一的、多活的安全防护，这也恰好和农夫山泉的未来规划不谋而合——农夫山泉将会把现在的新安江数据中心作为备份，和兴义的 IDC 数据中心组成"双活数据中心"模式。

三、业务成果

至 2018 年，思科 Firepower4100 系列新一代防火墙已经在农夫山泉新安江数据中心部署完毕。由于强大的性能表现、良好的可扩展性表现，农夫山泉在不久的将来，可以顺利地将数据中心以私有云架构进行扩展，而不必担心性能上的短板。

思科提供的以 Firepower4100 系列新一代防火墙为代表的威胁防护系统，功能丰富，管理便捷，能够在攻击的前、中、后期为农夫山泉提供威胁防御支持，无论是已知还是未知的威胁出现，农夫山泉均可以轻松应对处理。

借助思科 Firepower4100 系列新一代防火墙的单一管理界面，农夫山泉的 IT 部门现在可以很轻松地制定各种安全策略，只让可信的用户、应用等接入公司网络，而那些未授权的、有风险威胁的用户和应用则被加以控制；同时自动分析不同安全威胁类事件，提供多层的威胁防护和集成式防护，并在农夫山泉的网络遭受攻击入侵时，迅速发现风险所在，自动操作隔离消除，缓解风险。这让农夫山泉更专注于业务发展和创新，不断提高自身竞争力。

目前，农夫山泉正在进行全数字化的业务转型，以思科 Firepower4110 新一代防火墙为代表的威胁防护系统的上线部署，在满足数据中心目前和未来几年安全需求的同时，也将进一步提高公司的战略敏捷性和运营卓越性，并成为公司的重要竞争优势。

■【思考】

1. 简要描述农夫山泉在应用和数据安全等方面遇到了哪些挑战。

2. 相较于传统的防火墙设备，请逐条分析思科 Firepower4100 系列新一代防火墙是如何凭借成本、性能上的优势帮助农夫山泉应对其在应用和数据安全方面存在的挑战的。

3. 结合本案例，分析面临大数据技术应用与各行业不断的深入融合而产生的大量数据安全技术发展问题，企业应该如何制定统一高效的数据安全管理策略。

第五章　大数据思维

◇ 学习目标

■ **知识目标**

1. 了解传统的思维方式与符合大数据时代发展的新的思维方式的不同之处；

2. 掌握大数据时代所需要的新的思维方式的具体内容。

■ **能力目标**

1. 通过大数据思维的行动范式了解大数据思维的总体特征；

2. 具备数据认知素养，形成对数据进行阅读、用数据语言开展工作、对数据进行分析和用数据进行沟通的基本认识和理解。

■ **情感目标**

1. 深刻理解大数据发展必须是数据、技术、思维三大要素的联动，认识到只有思维升级了，才可能在这个时代透过数据看世界，比别人看得更加清晰，从而在大数据时代有所成就；

2. 主动转变传统的机械思维、数据垄断意识，认识并运用数据驱动决策意识、数据资产意识、数据共享意识，更好地认清形势的发展需要，顺应技术和时代发展的要求，主动掌握和吸收相关知识，为未来运用大数据资源和技术做好准备。

◇ 学习重点

1. 比较传统思维方式与大数据思维方式的差异；

2. 了解大数据创新思维的主要内容；

3. 了解大数据思维下行动范式的特征；

4. 掌握数据认知素养的构成和数据思维文化学习的策略。

◇ **学习难点**

1. 了解传统的思维方式与大数据思维方式的不同；
2. 掌握新的思维方式为人们提供的解决问题的新方法；
3. 理解数据认知素养对提升数据思维能力的重要作用。

◇ **导入案例**

大众情绪与股票买卖决策①

在"小数据"时代，投资者主要基于结构化数据（如财务数据、宏观经济数据等）进行股票投资决策，在大数据时代，大众发泄在网络上的情绪（多数是文字信息）是否可以被投资者用来作为股票投资决策的依据？华尔街德温特资本市场公司首席执行官保罗·霍廷每天的工作之一，就是利用计算机程序分析全球 3.4 亿微博账户的留言，进而判断民众情绪，再以"1"到"50"进行打分。霍廷根据打分结果决定如何处理手中数以百万美元的股票。霍廷的判断原则很简单：如果所有人似乎都高兴，那就买入；如果大家的焦虑情绪上升，那就抛售。霍廷的公司获得了 7％的收益率，超出了美国股市 1928—2013 年的年平均收益率（6.3％）。

■**【思考】**

1. 如何从大数据创新思维的视角理解大数据日渐成为社会发展的战略性资源和资本要素？

2. 相较于数据本身和大数据技术，大数据思维的创新价值是如何发挥作用的？

---

① "大数据"蕴藏"大财富"［EB/OL］.（2012-06-15）［2024-01-04］. http：//www.jjckb.cn/invest/2012-06/15/content_381793.htm.

第一节 大数据思维概述

一、传统思维方式中的机械思维

在过去的三个多世纪，机械思维可以算得上是人类所总结出的最重要的思维方式，也是现代文明的基础。机械思维的核心思想可以概括为以下三点：第一，世界变化的规律是确定的；第二，规律不仅可以被认识，而且可以用简单的公式或者语言描述清楚；第三，这些规律应该是放之四海而皆准的，可以应用于各种未知领域指导实践。

机械思维更广泛的影响力是作为一种准则指导人们的行为，可以概括为确定性（或者可预测性）和因果关系。传统数据思维将事物范畴界定为非此即彼、非黑即白、非对即错，这种单一、确定、机械和直线型的思维方式在同一时间从一个角度看问题，信奉绝对的对错判断。而世界事物的本原是以多维状态和层次形态呈现的，传统的静态思维只是一维结构，无形中制约了人类对数据价值的判断和更高层次的认知。

传统的数据分析师通常花费大量精力清除数据中存在的错误和噪声，通过提升基础数据的精准度降低分析结果的错误概率。而谷歌和百度公司利用每天处理的数十亿条查询输入搜索框中的错误拼写，借助一定的反馈机制，精准获知用户实际想输入查询的内容。对这些传统上认为不合标准、不正确或有缺陷的数据稍加利用，不仅帮助谷歌和百度公司开发了好用且新式的拼写检查器，从而提高了搜索质量，将其成功应用于搜索自动完成和自动翻译等服务。

二、大数据时代新的思维方式

大数据的科学基础是信息论，它的本质就是利用信息消除不确定性。

第一，不确定性在人们的世界里无处不在。由于不确定性是这个世界的重要特征，以至于我们按照传统的机械思维，很难做出准确的预测。

第二，世界的不确定性主要来自两方面。一方面，当人们对这个世界的方方面面了解得越来越细致之后，会发现影响世界的变量其实非常多，已经无法通过简单的办法或者公式得出结果，因此人们宁愿采用一些针对随机事件的方法来处理它们，人为地把它们归为不确定的一类；另一方面，各种变量构成的无限种选择的可能性进一步增加了不确定性。

第三，信息可以削弱不确定性。世界的不确定性折射出信息时代的方法论：获得更多

的信息，有助于消除不确定性。谁掌握了信息，谁就能够获取财富，这就如同在工业时代，谁掌握了资本谁就能获取财富一样。

人类正在通过采集、量化、计算、分析各种事物，来重新解释和定义这个世界，并通过数据来消除不确定性，对未来加以预测。现实生活和适应大数据时代的需要，使得人们不得不转变思维方式，努力把身边的事物量化，以数据的形式加以对待，这是实现大数据时代思维方式转变的核心。

第二节　大数据创新思维的构成

一、数据核心思维

大数据时代，人们通过 IT 技术解决问题的思路和计算模式发生了重要的转变，从以流程为核心转变为以数据为核心。当前，云计算在存储和计算方面都体现了以数据为核心的理念。云计算为大数据提供了有力的工具和途径，大数据为云计算提供了用武之地。云计算更多的是面向数据，数据在哪里应用就在哪里，以构造数据存储和挖掘的方案为核心。

社会和经济的进步越来越多地由数据推动，海量数据给数据分析既带来了机遇，也构成了新的挑战。对于企业而言，数据核心思维对企业数据挖掘和应用提出了更高的要求，企业不再局限于简单的实现信息化或者电子商务。在预测上，企业通过历史数据预测用户未来的需求。在测试上，新的设计方案都是在多次审慎测试后的最优结果。在记录上，企业通过收集数据深入地了解每个用户的喜好信息。企业文化也深受以数据为核心的思维及其衍生方法的影响。

以数据为核心，用数据核心思维方式思考问题、解决问题，反映了当下 IT 产业的变革。数据成为人工智能的基础，也成为智能化的基础，数据比流程更重要，数据库、记录数据库都可开发出深层次的信息。大数据真正的本质不在于"大"，而在于背后跟互联网相通的一整套新的思维。可以说，大数据带给我们最有价值的东西就是大数据思维，因为思维决定一切。

二、数据决策思维

针对大数据的深入发掘是数据驱动决策的重要手段，这提升了人类发现问题的洞察力。洞察力意味着知道哪些问题值得回答、哪些模式值得识别。

数据决策思维就是要求决策者习惯"用数据说话"，一切重大决策都应该基于数据分析做出。数据决策思维要求决策者有意识地寻找数据来支撑自己的观点。从数据中获取洞察力并基于该洞察力做出决策，是数据驱动决策的目标，也是大数据思维中数据决策思维的主要表现。数据湖（自然/原始格式存储的数据系统或存储库）是以数据决策思维对大数据进行存储和应用的定义。数据决策思维要格外注意时效性，因为原始数据正在爆炸式地生成，大数据本身的时效性特征也非常明显。

在数据决策思维中，良好的决策是建立在完善的大数据预处理基础上的。原始数据有不同的形式，原始数据转换和提取的过程称为数据角力（data wrangling）。鉴于互联网的快速发展，数据角力技术在组织拥有越来越多的可用数据方面变得越来越重要。数据角力是在数据湖中进行的一种分析形式。数据湖或数据平台通过清理和转换过程来增加数据的价值密度。

三、数据全样思维

事物的进步总是呈现螺旋式上升的特征。大规模的数据采集与处理最早都源自政府或者教会的行动。自古以来，各国政府一直都试图通过收集信息来管理国家和国民。其中，最常见的就是人口数据的普查。人口普查已经成为现代政府的基本工作任务之一。人口普查是一项耗费时间和资源的事情。面对大规模的数据，其麻烦之处不仅表现在数据收集方面，而且表现在数据处理方面。随机抽样取得了巨大的成功，成为现代社会、现代测量领域的重要手段。但就本质而言，随机抽样仍旧是在无法处理全部数据情况下的无奈选择。

大数据时代采用数据全样思维，还因为随机抽样具有很强的问题针对性。随机抽样在数据获取之前就预定和设计了相应的问题，因此随机抽样是针对问题进行的严密安排和执行，从随机抽样数据中人们也只能得到事先设计好的问题的结果。这显然与大数据中的数据价值和数据核心原理相悖，人们无法基于随机抽样的数据获取有创新性的结果和知识洞察力。

四、数据容错思维

对数据质量的苛刻要求，是之前人们应对数据处理的必然结果。不同的数据清洗模型可能会造成清洗后数据的差异很大，从而进一步加大数据结论的不稳定性。数据不完美本身就是世界运行的规律，是现实世界的本来面目，数据普遍存在异常、纰漏、疏忽、冗余甚至错误。

抽样数据出错有时候会导致非常严重的后果。一句"错误的数据不如没有数据"，包含了众多中国企业家对数据的恐慌和无奈。1999 年，时任北华饮业调研总监刘强组织了 5 场双盲口味测试，新产品"凉茶"在调研中被否定，直到 2000—2001 年，以"旭日升"

为代表的凉茶在中国全面旺销，北华饮业再想迎头赶上却为时已晚，一个明星产品就这样穿过详尽的市场调查与刘强擦肩而过。

当今社会，人们使用全部数据进行挖掘成为可能，而不再局限于一部分数据，数据中的异常、纰漏、疏忽、错误都是数据的实际情况。在大数据时代，人们回答问题往往是基于概率的，对错误和模糊性具有极强的容忍能力，而无须时刻追求"精确无疑"。当数据量足够大时，随机性差错可能会相互抵消，从而对结果不会产生大的影响。

◇ 案例

谷歌的自然语言处理和识别

谷歌的自然语言处理和识别团队最早提出的语言翻译系统准确率很低，人们基本无法看懂其翻译的内容，随着后期不断增加数据和改进挖掘模型，其翻译质量越来越高。

2006年，谷歌开始涉足机器翻译。这被当作实现"收集全世界的数据资源，并让人人都可享受这些资源"这个目标的第一步。谷歌翻译开始利用一个更大更繁杂的数据库，也就是全球的互联网，而不再只利用两种语言之间的文本翻译。

谷歌翻译系统为了训练计算机，会吸收它能找到的所有翻译文档。它会从各种语言的网站寻找对译文档，还会寻找联合国和欧盟这些国际组织发布的官方文件和报告的译本，它甚至会吸收速读项目中的书籍翻译。

尽管其输入源很混乱，但较其他翻译系统而言，谷歌的翻译质量还是很好的，而且可翻译的内容更多。到2012年年中，谷歌数据库涵盖60多种语言，甚至能够接受14种语言的语音输入，并有流利的对等翻译。

谷歌翻译系统之所以能做到这些，是因为它将语言视为能够判别可能性的数据，而不是语言本身。比如，如果要将印度语译成加泰罗尼亚语，谷歌翻译系统就会把英语作为中介语言。在翻译的时候它能适当增减词汇，所以谷歌的翻译比其他系统的翻译要灵活很多。

谷歌的翻译之所以更好，并不是因为它拥有一个更好的算法机制，而是因为它增加了各种各样的数据。它接收了有错误的数据，所以能比IBM的Candide系统更多地利用成千上万的数据。2006年，谷歌发布的上万亿级别的语料库，就是来自互联网的一些废弃内容，这就是"训练集"——可以正确地推算英语词汇搭配在一起的可能性。

20世纪60年代，拥有百万英语单词的语料库——布朗语料库算得上这个领域的开创者，而如今谷歌的这个语料库则是一个质的突破，谷歌使用庞大的数据库使得自然语言处理这一方向取得了飞跃式的发展。而自然语言处理能力是语音识别系统和计算机翻译的基础。

从某种意义上说，谷歌的语料库是布朗语料库的一个"退步"。因为谷歌语料库的内容来自未经过滤的网页内容，所以会包含一些不完整的句子、拼写错误、语法错误以及其他各种错误，而且，它也没有详细的人工纠错后的注解。但是，谷歌语料库是布朗语料库的好几百万倍大，这样的优势完全压倒了其缺点。

大数据时代要求我们重新审视精确性的优劣。如果将传统的思维模式运用于数字化、网络化的21世纪，就会错过重要的信息。执迷于精确性是信息缺乏时代和信息模拟时代的产物。在那个信息贫乏的时代，任意一个数据点的测量情况都对结果至关重要，所以，当时的人们只有确保每个数据的精确性，才不会导致分析结果的偏差。

如今，我们已经生活在信息时代。我们掌握的数据库越来越全面，它不再只包括我们手头已有现象的一点点可怜的数据，而是包括与这些现象相关的大量甚至全部数据。我们不必担心某个数据点会对整套分析形成不利影响。我们要做的就是接受这些纷繁的数据并从中受益，而不是以高昂的代价消除所有的不确定性。

可以说，当我们掌握了大量新型数据时，精确性就不那么重要了，即使有一些不精确的数据，我们同样可以掌握事情的发展趋势。大数据不仅让我们不再期待精确性，也让我们无法实现精确性。除了一开始会与我们的直觉相矛盾之外，接受数据的不精确和不完美，我们反而能够更好地对事物发展进行预测，也能够更好地理解这个世界。

五、数据关联思维

大数据时代，我们不能局限于因果关系思维，而要用数据关联思维看待问题。当今社会，原因往往不重要，重要的是通过一些指标进行相关的识别，比如，对商业来说，用数据关联思维识别出哪些消费者可能会流失，进行事前预警，或者对消费者购买行为进行预测，才是数据最大的商业价值所在。各种不同的数据都是有内在联系的，大数据分析的结果就是基于这种关联建立起数据预测的模型、预测消费者偏好和行为的。

◇ 案例

啤酒与尿布的故事

　　沃尔玛利用数据挖掘方法对原始数据进行分析和挖掘，并通过大量实际调查和分析，揭示了一个隐藏在"尿布与啤酒"背后的美国人的一种行为模式：在美国，一些年轻的父亲下班后经常会到超市去买尿布，而他们中有 30%～40% 的人同时会为自己买一些啤酒。沃尔玛打破常规，尝试将啤酒和尿布摆在一起，结果使得啤酒和尿布的销量双双激增，为公司带来了巨大的利润。

　　因果关系思维源于数据抽样理论，其一般分为如下几个步骤：第一步，在一个样本中，偶然发现某个有趣的规律；第二步，在另一个更大的样本中，发现这个规律依然存在；第三步，对所见到的所有样本进行判断，发现规律依然存在；第四步，得出结论，这是一个必然规律，因果关系成立。

　　因果关系是一种非常脆弱的关系。在大数据时代，我们不追求抽样，而追求全样，必须更多地使用数据关联思维。在无法确定因果关系时，数据为人们提供了解决问题的新方法。数据中包含的信息可以帮助人们消除不确定性，而数据之间的关联性在某种程度上可以取代原来的因果关系，帮助我们更好地认识事物的本质，这就是大数据思维的核心。从因果关系到关联性的转变是必要的，人们可以用一整套方法从数据中寻找关联性，然后解决各种各样的难题。

六、大数据乘法思维

　　信息主动传递给人，预示着大数据时代数据及基于数据的信息系统已经成为信息世界的核心组成部分。现在，用反向信息传递思维方式思考问题、解决问题，从人找信息到信息找人，是交互时代的转变，也是智能时代的要求。智能机器已不再只是一成不变的机器，而是具有一定智能的"大脑"。随着大数据的深入发展和大数据技术的不断成熟，"大数据×"（大数据乘法）的特征逐步显现。

　　大数据乘法是大数据思维进一步实践的成果，其推动经济形态不断发生演变，从而增强社会经济实体的生命力，为改革、创新、发展提供广阔的数据平台。"大数据×"与"互联网＋"并不相同，后者是基于通信和互联网技术平台，让互联网与传统行业深度融合，而前者是在传统行业的基础上利用大数据相关技术和平台实现效能、服务等不同方面的扩展和倍增。

大数据乘法是大数据时代工业、商业、金融业等各行业升级、创新的核心手段。大数据乘法具备如下特征。其一，大数据乘法是创新驱动的重要手段。大数据是重要的创新手段，用大数据乘法思维来求变、自我革命，能发挥创新的力量。其二，结构重心偏移。信息革命、大数据、全球化、互联网业已打破了原有的社会结构、经济结构、地缘结构、文化结构，经营、资源的重心在不断发生变化。其三，尊重人性、突出个性。大数据强大的力量来源于对人性最大限度的尊重、对人的敬畏、对人的创造性发挥以及对人类个体的重视。

数字资源 5-1
大数据引发思维
方式变革的趋势

第三节　大数据思维的行动范式

▍一、大数据思维的特性

互联网思维的核心是加速信息交流和改变信息传输的效能，而大数据思维的核心就是激活数据价值和释放数据潜能。总的来说，大数据思维的特性可以概括为整体性（价值涌现）、动态性（价值分层）和相关性（价值创新）。

（一）整体性

大数据以所有样本而非抽样数据为研究对象，这反映了其以整体性眼光把握对象和研究问题的特征。映射到大数据思维上，就是每种数据来源均有一定的局限性和片面性，事物的本质和规律隐藏在各种原始数据的相互关联之中，只有融合、集成各方面的原始数据，才能反映事物全貌。因此，以整体性的思维看待事物本身，才能真正客观而全面地把握对象的本质及其变化发展的趋势。

（二）动态性

人们只有采用动态观点在同一时间从多个角度看问题，才能够正确了解各类数据存在的价值。这种模糊、非确定、灵活且立体的思维决定了在多个维度上，事物亦此亦彼、亦黑亦白，即没有绝对的对错判断，只有结合具体问题和背景环境才能做出相应判断。大数据思维摆脱了静态思维的束缚，从动态视角多维且多层次地发掘数据的价值，从而让人们进一步接近事实真相，更全面地认识世界。

（三）相关性

在"小数据世界"，由于数据不完整，人们只能借助关联物或在假设的基础上考量数据的相关性，即便如此，人们也常常无法建立甚至错误地建立数据的相关性。在大数据背景下，特别是具有整体性大数据时，相关性分析会更准确、更快，而且不易受偏见影响。

大数据作为由各种数据构成的相互联系的整体，在数据相互作用的状态中生存和发展。自身数据的相互作用及其与外部环境的相互作用，是大数据得以存在的基本条件，也是大数据维持自身发展的生存机制。大数据思维的相关性要求人们将事物与其周边事物联系起来进行考察，既注重内部各部分数据之间的相互作用，又重视大数据与其外部环境的相互作用，通过对数据的重组、扩展和再利用，突破原有的框架，开拓新领域，发掘数据蕴含的价值。

二、大数据思维的行动范式

大数据思维的行动范式是对大数据创新活动的概括和提炼。对应大数据思维的三大特性，大数据思维的行动范式主要包括开放、采集、连接、跨界四种。

（一）开放

政府、企业和个人需要克服封闭和保守思想，树立数据开放、共享和共赢的意识，明白数据只有在不断的应用中才能增值，只有通过各方的协同创新，数据才能产生聚变效应。

各国现在广泛使用的全球定位系统（GPS）最先是美军发明的，并用于军事领域。1983年，美国政府宣布将免费开放GPS，并且在2000年取消了对GPS民用信道的SA干扰，解除了对民用GPS精度的限制。GPS的开放，带动了一系列生产和生活服务的创新，从汽车导航、精准农业耕作到物流、通信等，均实现了创新，盘活了数据资产。

（二）采集

大数据采集指尽可能采集所有数据。除了单位内部纵向不同层级、横向不同部门的数据积累外，还应注重相关外部单位的数据储备，以实现创新应用所需数据全集的流畅协同。实际上，数据在纵向上有一定的时间积累，在横向上有细致的记录粒度，再与其他数据整合，就能产生较大的价值。

以餐饮行业为例，绑定会员卡记录顾客消费行为和消费习惯，记录顾客点菜和结账时间，记录菜品投诉和退菜情况，形成月度、季度和年度数据，就可以判断菜品销量与时间的关系、顾客消费与菜品的关系等，进而为企业原材料和营销策略等方面的调整提供决策依据。此外，餐厅可以与附近的加油站建立数据分享协议，主动为就餐时间范围内加油的客户推送餐厅优惠信息，以提升利润空间。

（三）连接

"物以类聚，人以群分"，人总是喜欢和志趣相投的人交往。基于事物相互联系的观点，大数据建立连接应该放宽视野，以"四海之内皆兄弟"的胸怀，广交五湖四海的朋友，营造一个多方共赢互利的数据应用生态体系。因为数据之间的连接越多、连接越快，就越容易打通数据的价值链，发掘数据的价值。

例如，美国一家气候科技公司通过拓展数据连接为农民提供农作物保险业务。这家公司积累了海量的历史气候数据，并通过遥感获取了土壤数据，再结合与土壤数据相配套的农产品期货、国际贸易、国际政治和军事安全、国民经济、产业竞争等数据，打通了数据价值链，为每块田地提供精准的保险服务，创新了商业模式。在大数据时代，这种网络化连接思维创新可以在任何行业针对任何服务出现，由此产生的服务和商业模式将是不可穷尽的。

（四）跨界

跨界的关键在于发挥数据的外部性，实现数据的跨域关联和跨界应用。例如：分析国家电网智能电表的数据可以了解企业和厂家的用电情况，判断经济走势；分析淘宝用户的支付数据可以评估用户的信用，帮助银行降低借贷风险；分析移动通信基站的定位数据可以反映人群的移动轨迹，优化城市交通设计；分析微信和微博上的朋友关系和内容信息可以进行精准的用户画像，进行购物推荐和广告推送。

因此，用自身业务产生的数据去解决主要业务以外的其他问题，大胆进行颠覆式创新，或引入非自身业务的外部数据，解决自身遇到的问题，将产生远大于数据简单相加的巨大价值。这就要求我们既是专才又是全才。专才要求把数据自身的特性即长板发挥到极致，而全才则要求清晰地知道相关领域的协作数据集和需求，还需要考虑数据之间连接点的创新，更要随时准备好为协作数据集提供支持，从而实现跨界创新和超越自我。

三、科学研究的第四范式

托马斯·库恩认为范式的演变是科学研究的方法及观念的取代过程，科学的发展不是靠知识的积累而是靠范式的转换实现的，新范式的形成表明了常规科学的建立。库恩的模型描述了这样一种关于科学的图景：一组观念成为特定科学领域的主流和共识，创造了一种关于这个领域的观念（即范式），进而拥有了自我发展的动力和对这个领域发展的控制力。

在大数据时代，科学家不仅通过对广泛的数据进行实时动态的监测与分析来解决一些看似难以解决或不可触及的科学问题，还把数据作为科学研究的对象和工具，基于数据来思考、设计和实施科学研究。数据不再仅仅是科学研究的结果，而且变成了科学研究的活的基础和工具；人们不仅关心数据建模、描述、组织、保存、访问、分析、复用和建立科学数据基础设施，更关心如何利用泛在网络及其内在的交互性、开放性，利用海量数据的知识对象化、可计算化，构造基于数据的知识发现和协同研究，因此诞生了数据密集型的知识发现，即科学研究的第四范式。数据密集型科学发现范式是与实验科学、理论推演、计算机仿真三种科研范式平行的科学研究，即第四范式。数据密集型计算不仅拥有更大规模的数据传输、保存能力，而且能迅速提供普遍的个人化的低成本、高容量、高效率的存储与计算能力，使得在可预见的未来，个人有可能拥有几年前只有超级计算机才有的计算能力、存储能力甚至个性化的计算云。

第四范式展示的能力和潜力已得到科技界甚至整个社会的高度认可，许多国家正在启动相关计划、采取相关措施，例如，2012 年美国联邦政府在全球率先推出"大数据行动计划"（Big Data Initiative），欧盟委员会提出驾驭大数据浪潮的战略思路（Riding the Wave：How Europe can Gain from the Rising of Scientific Data），日本则发布了《面向 2020 的 ICT 综合战略》，提出构造丰富的数据基础。

除了第四范式已提出的海量数据计算方法、分布式数据存储与管理等挑战，在大数据发展和运用的过程中还有几个常被人们忽略的挑战。

1. 可靠地管理科学数据

2011 年，美国国家科学基金会（NSF）提出数据管理与共享要求，要求项目申请者必须提出数据管理与共享计划，作为项目审查内容之一。英国经济与社会研究理事会（ESRC）在 2010 年制定了数据管理政策，要求申请者说明项目数据的质量控制、共享与保存、知识产权管理等，并由英国国家层级的数据管理机构——数据管理中心（Digital Curation Centre，DCC）系统地研究和提出科学数据管理的政策、指南和最佳实践。

2. 科学数据的互操作

《科学》杂志 2012 年刊文提出健全支持科学数据广泛共享和利用的开放标准体系；英国联合信息系统委员会要求重建数据驱动的基础设施体系，支持数据的可靠保存、交换和利用；有关科研团体提出了开放数据协议，希望提供科学数据库的开放检索标准接口；国际数据委员会（CODATA）专门建立了数据引用标准和实践工作组，希望建立数据集标识和引用的公认规则。

3. 科学数据本身及其共享的权益管理

科学数据的权益管理涉及两个方面的问题：一是科技界人员和社会公众对科学数据的

获取、使用和保存的权利。经济合作与发展组织（OECD）早在 2007 年就发布了《公共资助研究数据获取的原则与指南》，指出多数由公共资金资助的科学研究，应促进整个科技界、企业和公众对其数据的获取；二是数据采集者、处理者、保存者或维护者是否在科学论文和科研评价中得到认可和激励。第二个方面的问题常被人们忽略。经济合作与发展组织和英国皇家学会（The Royal Society）在相关报告中对如何维护公共利益和研究者利益提出了具有原则性的规则，美国国家科学基金会和英国经济与社会研究理事会等已提出了科学数据管理与共享的原则和规则，欧盟等也在组织对科学数据的著作权和使用权的研究。

 4. 数据素养问题

《哈佛商业评论》（*Harvard Business Review*）2012 年发文指出，仅有好的数据不一定就做出好的决策。多数人或者对数据盲目信任，或者习惯性地忽视数据及其构成的证据链，只有少数"知情批判主义者"（informed skeptics）有充分受益于大数据的潜力。欧盟委员会联合研究中心对数据素养进行了分析，认为数据素养覆盖技术、工具、媒介、内容创作、知识管理、社交网络、对信息与知识的批判性认知、沟通、协作、法律等方面的知识和能力。

第四节　数据认知素养

一、数据认知素养的特征

数据认知素养并不是数据科学。在我们生活的世界，并不要求每个人都成为数据科学家，但我们大部分人都需要具备数据认知素养。数据科学家拥有无与伦比的技术技能，包括编程和统计学等，并不是每个人都必须走这样的路，然而我们确实需要学习数据知识，并学会利用数据。这不仅能使我们在未来的经济活动中拥有更大的竞争力，还能使我们获得一定的实用技能，有助于改善我们的生活。

在数据认知素养领域，我们把用数据开展工作看作为获得某种结果或目的，运用组织中的数据做某件事。为了帮助大家认识如何用数据开展工作，笔者将它与数量解析的四个层次联系起来，这有助于我们把用数据开展工作带到现实环境中进行理解。数量解析的四个层次与用数据开展工作有许多共同点。

第一，描述性数量解析主要是对组织中已经发生的或现在正发生着的事情进行描述。在组织内部，不管是对最近的市场促销活动构建数据可视化的人，还是对已经做好的数据可视化进行阅读的人，都是在用数据开展工作。

第二，诊断性数量解析是在描述性数量解析的基础上探寻事情发生的原因，产生认识和见解。例如，对来自飞机发动机的数据进行处理的人，有很大的责任去洞察相关数据出现的原因，特别是当某些问题可能会危及乘客生命的时候。

第三，预测性数量解析和指导性数量解析也通过各种形式用数据开展工作。从帮助建立数据来源的不同群体，到通过数据开展预测性数量解析和指导性数量解析的数据科学家，乃至那些读取数据的最终群体，都是用数据开展工作的参与者。

爱默生学院（Emerson College）和麻省理工学院（Massachusetts Institute of Technology，MIT）对数据认知素养给出的解释为：对数据进行阅读、用数据语言开展工作、对数据进行分析和用数据开展争辩的能力。这里的"用数据开展争辩"意味着用数据支持自己的观点。笔者对上述定义进行了拓展，认为数据认知素养是指对数据进行阅读、用数据语言开展工作、对数据进行分析和用数据进行沟通的能力。

（一）对数据进行阅读

假设我们在一家大型零售企业工作，这家企业因最近上市的产品备受鼓舞。为了利用数据思维和数量解析的优势来指导决策，该企业在产品上市前后花费几个月的时间来进行研究和分析。不同的团队是如何做出决定的呢？在这个过程中，哪些团队需要对数据进行阅读？

1. 研发团队

研发团队的成员需要阅读、理解、利用大量有价值的数据和信息资料，以便进行决策。研发团队在搜集企业内部和外部数据的时候，要投入大量的时间和精力，他们运用一定的调查手段，研究竞争对手，分析市场行情，以便使新产品具有销售活力。也就是说，研发团队通过描述性数量解析和诊断性数量解析来阅读数据，并形成观察结果和认识，以做出正确的决策。

2. 营销团队

营销团队的任务是为新产品策划营销活动、进行信息发布。营销团队不仅要查看并理解组织本身的海量数据，还要研究外部态势，清楚过去哪些类型的促销活动有效，哪些类型的促销活动无效，以及哪些外部环境可能会影响产品上市。营销团队要使用描述性数量解析和诊断性数量解析来阅读数据，以确定应执行哪种类型的营销，以使新产品顺利上市并取得成功。

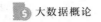

3. 高管团队

高管团队在产品上市决策中起着最终的决定作用。高管团队最好能阅读数据，以便做出重要的决策。高管团队日常事务繁多，不可能花大量时间阅读数据，但他们需要能够阅读并快速评估营销团队或者研发团队提供给他们的数据，消化有关新产品的信息，从而做出明智的、富有见识的决策。

总的来说，组织中的每个人都需要阅读数据，组织中的每个成员在阅读数据时都有独特的视角。具备阅读数据的能力有助于整个组织理解如何使用数据语言。

（二）用数据语言开展工作

假设你在一家大型企业工作，企业正在研究发动一场创新性市场营销活动。这场促销活动一反传统做法，可能需要用几个月的时间进行研究策划。在这场促销活动中，人们是怎样用数据开展工作的？他们试图发现和寻找什么？数据认知素养在其中发挥着怎样的作用？下面，我们就来讨论为保障这场促销活动达到预期效果，该企业不同团队是怎样用数据语言开展工作的。

1. 信息技术团队

信息技术团队的任务是收集可用的数据资料，帮助人们为这场促销活动做出更周全的决策。信息技术团队用数据语言开展的工作不仅内容多，而且形式多样。通过这些做法，信息技术团队给最终用户提供数据，帮助促销活动取得成功。

2. 营销团队

营销团队与促销活动直接相关，他们需要考察、建立描述性数量解析，还需要用数据语言开展工作，以便能够根据企业内部和外部数据诊断趋势、模式，并预测可能出现的突发事件。对于这场促销活动能否取得成功，营销团队需要通过数据语言开展工作做出预测式分析。

3. 销售团队

销售团队直接面对消费者或潜在的消费者，他们可能要解答消费者有关这场新产品促销活动的疑问或接受相关咨询，向消费者介绍产品的用途和使用方法。销售团队应接受相关信息的培训，掌握销售活动所需的各种数据，并熟练地与消费者共享信息，以满足消费者的诉求。

4. 高管团队

高管团队在发动一场新的促销活动的时候，最好用数据语言开展工作，尤其是当这场促销活动超出了自身的控制范围，也不同于惯例的时候。高管团队将收到各种报表、仪表盘以及数据和信息资料，这些信息能够帮助他们做出更有智慧的决策。当高管团队收到这样的信息并进行处理时，就是在用数据语言开展工作。

（三）对数据进行分析

每个人都拥有对数据进行分析的能力，分析数据能够帮助人们做出更明智的决定。人们在生活中面临海量数据和信息资料，开展数据分析能为人们提供数据辨识和筛选的途径。在对社交媒介开展数据分析的过程中，分析数据是数量解析的第二个层次即诊断性数量解析的关键要素。

所谓"分析"，就是对事物的组成要素或结构进行详尽的检查。了解事物背后的原因或对事物本身的了解是分析数据特征的关键所在。人们有时只从事物的表面看问题，这样是不可取的。为了能做出更明智的决策，我们每个人都需要不断分析数据和信息资料。想一想不同的业务团队如何看待产品上市的数据，有可能对我们理解数据分析有所帮助。

1. 研发团队

为了掌握新产品上市的业绩，研发团队不仅需要分析来自企业内部的信息资料，还需要分析来自企业外部的数据。例如，有人认为在宏观经济出现某种程度的衰退时，推出新产品是不明智的做法，注定会失败，事实真的如此吗？如果外部数据反映宏观经济出现举步维艰的状况，这或许会直接导致一些企业不再推出新产品。对此，研发团队需要对数据进行分析，看看新产品的推出究竟能不能获得成功。

2. 产品团队

为了准确预测新产品推出后能否获得成功，产品团队会关心许多方面的问题和数据，他们要剖析这些问题产生的原因，然后针对有关数据资料逐一进行分析。

3. 高管团队

高管团队管理着整个企业，他们通过分析数据，能够预测新产品推出后能否获得成功。高管团队需要分析大量的信息资料，例如宏观经济是如何影响产品定价的、影响是否已经发生、已经生产了多少产品、能够卖出去多少、销售团队的业绩如何，以及营销活动在多大程度上激发了人们对新产品的热情等。

数据认知素养的第三个特征的全部内涵就在于分析数据。人们需要通过诊断性数量解析，挖掘能够帮助人们获取成功的信息。分析数据是数据认知素养最为关键的一点。成功实施数据与数量解析策略的四个方面的特征都是非常重要的，但如果我们不对信息资料进行分析，就会一直停留在数量解析的第一个层次即描述性数量解析阶段。

（四）用数据进行沟通

我们对数据进行细致的分析，通过诊断性数量解析获得一些认识之后，还应该运用沟通的技能，清楚地把看法表达出来。

所谓"数据沟通"，就是分享或交换信息、资讯或想法。这里以数量解析的四个层次为例进行说明，我们希望把描述过去发生了什么的信息分享出去，希望共享通过诊断性数量解析获得的重要想法或资讯，希望把在预测性数量解析和指导性数量解析过程中得到的预测结果展示出来，保证数据与数量解析策略的成功应用，良好的数据沟通能力是必不可少的。人们在用数据进行沟通的时候，通常能够产生更好的效果。

假设某个公司正在研究过去一年的财务绩效。在过去的一年里，该公司取得了辉煌的成就，我们要想了解是哪些因素促进了公司的成功，以及这个状态能不能继续下去，就要了解该公司的不同业务团队是怎样用数据进行沟通的。

1. 财务团队

财务团队要了解公司过去一年是怎样获得成功的。财务团队可能仅需要共享描述性数量解析的结论。财务团队将会和运营团队及其他有关团队分享一些经营方面的指标数据和分析结果。在分享过程中，财务团队必须借助数据分析结果，有声有色地讲述企业运营管理方面的绩效。

2. 数据科学团队

要掌握和分析过去一年里公司真实发生的事情，数据科学团队发挥的作用可能更大。数据科学团队能够发现、分析和揭示其他人没有注意的事情。正是数据沟通的特征让数据科学团队能够施展他们的数据认知技能。数据科学团队必须比其他团队的员工拥有更高的数据认知素养。过去，数据沟通没有被列入数据科学家的必备技能，在如今这个崭新的数据世界，这种情况必须改变，数据科学团队成员必须培养与公司其他部门员工进行沟通的技能。

3. 高管团队

高管团队必须能对不同团队分析得到的不同结论进行沟通，获悉公司获得成功的驱动因素、取得成效的具体方面、怎样做才能继续保持成功等。

用数据进行沟通有助于我们了解企业运营管理的成效。总体来说，在数据认知素养领域，我们能够得到这样一个共性议题——每个人都需要培养数据沟通技能。

二、数据思维文化的学习

数据认知素养的形成和提高有一个很大的障碍因素，那就是组织的文化没有准备到位。数据与数量解析能否顺利达到预期目的，关键就在于组织文化有没有到位。用学习和技能培训方式给组织中的每个人赋能，数据认知素养就能自然地促进组织文化的繁荣。这个过程涉及很多问题，比如组织怎样才能确保数据认知素养的学习是周全又成功的、组织需要吸纳哪些关键的因素以保障数据认知素养学习的成功、采用什么样的数据与数量解析以及整体数据分析策略等。我们接下来将探究组织为促进数据认知素养的学习可以采取和实施的步骤。

1. 数据民主化

所谓"数据民主化"，就是向大众开放数据。我们要把数据对所有组织成员开放，将数据资料交到广大员工的手上。为了保障数据与数量解析的成功，公开数据不失为明智又有效的选择。把数据向大众开放，能使信息得到更多的关注，也能从大众中获取更多的创造性想法。真正有效的数据民主化，能够保障我们在正确的道路上，进行数据认知素养的学习活动。

2. 透明性

从数据认知素养的角度看，透明性意味着什么呢？所谓"透明性"，是指在我们使用数据做我们想做的事情的时候，一切都是显而易见的、公开的。对于数据环境而言，给人们民主化的权利，就是允许人们访问合适的数据集等。不过，数据的透明并不意味着人人完全透明，也不意味着数据的完全开放，它仅仅意味着在合适的接入点提供适当的访问机会，并为员工制订一个强有力的开放式的沟通计划。组织不应对自己正在处理的数据保持沉默，要让人们知道，并让人们以一种合适的方式表达想法和意见。

3. 导师制

在数据认知素养的学习活动中，推行导师制是可取的。提到导师制，人们也许会联想到组织中采用的传统意义上的"师傅带徒弟"的做法。在数据与数量解析领域，我们可以采用这样的做法来指导和传授知识与经验：擅长创建可行且有效的数据可视化的员工，可以在这一方面当他人的导师；擅长针对数据提出一些深刻问题的员工，可以在这方面当他人的导师，教会他人如何发现问题。导师制的学习活动也可以在虚拟环境中开展。比如，

"虚拟导研室"以更加灵活多样的方式开展线上线下、虚实结合的导学研究以及导学实践活动，导师与成员为了共同的愿景相聚云端，自主性和协作性得到有效体现。在导师制学习活动的实行过程中，如何创建导师制的组织文化值得我们关注。如果导师制的组织文化得以创建，就能迅速提升整个组织的数据认知素养。

4. 数据流畅性

如果一个组织的文化有利于数据与数量解析的推进，那么它的数据认知素养策略就能顺利实现，数据流畅性也可能成为数据与数量解析成功的精彩部分。如果组织的整体文化是用数据语言说话，那么组织一定能茁壮成长。

关注某个数据点，开展数据分析，依据数据形成深刻认识——这是用数据开展工作的比较典型的做法。用数据点开展工作的人，与组织中其他团队成员进行分享，这样不管组织技能如何、数据流畅性的满意度如何，以及是否采用数据语言说话，都能够保证组织成员通过数据分析获得的见解在决策中得到执行。

5. 领导层支持

在推动数据认知素养学习的组织文化建设时，我们都希望获得领导层的认可和支持。领导层的支持主要有以下四个方面的作用：一是提供资源；二是提供领导力，激发员工的能量、创造性与执行力；三是保证顺畅的变革和管理；四是有助于员工接受创新思维。

◇ **本章小结**

大数据的应用，不仅是一次技术革命，也是一次思维革命。按照大数据的思维方式，人们做事情的方式与方法需要从根本上加以改变，只有思维升级了，才可能在这个时代透过数据看世界。

大数据时代的思维方式发生了多种根本性转变。本章介绍了六种大数据创新思维，即数据核心思维、数据决策思维、数据全样思维、数据容错思维、数据关联思维、数据乘法思维，并给出了大数据思维在各领域的成功应用实例。大数据不仅会改变每个人的日常生活和工作方式，也将改变商业组织和社会组织的运行方式。对应大数据思维的三种特性（整体性、动态性、相关性），大数据思维主要包括开放、采集、连接和跨界四种行动范式。数据密集型的知识发现，即科学研究的第四范式，给人们的学术信息交流带来了深刻的变化，它要求人们提高驾驭第四范式的科学数据管理能力。每个人都可以通过提升数据认知素养获得实用技能，从而在大数据时代提高自己的生活和工作水平。

◇ **练习与思考**

1. 请阐述六种大数据创新思维的具体内容。
2. 请阐述谷歌翻译的成功体现的大数据思维方式。
3. 请阐述大数据思维的行动范式包括哪些内容。
4. 请阐述数据认知素养的构成以及如何开展数据思维文化的学习。

◇ **综合案例**

亚马逊如何利用大数据练就"读心术"？[①]

精准的推荐、心仪的价格、充足的库存以及高效率的配货，在用户还未下单时，亚马逊就早已使用"读心术"并做出预测，为用户计划好了一整套井井有条的购物体验。

作为电商巨头的鼻祖，亚马逊二十几年来始终排在电商界前几位，对此，亚马逊自家的大数据系统是当之无愧的"功臣"。"数据就是力量"，这是亚马逊的成功格言。EKN研究的相关报告显示，80%的电子商务巨头都认为亚马逊的数据分析成熟度远远超过同行。

亚马逊利用其20亿账户的大数据，通过预测分析140万台服务器上的10亿GB的数据来促进销量的增长。亚马逊追踪用户在电商网站和APP上的一切行为，尽可能多地收集信息。用户如果留意亚马逊的"账户"部分，就能发现其强大的账户管理功能，这也是为收集用户的数据服务的。亚马逊主页上有不同的板块，例如"愿望清单""为你推荐""浏览历史""你浏览过的相关商品""购买此商品的用户也买了"，亚马逊保持对用户行为的追踪，为用户提供卓越的个性化购物体验。

1. 灵活利用 Hadoop 技术

亚马逊通过多种工具在云端扩展其大数据应用，如数据储存、数据收集、数据处理、数据分享和数据合作。亚马逊灵活的 MapReduce 程序建立在 Hadoop 框架的顶端，两者很好地互补，帮助零售商高效地管理和利用分析平台。具体来说，零售商店15亿的产品目录数据，能通过200个实现中心在全球传播并储存在亚马逊的S3界面，每周进行近5亿次更新。同时系统每30分钟就会对S3界面上数据的产品目录进行分析，并发回不同的数据库。

---

① 亚马逊怎么使用大数据练就"读心术"？［EB/OL］．［2023-12-20］．https：//www.zhiu.cn/166236.html.

2. 个性化推荐

通过向用户提供建议，亚马逊获得了 10%～30% 的附加利润。拥有 200 万销售商，跨越 10 个国家，为近 20 亿顾客服务，亚马逊利用其超先进的数据驾驭技术向用户提供个性化推荐。毫无疑问，亚马逊是挖掘大数据、提供个性化服务的先驱，它通过提供策划好的购物体验诱导用户购买。亚马逊个性推荐的算法包含多种因素，向用户推荐商品前，要分析购买历史、浏览历史、朋友影响、特定商品趋势、媒体上流行产品的广告、购买历史相似的用户所购买的商品等。为了向用户提供更好的服务，亚马逊一直在不断改进推荐算法。

当然，个性化推荐不仅仅针对顾客，电商市场上的销售商也能收到来自亚马逊的靠谱的建议。一般来说，销售商普遍有以下问题：添加什么新产品？需要保持多少库存才能满足顾客对某一特定商品的需求？如何通过提供更多选择和优化服务来提高顾客满意度？亚马逊自称其在销售商上的巨大成功是因为它向销售商提供库存量的建议，例如向销售商推荐可以在库存中加入的新产品、推荐特定产品的最佳配送模式等。平均下来，亚马逊的每位销售商的产品目录列表都会得到超过 100 条建议。亚马逊为销售商提供的最受欢迎的建议之一就是库存脱销。推荐算法为特定销售商分析销售量和库存量，这简直是解决库存管理问题的"神助攻"，要知道，优化库存管理对销售商来说一直是非常具有挑战性的环节。亚马逊的推荐算法可以提出预期产品需求的建议，以便销售商在亚马逊上及时补充库存，使得二者达成共赢。

3. 动态价格优化

在零售市场，价格优化是一个重要的因素，零售商会想尽办法给每一件商品制定最好的价格。价格的管理在亚马逊会得到严密的监控，以达到吸引顾客、打败其他竞争者和增长利润的目的。动态的价格浮动推动亚马逊的盈利平均增长了 25%，而且其通过每时每刻的监控来保持自己的竞争力。2012—2013 年，亚马逊的销量提高了 27.2%，这使其第一次跻身全美前十零售商的榜单。

通过分析不同来源的数据，比如顾客在网页的浏览活动、某件商品在仓库中的存货、同一件商品不同竞争商家的定价、历史订单、顾客对某件商品的偏好、销售商对商品的预期利润等，亚马逊的产品价格制定策略的实时价格调控得以实现。每隔 10 分钟，亚马逊就会改变一次网站上商品的价格。顾客会发现亚马逊商品的价格往往是全网最低，这就得益于亚马逊的动态价格策略。亚马逊的动态定价算法更好地利用了人们对于价格的觉察心理。

更为机智的是，亚马逊为最好卖的商品提供大幅折扣，同时在稍微不那么畅销的商品中攫取更多的利润。举个例子，亚马逊对一款卖的最好的智能手机的定价比同行低了 25%，与此同时，另一款相对不那么受欢迎的智能手机在亚马逊上却卖得比其他网站贵了 10%。Boomerang Commerce 的一份分析报告指出，在任何季节，亚马逊不一定真的是某一样商品卖得最便宜的商家，但它在高人气和畅销商品中一贯的低价让消费者产生了亚马逊上总体商品的价格甚至比沃尔玛还划算的感觉。在亚马逊上，既有不少因为亚马逊的动态价格调整而省下了一大笔的心满意足的顾客，也不乏因为没有在最佳时机购买而扼腕叹息的顾客。

其中一个关于动态价格调整的最好例子，就是亚马逊先把星球大战整套BluRay猛降到 70 美元，然后一周之后又把价格提到 134 美元。捡到大便宜的顾客当然超级开心，但那些多给了不少钱的买家可就无比心塞了。

4. 供应链优化

尽管亚马逊把它的成功归于提高用户的购物体验，但事实上，是强大的供应链和满足需求的能力让这句话免于流为空谈。Cap Gemini 的一项调查显示，当消费者的订单不能按时被满足时，89％的消费者宁愿去其他地方继续他们的购买行为。在强大的供应链优化作用下，沃尔玛每运 50 万件商品，亚马逊已经运出了 1000 万件。

亚马逊与生产商有着实时的联系，会根据数据追踪存货需求来为客户提供当日/次日配送的选择。亚马逊运用大数据系统，权衡供应商间的邻近度和客户间的邻近度，从而挑选最合适的数据仓库，从而最大化降低配送成本。大数据系统帮助亚马逊预测所需的仓库数目和每个仓库应有的容量。同时，亚马逊通过运用图论选择最佳时间安排、路线和产品分类，以把配送成本降到最低。

5. 预测式购物——下单之前就发货

不满足于传统的个性化推荐，亚马逊正在努力将个性化推荐提升到另一个层次。2013 年，亚马逊获得了一项"预测式购物"新专利。通过这项专利，亚马逊会根据消费者的购物偏好，提前将他们可能购买的商品配送到距离最近的快递仓库，一旦购买者下了订单，商品立刻就能送到其家门口。这将大大降低货物运输的时间，同时对实体店的竞争同行也是一次重创。这项专利意味着预见性分析系统会变得非常精确，以至于它可以预测顾客什么时候下单和将会购买什么产品。不过，如果大数据算法在预测上出错，亚马逊将有可能面临承受来回运送商品物流成本的压力。未来关于预测式购物的问题还会有不少，对于亚马逊到底如何在保持自身竞争力的同时解决这些棘手的问题，我们拭目以待。

■【思考】

1. 电子商务巨头亚马逊的数据分析与其竞争对手相比具有哪些特点？

2. 亚马逊不断改进个性推荐的算法，给它带来了哪些经济利益？相较于算法，数据规模、数据质量的重要性体现在哪里？

3. 通过亚马逊利用大数据分析提高自身竞争力的案例，你可以归纳出大数据思维的哪些特点？你认为大数据思维是如何创造商业价值的？

第六章　大数据伦理

■ **知识目标**

1. 了解大数据伦理的概念、大数据伦理研究产生的背景；

2. 掌握大数据伦理失范的原因、大数据伦理治理框架和治理实践。

■ **能力目标**

1. 能够运用数字鸿沟、数据独裁、数据垄断、人的主体地位问题等与大数据伦理相关的理论，分析在数字经济时代，国家、社会、企业组织、个人应如何提高数据治理与数治素养；

2. 塑造符合大数据伦理要求的企业、社会文化，以正确的伦理观指导自身实践活动，做出恰当的职业判断。

■ **情感目标**

1. 深刻理解在"大数据热"中需要"冷思考"，正确认识和应对大数据技术带来的伦理问题，更好地趋利避害；

2. 通过对数字鸿沟的理解，深刻体会国家、地区、城乡之间互联网普及率不均衡而拉大的数据资源差异导致的社会割裂的危害；

3. 通过对数据独裁、人的主体地位的认识，警惕和防止人类思维"空心化"导致人的创新意识和自主意识的丧失。

◇ 学习重点

1. 掌握大数据伦理的概念；

2. 掌握大数据伦理研究产生的背景；

3. 掌握大数据伦理失范的原因；

4. 掌握大数据伦理问题的治理框架和原则。

◇ **学习难点**

1. 掌握大数据伦理问题的各方面表现；
2. 理解大数据伦理治理实践的启示。

◇ **导入案例**

"大数据杀熟"背后的伦理审视①

所谓"大数据杀熟"，通俗地说，就是平台（主要是互联网平台）充分利用自身掌握的大数据技术对消费市场进行更为精准与细致的划分，在此基础上主要对熟人（习惯、依赖该平台的较为忠诚的用户）进行不当的利益宰割，从而使大数据技术成为部分经营者追求超额利润的有力工具。也就是说，对于同样的商品或服务，具有忠诚度的用户群体看到并为此实际支付的价格比新客户或一般用户要高，而且这种行为极具隐蔽性。一言以蔽之，大数据技术加剧了经营者和消费者之间的信息不平等，使得消费者很难通过网络对经营者价格歧视的抗辩进行甄别。

■【思考】

1. "大数据杀熟"现象背后的技术原理是怎样的？
2. 分别从行为、平台、用户的视角思考大数据伦理问题。

第一节 大数据伦理概述

一、大数据伦理的概念

在西方文化中，"伦理"一词可追溯至希腊语的"ethos"，有"风俗、习性、品性"

---

① 朱杰. 网络大数据环境下价格歧视行为研究［J］. 哈尔滨师范大学社会科学学报，2018（2）：65.

等含义。在我国文化中，"伦理"一词最早见于《礼记》："乐者，通伦理者也。"伦理与道德的概念是不同的。哲学家认为：伦理是规则和道理，即人作为总体，在社会中的一般行为规则和行事原则，强调人与人之间、人与社会之间的关系；而道德是指人格修养、个人道德和行为规范、社会道德，即人作为个体，在自身精神世界中心理活动的准绳，强调人与自然、人与自我、人与内心的关系。伦理是客观法，具有律他性；而道德是主观法，具有律己性。伦理要求人们的行为基本符合社会规范，而道德是对人们行为境界的描述。伦理义务对社会成员的道德约束具有双向性、相互性。

现代社会的伦理不再是简单的对传统道德法则本质功能的体现，它已经延伸至不同的领域，因而也越发具有针对性，并引申出环境伦理、科技伦理等不同层面的内容。其中，科技伦理是指科学与运用活动中的道德标准和行为准则，是一种观念与概念上的道德哲学思考。它规定了科学技术共同体应遵守的技术创新价值观、行为规范和社会责任范畴。人类科学技术的不断进步，也带来了一些新的科技伦理问题，因此，只有不断丰富科技伦理这一基本概念的内涵，才能有效应对和处理新的伦理问题，提高科学技术行为的合法性和正当性，确保科学技术能够真正为人类谋福利。

大数据伦理问题就属于科技伦理的范畴，指的是大数据技术的产生和使用引发的社会问题，这也是集体与个人、个人与个人之间关系的行为准则问题。作为一种新的技术，大数据技术跟其他技术一样，本身是无所谓好坏的，它的"善"与"恶"全然在于使用者想要通过大数据技术实现的目的。一般而言，使用大数据技术的个人和集体都有不同的目的和动机，由此导致大数据技术的应用会产生积极影响和消极影响。

◇ 案例

个性化推荐"算法"变"算计"①

《中国大安全感知报告（2021）》显示，网络个人隐私是民众当下最为关注的安全问题，七成受访者感到自己被算法"算计"。

对于普通用户而言，算法是摸不着也看不懂的，却广泛影响着人们在互联网上的行为。由于互联网平台优化算法主要是通过大数据分析算法模型计算业务经营的最佳策略，对一些实际情况并未进行考虑或考虑力度不够，很可能带来一些恶性应对行为。

---

① 个性化推荐"算法"变"算计"，真能一关了之吗？［EB/OL］.（2022-03-18）［2023-12-28］. https://www.kepuchina.cn/article/articleinfo? business_type=100&ar_id=92931.

1. 诱导用户沉迷网络，陷入"信息茧房"

当我们打开今日头条时，会明显感觉只有我们自己关注的才是头条；"刷"短视频时，会不知不觉被各种内容"投喂"，忍不住"一刷就是几个小时"；逛一逛淘宝，推荐的都是自己曾经购买或浏览的商品，一不小心就加入了购物车。我们看似有了更多更好的选择，但静下来想想，总感觉被一种无形的力量操控着，而这种力量就是算法推荐技术。

传播学理论认为，在信息传播过程中，公众倾向于注意自己感兴趣的资讯，而资讯平台为了获得更多的关注，也倾向于利用算法推荐技术向公众推送为其量身定做的信息。久而久之，公众会将自身桎梏于"信息茧房"，缺少多元化视角，导致思维固化，甚至引发网络过激言论和网络暴力。

2. 过度"算计"剥夺劳动者权益

2020年9月，一篇名为"外卖骑手，困在系统里"的文章备受关注。文章描述了在外卖平台系统的算法与数据驱动下，外卖骑手的配送时间不断被压缩，而骑手在强大的系统驱动下，为避免差评、维持收入，不得不在现实中选择逆行、闯红灯等做法。不少外卖骑手表示，几十层的高层楼宇，电梯一等就是十几分钟甚至更长，但这样的客观情况并没有被算法系统考虑进去。

对于这种情况，清华大学人工智能国际治理研究院副院长梁正在接受媒体采访时表示，由于机器还在发展阶段，针对一些劳动或工作场景，把决定权力交给机器，会产生很大的潜藏的公平性和可靠性方面的风险。

短时间内，社会上滥用算法等行为带来的不信任感似乎难以消退。但作为互联网时代的产物，算法技术在便利人们的生活、推动数字经济发展等方面也功不可没。如何解决这类矛盾？中国信息安全研究院副院长左晓栋认为，一方面要在治理违法违规收集用户个人信息上下功夫，另一方面要保障用户的选择权、删除权等权益。业内人士认为，要通过一系列法规组合拳引导算法合理发展，限制、防止信息滥用，避免算法推荐"野蛮生长"，从而达到个人信息保护和数字经济产业发展的双重目标。《互联网信息服务算法推荐管理规定》的正式实施，可能就是一个好的开始。

二、大数据伦理研究产生的背景

随着大数据广泛应用于各行各业，人们对于数据的探讨范围越发宽广。目前，在互联网和大数据深度发展的基础上，人工智能的快速发展引发了传播智能时代的到来，由此数据问题得到进一步强化，其所具有的意义亦由技术层面延展至市场、社会层面。在智能传播时代，数据与网民个人的隐私之间有着密切的联系，也使得大数据伦理问题日渐凸显。在伦理学中，正当与善是两大主题。在大数据伦理范畴中，这两大主题集中表现为大数据隐私与大数据管理。其中，大数据隐私是大数据伦理研究的核心，而大数据管理则是大数据伦理研究的主要内容。

（一）大数据伦理研究的现实驱动

数据科学属于信息科学的范畴，所以，对于数据伦理问题的关注还应回到信息伦理学的范畴。信息伦理学是伴随信息技术的发展而逐渐形成的研究领域。信息伦理学的兴起与控制论的创始人诺伯特·维纳是分不开的。20 世纪中叶，信息技术的发展使得人们开始了关于人工智能的设想与实践。维纳有预见性地指出，让机器像人一样思考并非不可实现，但是一旦人出现问题，那么，人工智能体将会对人类社会带来不可控制的灾难。从伦理的角度，维纳称信息技术发展的责任为"伟大的正义原则"，后来的学者则将这种责任原则具体化为"自由、平等、仁爱"等道德规范。此后，随着信息科学的发展，肇始于维纳的信息伦理思想的研究元素与研究框架逐渐清晰和完善。美国学者詹姆斯·摩尔强调，新兴信息技术的发展需要有更好的技术伦理规范，为此他提出了著名的摩尔定律，认为随着技术革命的深入，社会影响的增大，伦理问题也会增加。信息科学在当下表现为互联网、大数据及兴盛的人工智能等技术的迭代发展，信息伦理学关注的内容正是这些技术在与社会相互作用的过程中不时凸显的道德规范问题及困境。计算机伦理、网络用户的在线信息、互联网与信任信息技术与个人数据等，不断充实和丰富着信息伦理学的内容。

目前的大数据在很大程度上源自人们网络行为的积累。数据是人们在网络"行走"时留下的痕迹。人们的网络行为包括各种网络访问、搜索、社交等，人们的网络行为留下的痕迹被服务器存储下来就成了数据。其本质是相对于所调查的对象而具有的全样本数据的特点。但无论是这个概念产生的技术背景，还是目前大数据处理的技术特征，人们都更多地将大数据指向互联网的使用所形成的数据。因此，在一定意义上，大数据可以等同于网络数据。网络行为的产生需要一定的条件，网络痕迹中包含大量的个人信息。随着智能时代的到来，会有更多的个人信息通过各种方式进入数据世界，这在积淀数据科学研究基础的同时，也将使数据的应用及其结果面临巨大的数据伦理风险。在具体的数据隐私及数据管理中，数据伦理风险的主体则具体化为网络用户与网络平台。

随着大数据技术与人工智能的不断发展，它们在给社会生活带来便利体验的同时，也给社会伦理和价值规范提供了全新场域。大数据的本质在于数据化的世界观和思维方式。大数据的发展因引发了相应的伦理问题而受到社会的广泛关注，也成为我国学界重点关注的前沿问题。

（二）大数据伦理的理论研究评析

就时代背景而言，大数据伦理的研究必须服务于时代背景的实践需求。目前关于大数据伦理背景的研究主要还是立足于当前国内大数据技术的发展形势，并没有从数据的发展历史，即"数—数值—数据"进程中探究大数据伦理产生的根源。在数据主权博弈的背景方面，大数据革命加剧了国家间的科技竞争，从而使大数据伦理上升到了国家伦理的高度，而目前关于大数据伦理的数据主权博弈背景的研究也较为缺乏。未来研究应该重视对大数据的背景进行溯源分析，加强大数据发展的历史背景和数据竞争背景研究。

就问题表现而言，目前国内的研究大多侧重于大数据伦理的具体问题。这些研究重问题阐释、少根源探究，主要以"问题—原因—对策"为研究框架，对大数据背景下各领域的伦理问题进行研究，缺少对大数据伦理框架问题的整体性思考和深层论证，较少从本体论高度关照大数据伦理失范问题，欠缺技术哲学、数据哲学、信息伦理学等视角的根源性研究。这就造成了对体系性的大数据伦理建设问题探究不足的局面。随着大数据技术的深入发展，大数据构建新型社会关系的倾向越来越明显，这迫切需要人们创新发展原有的伦理道德体系或者重新构建数据社会的新型伦理道德秩序。

就产生原因而言，学界对大数据伦理失范现象进行了多种因素探究。在大数据主体伦理的能动性因素方面，现有研究比较重视个体的大数据主体伦理研究，而对大数据企业、行业组织和国家（或政府）等大数据主体的伦理因素研究还不够充分。在大数据技术的客观因素方面，现有研究主要探讨了大数据的技术特性和技术滥用如何引发伦理问题。现阶段人类还远未到完全掌握大数据技术的地步，仍存在大数据失控导致的伦理失范问题，对大数据伦理风险防控方面的原因分析还较为稀缺。在社会问题衍生因素方面，大多学者将大数据伦理问题归咎于不良社会思潮的影响和制度规约的缺失，而对不良社会思潮在大数据环境下表现出新的伦理危害却着墨不多，对大数据伦理制度建设滞后的原因缺乏进一步的深层思考。

就具体内容而言，大数据伦理内容研究既涉及具体领域，及时为各行业的大数据伦理建设提供指导，也关照了大数据技术自身的伦理内容，但在研究思路上存在一些伦理维度与技术维度割裂的问题。比起从大数据技术驱动社会进步角度研究其伦理价值，不少学者更执着于从大数据技术的社会批判角度研究大数据伦理问题，相关研究主要聚焦于大数据技术应用带来的伦理风险，而对大数据技术内在的伦理诉求则鲜有关注，对大数据技术发展给道德带来的积极意义也未做充分探讨。伦理维度是研究的出发点和目的所在，技术维度是研究的前提和基础，我们既要从技术视角发掘大数据本身的伦理价值与诉求，又要从人的伦理视角审视大数据技术的发展，使伦理既成为大数据发展的内在需要，也成为规制其发展的约束力。

就治理路径而言，学界在推进大数据伦理治理研究的同时，也展现了下一步需要跟进解决的问题。在大数据伦理的治理原则方面，要想正确贯彻大数据的伦理原则，应结合大数据伦理主体的实践行为，将公认的伦理原则进一步细化为可操作的伦理细则。在主体性伦理建设方面，关于大数据伦理的国家主体性建设研究不足。在大数据时代，数据霸权与大数据权力的扩张性愈发明显，这使得数据主权和数据公平成为国家伦理的新内涵。因此，应该加强大数据的国家伦理治理研究。在大数据伦理的社会治理方面，学界大都

数字资源 6-1
"算法利维坦"

认同制度规约对大数据伦理问题的治理作用，并从顶层设计到具体的自律机制进行了研究。但是，刚性的制度治理还需要柔性的社会引导，这样才能实现标本兼治。我们应该加强对算法伦理治理和大数据伦理精神的普及，优化算法生态，防止"算法利维坦"从认知和行动机制方面侵犯人的权利。

第二节　大数据的伦理问题

互联网的使用正在悄悄地对人们的生活习惯和行为活动进行重塑，而人们还没有充分发觉这种重塑所带来的伦理问题。国内学者探讨最多的大数据伦理问题主要包括隐私泄露、数据安全、伦理异化等问题。其中，伦理异化问题涉及诸多方面，包括数字鸿沟问题、数据独裁问题、数据垄断问题、人的主体地位问题等。

一、隐私泄露

康德哲学认为，当个体隐私得不到尊重的时候，个体的自由将受到侵犯。而人类的自由意志与尊严，正是作为人类个体的基本道德权利，因此，大数据时代对隐私的侵犯，也是对基本人权的侵犯。隐私伦理是指人们在社会环境中处理各种隐私问题的原则及规范的系统化的道德思考。在对隐私的伦理辩护上，中西方有所差异。西方学者从功利论、义务论和德行论三种不同的伦理学说中寻求理论支撑；中国学者则强调隐私问题实质上是个人权利问题，而由于中国历史上偏重于整体利益的文化传统的深远影响，个人权利往往在某种程度上被边缘化甚至被忽视。

二、数据安全

个人产生的数据包括主动产生的数据和被动留下的数据，其删除权、存储权、使用权、知情权等，本属于个人自主权利，但在很多情况下难以保障。一些信息技术本身就存在安全漏洞，可能导致数据泄露、伪造、失真等，影响数据安全。

如何防范数据失信或失真是大数据时代人们遭遇的基准层面的伦理挑战。例如，在基于大数据的精准医疗领域，建立在数字化人体基础上的医疗技术实践本身就预设了一条不可突破的道德底线——数据是真实可靠的。由于人体及其健康状态以数字化的形式被记录、存储和传播，因此形成了与实体人相对应的镜像人或数字人。失信或失真的数据将导致被预设为可信的精准医疗变得不可信。

三、伦理异化

1. 数字鸿沟问题

"数字鸿沟"（digital divide）一词最后早在 1995 年美国商业部电信与信息管理局发布的《被互联网遗忘的角落——一项关于美国城乡信息穷人的调查报告》中提出。数字鸿沟总是指向信息时代的不公平，尤其在信息基础设施、信息工具以及信息的获取与使用等领域，也可以认为它是信息时代的"马太效应"，即先进技术的成果不能让人们公正分享，于是造成"富者越富、穷者越穷"的情况。

在努力完善相应的伦理制度规范并有效执行的前提条件下，结合大数据时代数字鸿沟的具体表现、伦理危机及其产生的原因，我们还需要重点在大数据时代弘扬公平参与和协作精神、共享精神、契约精神、人文精神。

公平参与不仅是公平地参与大数据的收集、存储、挖掘和利用的过程，更为重要的是公平地获得大数据带来的巨大价值，当然也应该公平地承担相应的责任。在大数据时代，要真正弘扬公平参与和协作精神，就必须做到"任何人都不应该被排除获得参与社会生活所必需的资源，被排除从这些资源中获得好处"。

要真正实现大数据利益相关者都公平地参与和协作，关键在于努力弘扬共享精神。大数据时代的数据不仅仅是信息，更是重要的资源，掌握了大数据就意味着拥有了资源优势，可以在大数据时代占据绝对的主导地位。因此，要从根本上打破这种不公平的现象，就必须消除数据割据和数据孤岛，也就需要努力弘扬共享精神。

弘扬共享精神的过程肯定会涉及大数据利益相关者之间的权利与义务、利益与责任等问题。如果这些问题没有得到有效处理，弘扬共享精神就只能是一句空话。因此，我们需要从契约伦理视角明确大数据利益相关者之间的权利与义务、利益与责任等。这就要求人们在弘扬共享精神之前，通过契约的形式明确各自的权利与义务、利益与责任，特别是在部分大数据利益相关者受到伤害的时候必须完善相应的补偿机制。相对于大数据时代的数字鸿沟而言，弘扬共享精神不仅有利于大数据技术的普及，还有利于大数据技术的广泛和恰当运用，可以尽可能地将大数据技术运用到最恰当的领域而实现双赢。

数字鸿沟导致的不公平状况在很大程度上体现在经济领域，由于大数据技术不是万能的，不能解决一切问题，而只是决策的一种量化手段，因此正确认识事物的是非利害，遵循人文精神是更为重要的前提。从科技伦理的视角分析，我们在努力实现大数据技术的巨大经济价值的同时，必须积极弘扬人文精神。人文精神意味着我们不仅要"求真"，还要

"求善"和"求美",只有实现了真善美的有机统一,我们才能真正实现社会价值与经济价值的和谐统一。

📈 2. 数据独裁问题

所谓"数据独裁"是指在大数据时代,数据量爆炸式增长,人们判断和选择数据的难度陡增,迫使人们必须完全依赖数据的预测和结论做出最终的决策。从某个角度来讲,数据独裁就是数据统治人类,使人类彻底走向"唯数据主义"。

尤瓦尔·赫拉利在其著作《数据独裁的兴起》中提出,在两种不同数据处理机制之间的冲突,即民主与独裁之间的冲突之中,人工智能将优势转向后者,互联网也将使得集权比以往更加强劲有力。因此,如何避免数据独裁,保障未来民主就显得尤为重要。

📈 3. 数据垄断问题

进入 21 世纪以后,我国的信息技术水平得到了快速提升,因此在市场经济发展过程中,数据成为可在市场中交易的财产性权利。数据这一生产要素与其他生产要素具有很大的区别,数据产生的市场力量与传统的市场力量也有很大的差异。随着大数据信息资源利用率的不断提升,当前市场运行过程中出现越来越多的数据垄断现象。数据垄断不仅会对市场的正常运行造成影响,还会导致信息资源的浪费。数据垄断包括但不限于以下几种类型:一是数据可能造成进入壁垒或扩张壁垒;二是个别企业因其在数据资源方面的优势而占据市场支配地位,并对数据进行滥用;三是个别企业因其在数据产品方面的优势而占据市场支配地位,并对数据进行滥用;四是涉及数据方面的垄断协议;五是数据资产的并购。

◇ 案例

美国司法部批准谷歌 7 亿美元收购 ITA Software[①]

2011 年 4 月,经过 8 个月的调查,美国司法部监管部门批准了谷歌对 ITA Software(以下简称 ITA)的收购。不过,监管部门要求谷歌继续向其他公司提供 ITA 软件授权,继续开发 ITA 的产品,并将这些产品提供给竞争对手。此外,谷歌还需要在软件中设置防火墙,从而避免看到竞争对手的敏感信息。监管部门表示,为了避免不公平竞争,谷歌必须提供一个供竞争对手申诉的正式流程,而政府将根据其中条款在未来 5 年内对谷歌进行监督。

[①] 美司法部有条件批准谷歌收购 ITA [EB/OL]. (2011-04-09) [2024-01-03]. https://www.163.com/tech/article/716TLI43000915BF.html.

一些法律专家表示，这些条件将帮助监管部门获得关于谷歌的更多信息，未来可能被用于范围更广的反垄断案例中。从某些角度来看，这一案例与美国政府多年前针对微软的反垄断调查类似。当时，微软也必须在很多年中接受美国政府的监督。分析师指出，当时对微软的调查引发了众所周知的反垄断诉讼，并导致微软在科技行业的影响力下降。谷歌在反垄断方面遭遇的最大挫败是在 2008 年，当时美国司法部计划反对谷歌和雅虎的搜索业务合作，美国司法部的这一态度导致谷歌放弃了交易。

这是谷歌首次在一笔收购中对政府的监管要求做出妥协和让步。不过，谷歌、监管部门和谷歌的竞争对手都对这一结果感到满意。谷歌当时的商业与本地服务高级副总裁杰夫·胡伯在官方博客中表示：通过整合 ITA 的专业性和谷歌的技术，我们能够开发出新的机票搜索工具。我们对此很有信心。

美国司法部反垄断部门副助理检察长约瑟夫·维兰德在一份声明中称，这一解决方案使机票比价和预订网站能够有效地竞争，从而给消费者带来利益。一个由谷歌竞争对手组成的团体 FairSearch 则指出，这一解决方案是该团体的胜利。FairSearch 表示：通过施加强硬、持续的监管，司法部确保了旅行搜索行业活跃的竞争和创新，这将使消费者受益。

当然，这一方案并未解决谷歌竞争对手最大的忧虑，即当用户搜索机票时，谷歌有可能优先提供该公司自己的搜索结果。美国司法部一名官员表示，司法部已经收到了有关谷歌在搜索结果中存在倾向性的投诉，但确定这一问题与此次的决定无关。

这一解决方案对谷歌来说仍是一个明显的转折点。美国罗得岛州前总检察长帕特里克·林奇指出：谷歌将这一解决方案视作一定程度的胜利，但实际上监管才刚刚开始。监管不仅来自司法部，还将来自其他很多方面。谷歌近期正受到全球各国监管部门越来越多的关注。谷歌与美国联邦贸易委员会就谷歌 Buzz 服务的隐私保护问题达成协议，同意美国联邦贸易委员会在未来 20 年内对该公司进行监督。

■【思考】

1. 掌握数据是否会增强企业的市场力量或垄断力量？

2. 数据特别是大数据是否构成企业的必要设施？企业数据需要在何种程度上开放共享？

3. 数据隐私是否需要通过反垄断法进行保护？

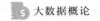
📊 4. 人的主体地位问题

在万物皆数据的环境下，人的主体地位受到了前所未有的冲击，因为人本身也可以实现数据化。整个世界，包括人在内，正成为一大堆数据的集合，可以被测量和优化。传感器、无线射频识别标签、摄像头等物联网设备及智能可穿戴设备等，可以采集所有人或物关于运动、温度、声音等方面的数据，人与物都转化为数据。智能芯片实现了数据采集与管理的智能化，一切事物都可映射为数据。网络自动记录和保存个人上网浏览、交流讨论、网上购物、视频点播等一切网络行为，形成个人网络活动的数据轨迹。在一切皆数据的条件下，人的主体地位逐渐消失。

每个人都是独立且独一无二的个体，都有仅属于自己的外在特征和内在精神世界，在不同的场合有不同的身份、扮演不同的角色。而在大数据环境中，个体的数据化导致真实的内心世界无法被洞察，人格魅力被埋没，失去了自己的个性、自由，就意味着被异化了。此外，大数据把主体塑造成一个固化的对象，缩小了主体的表征，影响了主体的认知。

◇ **案例**

今日头条新闻客户端的"信息茧房"传播效应影响①

算法分发是互联网环境下重要的数据计算技术，在聚合类信息平台、搜索引擎、社交软件等互联网工具中运用广泛。算法分发能够精确定位用户需求，个性化推荐用户想要得到的讯息，从新闻信息、博客博主到电商产品等，一应俱全。今日头条作为以数据技术驱动新闻传播的新型新闻媒体，是个性化新闻推荐系统开发的先驱和行业的佼佼者，从 2012 年 9 月开发第一版推荐系统，至今已经经历了四次大规模调整。

今日头条的个性化新闻推荐系统，一方面通过"网络爬虫"从互联网信息海洋中截取有效信息汇聚到自身信息平台，另一方面通过对用户的浏览行为进行分析计算，依照个体差异性需求提供个性化、定制化的新闻推送，打造"千人千面"的新闻传播模式。这种信息推荐行为逐渐压缩了用户的信息涉猎空间，加剧了"信息茧房"的形成。"信息茧房"（information cocoons）一词最早由桑坦尼提出，他指出，我们只涉猎我们选择的和愉悦我们的通讯领域。通俗地阐释，就是在信息传播中，因公众自身的信息需求并非全方位的，公众只注意自己选择的和使自己愉悦的通讯领域，久而久之，

---

① 今日头条新闻客户端的"信息茧房"传播效应影响［EB/OL］.（2018-05-08）［2023-12-20］. https：//www.fx361.com/page/2018/0508/3490207.shtml.

会将自身桎梏于蚕茧一般的"茧房"中。"信息茧房"阻隔了个人与信息环境的全面发展，在新闻聚合平台推荐下，用户处于信息接收面逐渐缩窄的选择、筛选、接收与理解的信息空间，会像蚕一样作茧自缚，形成自我意见强化的"回音室"。

今日头条"信息茧房"形成的原因可以总结为以下几个方面。

1. 互联网传播环境是培养温床

"流量"和"日活"是衡量一款互联网产品成功与否的基础标准。网站会用尽办法来增强用户的数量，提高用户的使用频率。与传统新闻媒体尊崇的新闻专业主义不同，聚合类新闻平台的内容版权模糊，栏目策划以用户需求为导向，内容生产和传播诉求完全依赖于用户。通过对今日头条用户偏好的调查可以得知，社会热点、娱乐类信息是用户偏爱的新闻类型。"标题党"和低俗新闻具有较高的关注度。今日头条在低俗内容推荐方面也受到网信办、公安局等相关部门的约谈和整顿。网络信息传播环境的倾向性特征迎合了大众的阅读兴趣，在往复的信息接收中为"信息茧房"的搭建提供了土壤。

2. "算法至上"的个性化推荐系统是搭建工具

如果用形式化的方式描述今日头条的个性化推荐系统，它实际上是拟合一个用户对内容满意度的函数，这个函数需要输入三个维度的变量。

第一个维度是内容。今日头条现在已经是一个综合性内容平台，其图文、视频、UGC小视频、问答、微头条等内容都有自己的特征，需要考虑怎样提取不同内容类型的特征进行推荐。

第二个维度是用户特征。这包括各种兴趣标签以及职业、年龄、性别等，此外，还有很多模型刻画出的隐式用户兴趣等。

第三个维度是环境特征。这是移动互联网时代推荐的特点，用户随时随地移动，在工作场合、通勤、旅游等不同的场景，信息偏好会有所偏移。

结合这三个维度，模型会给出一个预估，即推测推荐内容在这一场景对这一用户是否合适。

今日头条通过用户在他类平台的信息挖掘和自平台的使用行为构建用户画像，建立用户的"兴趣图谱"。今日头条的注册允许第三方社交平台绑定登录，包括QQ、微信、微博等，一旦用户进行了绑定，"兴趣图谱"就开启了为用户匹配个性化内容的初始阶段。系统会在用户往复的浏览行为中自动抓取浏览频率较高的主题、关键词等，在庞大而精密的标签体系中推荐用户感兴趣的内容，做到"你关心的，才是头条"。

第三节　　大数据伦理失范的原因

尽管大数据给全球带来巨大的影响，但实际上，社会、政府及法律体系都还未真正适应大数据时代的到来。目前，国内外学者一致认为，数据本身是一种客观存在，大数据本身并没有好坏之分，伦理问题产生的根源是人类对数据的不合理使用。大数据巨大的商业价值使得越来越多的企业将个人数据转化为可分析的数据，以实现更多的产品销量和利润，而商业的介入则催生了道德风险，现代网络信息技术的完善成熟又为这种利益追逐提供了更为自由和畅通的选择空间，大大增加了大数据伦理失范预警和规避伦理风险的实际操作难度。

学界将大数据伦理失范主要归因为以下三个方面。

一是大数据伦理问题根源于人的主体能动性弱化。大数据问题的关键在于如何正确地使用数据。自律自控能力不足容易使人的虚拟人格异化，形成被大数据奴役的"单纯的数字人类"。

二是大数据伦理问题是大数据技术发展的客观结果。一方面，大数据时代的伦理情境颠覆了以往的教导方式和习惯养成，开放性和不确定性成为伦理世界的新特征。大数据改变了人们的生存经验模式和思维模式，使得人们以何种方式融入新的伦理情境充满不确定性。另一方面，滥用大数据技术激化了其负效应。从技术角度分析"大数据杀熟"，我们可以发现滥用大数据加剧了数据垄断，也加剧了信息不平等，使人难以甄别价格歧视。"技术激进主义"只会导致冰冷的数字化生存，有利于一些不法分子在技术的伪装下行不义之事。

三是大数据伦理问题是受社会导向影响而衍生的社会问题。综合来说，不良社会思潮与大数据的社会规约机制不健全的叠加效应，增加了资本通过大数据扩张的权利，这是导致大数据伦理失范的社会原因。

笔者在这里，将大数据伦理问题产生的原因具体化为以下几个方面，即人类社会价值观的转变、资本与技术垄断、法律监管不健全、缺乏必要的行业自律、数据伦理责任主体不明确、大数据技术本身的缺陷。

一、人类社会价值观的转变

从总体的发展趋势而言，人类社会的价值观一直朝着更加个性、自由、开放的方向发展。在个人追求自由和社会更加开放的大环境下，人们更加愿意在社会公众层面展示自己个性化的一面。QQ、微博、微信、抖音等新型社交网络媒体的出现，更是给个人的自我展示提供了极大的便利，个人开始热衷于通过智能手机等终端设备向外界展示自己的生产、生活、学习、娱乐等信息。由此，各种社会组织（企业、政府等）能够很容易地全方位地收集个人生产的海量数据。但是，个人大量分享个性化信息的同时，个人隐私也随之暴露于社会，从而使个人的身份权、名誉权、自由意志等都有可能受到侵害。

二、资本与技术垄断

当下，算法的核心技术掌握在一小部分公司手中，其不仅拥有绝大部分的用户资源，还掌握着绝大多数用户的使用行为数据。技术垄断意味着数据资源的垄断，技术和数据资源的垄断取消了观点的自由市场，也增加了数据商业化、隐私遭到侵犯的风险。

算法代表了其开发者（通常是资本集团及其股东）的利益，而不能代表广大公众的诉求，在公众利益与集团利益相左时，算法优先考虑企业自身利益。而且，相较于传统媒体清晰的操作流程，算法使传播的操作后台化、不透明化，难以受到公共力量的监督。算法使权力从公共机构迁移到资本驱动的技术公司所引发的风险值得我们关注。

三、法律监管不健全

目前阶段，算法相关管理机制与法律还不够健全。在智能技术已经广泛应用于传播实践的当下，法律规定似乎成了"下医"，规范与管理总是滞后于技术发展的步伐，"医未病，医欲病"的情况少，而总是在问题出现后再去补救和防治。相关立法的滞后也让很多领域成为"灰色地带"。比如，网络平台个人信息的售卖、"水军"、"有偿公关"等"灰色产业"急需严加整治。在算法运用方面，同样缺乏规范的法律体系，未来要加强相关领域的立法与管理。一方面，要明确责任主体，规范算法研发者、运营者和使用者各自的权利与义务关系；另一方面，面对算法引发的具体伦理和法律问题，要建立健全审查机制，建立包含新闻、法律和伦理相关领域专家的监察机构审核算法原理及决策过程。相关部门应通过立法或行政干预，鼓励优质主旋律内容的生产和传播。当前，部分国家和地区已将人工智能立法提上日程。2018 年 5 月生效的欧盟《一般数据保护条例》（*General Data Protection Regulation*，GDPR）给予用户申请基于算法得出结论的解释权。美国纽约州为了解决政务系统的算法歧视问题，于 2017 年 12 月通过了《算法问责法案》。这些案例都为我国建立健全规范智能算法应用方面的法律法规提供了借鉴。

法律具有一定的特殊性，从提案起草、公示论证、收集意见、完善草案到颁布执行，需要较长的时间，因此，在某种程度上，法律制度的建设往往会滞后于技术社会的发展，大数据时代的到来更是使法律制度建设的滞后性显露无遗。原有的大多数法律都是为了"原子的世界"，而不是"比特的世界"而制定的。大数据技术创新导致社会出现了很多与之前迥异的伦理问题，以至于原有的法律法规已无法很好地解决大数据时代所产生的新的伦理问题。此外，法律往往是反应式的，而非预见式的，法律法规很少能预见大数据的伦理问题，而是对已经出现的大数据伦理问题做出反应。这就意味着，在制定一部法律解决某个大数据伦理问题时，可能会出现另一个新问题，这就会导致在处理一些大数据伦理问题时，出现无法可依的情况。

近几年，我国陆续颁布了《互联网信息服务管理办法》《互联网电子公告服务管理规定》《互联网文化管理暂行规定》《网络出版服务管理规定》等法律法规。但是这些行政管理条例的约束力是有限的，难以对大数据行业伦理规范的形成起到关键性的作用。随着大数据技术的快速发展，法律监管不健全这一问题日益凸显。

四、缺乏必要的行业自律

良好的行业自律是整个行业健康发展所必不可少的条件。就人工智能在传播领域的应用而言，增加透明性和建立良好的伦理准则有助于行业的健康发展。仇筠茜、陈昌凤认为，算法对信息处理的过程对于普通新闻用户而言已经形成了一个"技术黑箱"，算法透明化被认为是解决"算法黑箱"的重要方式。[①]通过落实"可理解的透明度"公布"算法黑箱"中的技术和价值取向，并接受公众的审视，不仅需要各种行业力量的推动，还需要相关部门的行政干预。

此外，我们也注意到，目前国内人工智能领域缺少统一规范的公认的行业准则。虽然少数公司在监管部门的督促下提出了一些可行方案，但是从行业整体层面看，行业自律在这一领域几乎处于空白状态。各个利益集团仅从自身出发，在技术上"野蛮增长"，构建自己的"传媒帝国"。人工智能应用面对的伦理问题是国际性问题，在全世界范围内广泛存在。2019 年 4 月 8 日，欧盟委员会发布了人工智能伦理准则，列出了人的能动性和监督能力、安全性、隐私数据管理、透明度、包容性、社会福祉、问责机制等七个确保人工智能足够安全可靠的关键条件。可信赖的人工智能有两个必要的组成部分：一是尊重基本人权、规章制度、核心原则及价值观；二是在技术上安全可靠，避免因技术不足造成无意的伤害。这为我们根据国内实际情况制定规范的人工智能伦理准则提供了重要的参考。

此外，有学者提出，面对伦理困境，相较于道德规范的建构，伦理原则的确立具有更高的学术价值和现实意义。多数研究都聚焦社会责任原则、真实原则、客观原则、公正原则和善良原则，也有学者提出应该将公平、准确、透明、可解释、可审计、责任等原则纳入算法责任伦理体系，认为算法的设计要体现社会公平，考虑社会的多元性和不同价值观，考量利益相关者的权益，尽量避免因有偏见的数据或有偏见的算法设计造成对某一特定群体的歧视。

---

① 仇筠茜，陈昌凤. 基于人工智能与算法新闻透明度的"黑箱"打开方式选择 [J]. 郑州大学学报（哲学社会科学版），2018，51（5）：84-88，159.

五、数据伦理责任主体不明确

数据在产生、存储、传播和使用过程中，都可能存在伦理失范问题。同时，数据权属的不确定性和伦理责任主体的模糊性，为解决大数据相关的伦理问题增加了难度。在数据生成时，数据资产的所有权无法明晰，零散数据再加工和深加工后的大数据资产所有权归属、政府对用户信息的所有权，以及互联网公司再加工后的信息产权等，都没有明确规定。明确数据伦理责任主体，意味着在数据采集、存储和使用过程中，相关参与方需要对自己的行为负责，数据的非法使用所引发的后果应该由相应的伦理责任主体来承担。

六、大数据技术本身的缺陷

大数据技术本身的缺陷也是大数据伦理失范的一个深层原因。以数据安全伦理问题为例，日益增长的网络威胁正以指数级速度持续增加，各种网络安全事件层出不穷。据法国巴黎商学院的统计，59％的企业成为持续恶意攻击的目标。[①] 许多大数据企业的 IT 计划是建立在不够成熟的技术基础上的，很容易出现安全漏洞。25％的组织存在明显的安全技能短板。这些技术的不足很容易导致数据泄露。

第四节　大数据伦理问题的治理

一、大数据伦理治理框架和原则

（一）大数据伦理治理框架

考虑到大数据伦理问题的复杂性，学界形成了一个基本的共识，即要彻底解决大数据伦理问题，单靠政府决策者、科学家或伦理学家都是不行的，在探讨大数据治理对策时，

---

① 林子雨. 大数据导论：数据思维、数据能力和数据伦理（通识课版）［M］. 北京：高等教育出版社，2020.

应该通过跨学科视角建构大数据伦理问题的治理框架，进而提出具有全面性和整体性的治理策略。

有关信息通讯和大数据技术的管理问题，我们推荐"伦理治理"（ethical governance）这一概念。治理与管理不同，管理是治理的一个方面，治理的意义在于做出决策和决策实施过程，并包括公司、地方、国家以及国际多个层面。对治理的分析集中于涉及决策和决策实施的种种行动者及其结构。在治理中，政府是重要的行动者，但行动主体还应包括其他利益相关者，例如在信息通讯和大数据技术领域，行动主体包括科研人员、网络/平台的拥有者和提供者、使用者、政府执法部门、政府非执法部门，以及相关的学术、维权组织等。

因此，治理意味着一项决定不是仅依赖权力或市场，而是多方协调。同时，由于科学技术创新越来越受到公众的伦理关注，伦理学与社会中的科学技术紧密相连。解决大数据伦理问题，单靠决策者、科学家或伦理学家都会有局限，这就需要多部门多学科人员共同参与，研讨科学技术创新提出的新的伦理、法律和社会问题，并提出政策、法律法规和管理方面的建议，人们由此提出了"伦理治理"这一概念。据此，我们认为，对信息通讯和大数据技术的管理应该是多层次的，既有科研和从业人员的自我管理，也有商业机构或公共机构的管理，还有政府的管理。

探讨大数据伦理治理的路径，首先，需要确定大数据技术伦理治理原则；其次，要加强大数据主体伦理的能动性建设；最后，要全面完善针对大数据伦理的社会治理制度机制，建立和完善大数据法治监管与行业自律机制，做好大数据伦理治理的顶层设计，完善大数据制度规约体系和算法审查机制。

（二）大数据技术伦理治理原则

遵循相关的大数据技术伦理治理原则是利益攸关者应尽的义务，也是我们应该信守的价值。这些伦理原则构成一个评价人们行动（包括决策、立法等）的伦理框架。评价的结果有以下三种：一是这个行动是应该做的或有义务做的；二是这个行动是不应该做的或应该禁止做的；三是这个行动是允许做的，也允许不做。其中每一条原则都是一项"初始"义务。

1. 基本目的

大数据技术（包括更大范围的信息通信技术）创新、研发和应用的目的是提升人们的幸福感、提高人们的生活质量，并仅用于合法、合乎伦理和非歧视性目的。与大数据有关的任何行动都应根据不伤害人和有益于人的伦理原则给予评价，以此作为努力权衡预期的收益与可能的风险的基础。同时，应适当地平衡个人利益与公共利益。在不得已为了公共利益而限制个人利益时，这种限制应该是必要的、相称的、最低限度的。

2. 负责研究

大数据技术的研发及应用应该保持高标准的负责研究，即坚持研究诚信，反对不端和有问题的行为，承诺维护个人的权利和利益。为了在所有的分析和应用中防止个人身份信息被窃取，保护个人隐私和确保平等权利，必须承诺最高标准的诚信和数据库的安全。

3. 利益冲突

在大数据技术的研发及应用中，专业人员、公司和使用者之间的利益冲突应该得到适当的处理。在任何情况下，人民群众（尤其是脆弱人群）的利益不能因专业人员或公司利益而受到损害。

4. 尊重

在大数据技术的研发及应用中，要尊重人的自主性和自我决定权，确保个人的知情同意或知情选择。收集个人信息、将个人信息再使用于另一目的时，必须获得同意。根据不同的情境，可以采用"广同意"（例如同意将个人信息用于一类，而不是某一种特定情况）的办法。此外，同意也可采取 opt-in（选择同意）或 opt-out（选择拒绝）两种方式。

5. 隐私

人的尊严要求我们保护隐私、为个人信息保密，要求我们不仅不侵犯个人的隐私/保密权，而且要尽力防止不合适地或非法地泄露个人信息。

6. 公正

公正原则要求有限资源的公平分配，防止不适当地泄露个人信息而产生污名和歧视，还要努力缩小或消除数字鸿沟。

7. 共济

共济原则要求我们维护每个人享有从大数据技术研发及其应用中受益的权利，这其中要特别关注社会中的脆弱人群。

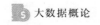 8. 透明

透明原则要求我们使大数据技术的研发及应用对公众（纳税人）来说是透明的，帮助他们了解什么是大数据技术、能从中得到什么收益和会有什么风险。

9. 参与

参与原则要求我们采取措施增进公众对大数据技术的了解，并引导所有利益相关者或其代表在上游就参与大数据技术的研发及应用的决策过程。

二、欧盟大数据伦理治理实践

（一）十个问题

明确大数据伦理问题的具体表现是实现治理的首要步骤。欧盟经济社会委员会（EESC）从人类生命周期视角梳理了人们从出生之前到死亡各个阶段可能遇到的伦理困境，并将其归纳为以下十个问题。

1. 意识（awareness）

人们在创建数字身份时无意识地提供了很多个人数据，而当人们利用数字身份访问第三方资源时，也可能透露了很多个人行为数据而不自知，丧失了必要的知情权。

2. 控制力（control）

当用户决定部分或者全部删除他们之前提供给服务商的数据时，即便服务商按照用户需求删除了数据，但服务商已经出售给其他公司或已经大批量处理的数据并不会受到影响，人们对自身数据并没有实际控制权。

3. 信任（trust）

这是用户愿意提供个人数据的基础，它与隐私和意识相互依存。然而，目前人们并未与计算机环境建立信任关系，当下也主要是通过严格的技术手段来解决信任问题。

4. 所有权（ownership）

数据所有权主要指经过处理的原始数据面临复杂的所有权关系，比如原始的用户数据在加工后应该如何处理，这些数据是否依然属于用户，或是应该属于执行分析的公司或收集数据的公司。用户、数据分析公司及数据收集公司之间的权利归属存在争议，数据所有权目前没有更为实际的法律和政策解决路径。

5. 监视与安全（surveillance and security）

由于数据源的增加和分析技术的进步，企业能够非常便捷地利用数据生成有价值的信息，利用某种方式追踪监视某人或推测某人的立场也变得很容易。

6. 数字身份（digital identity）

人们可以便捷地利用数字身份获取网络服务，但数字身份的广泛使用也使得个人公开可用的信息能够被广泛检索到，人们常常会基于数字身份提供的数据对某人或某物进行评价，而这很可能造成歧视，即我们不再根据行为来判断其正义性，而是根据数据来判断行为，人与人之间的交互通常也被放在分析数字身份之后。

7. 定制的现实（tailored reality）

人们通过搜索引擎进行检索的关键词或在线购物等搜索偏好数据都有可能被存储，对该数据的分析和处理可用于后期根据用户偏好为其提供相关信息。用户正在经历更个性化也更狭窄的在线体验，即"过滤泡沫"。

8. 去匿名化（de-anonymization）

传统的匿名化技术主要通过删除（或替代）唯一可识别信息使条目数据不可识别，但这在当今社会已经无效。各种数据关联分析后能产生强大的洞察力，这让大数据的使用和分析者在某种程度上依然能够识别某些个体的身份。

9. 数字鸿沟（digital divide）

一些用户因为缺乏相关信息技能，难以通过互联网等新技术获取服务，或由于不熟悉这些流程而难以真正理解这些流程的工作方式，如老年人在求职时就经常面临这样的困境。

10. 隐私权（privacy）

隐私是一个包罗万象的话题，它涵盖上述所有伦理问题的内涵，其主要是指人们拥有个人信息非经许可不能使用的权利，这是当前最重要的一个伦理议题。

（二）五项举措

在对大数据伦理问题进行系统总结的基础上，EESC 从多角度提出了五项治理举措，以期全面解决上述问题，在个人、企业、研究机构等各个层面实现有效治理。

1. 欧盟隐私管理平台

该平台设立的目的是建立一个泛欧洲的门户网站作为隐私管理中心。欧洲公民可以自愿注册欧盟隐私管理平台，注册后通过平台的个人数据控制中心，能够看到所有存储、处理、再利用这些数据的公共和私人可视化实体列表，并可以自主操控。正是由于大数据环境下用户对数据采集的"无意识""无控制"，侵犯隐私事件屡屡发生，这一平台直接赋予了公民控制其个人数据的权利，并提供便捷的退出服务，用户可以决定是否分享、重用个人数据，这能够有效提升信息安全。这也与欧盟《一般数据保护条例》（GDPR）中强调自然人应控制其个人数据的原则一致。

2. 发布《数据治理法案》

欧盟理事会批准通过了《数据治理法案》（Data Governance Act，DGA）。该法案致力于建立健全公共数据共享机制，并增加企业和个人对数据中介服务的信任。法案提出，允许自然人或法人在公共部门提供的安全处理环境中访问公共数据，并将其用于商业或非商业目的；同时，法案提出公共数据的共享利用依然会受到敏感性方面的限制，例如涉及个人隐私或商业秘密的公共数据会进行匿名化处理或删除；另外，法案倡议建立非营利性质的数据中介机构，为公共数据空间提供基础设施，以促进数据的共享与交换。

3. 发布《欧盟数据战略》

《欧盟数据战略》提出建立欧盟单一数据空间，构建欧盟内统一的数据治理框架。其中提出四项解决措施：第一，制定数据使用的跨部门治理框架，消除各成员国和各部门之间的差异造成的市场内部隔阂；第二，加强数字基础设施投资，以提升欧盟的数据存储、处理、使用和互操作能力及基础设施水平；第三，明确社会个体权利，加强数字技能建设，扶持中小企业发展；第四，在战略性部门和公共利益领域构建欧盟共同数据空间。

4. 建立欧洲健康数据库

对公民健康数据的规范利用是保障大数据伦理的关键领域。该措施计划建立与欧洲公民健康数据相关的数据库，并将其用于科学研究。当欧盟公民接受公共资助医疗服务时，会被询问是否同意数据被收集并存储于该数据库，个人同意后，数据会按照标准交换协议被收集和传送。学者和研究机构必须提交申请才可利用数据，申请时除了提交研究者及研究项目的具体信息之外，还要说明数据申请理由、利用方式及预期结果。

5. 构建大数据时代的数字教育体系

这一举措旨在在欧洲形成更广泛的数字文化，使欧洲公民对大数据有更深入的理解，明白大数据如何在生命周期内与欧洲公民互动并影响到每个人。为了提升这一意识，要针对不同年龄段人群制定不同的教育计划。

◇ **本章小结**

人们运用大数据技术，能够发现新知识、创造新价值、培养新能力。大数据具有的强大张力，给人们的生产生活和思维方式带来革命性变化。但人们在"大数据热"中也需要"冷思考"，特别是正确认识和应对大数据技术带来的伦理问题，以更好地趋利避害。大数据技术带来的伦理问题主要包括以下几个方面：隐私泄露、数据安全、伦理异化（具体包括数字鸿沟问题、数据独裁问题、数据垄断问题、人的主体地位问题等）。本章对大数据伦理失范的原因进行了探讨，并给出了大数据伦理治理框架和治理原则，介绍了欧盟大数据伦理治理实践中的十个问题和五项举措。

◇ **练习与思考**

1. 请阐述大数据伦理的概念。
2. 请列举大数据伦理的相关实例。
3. 请阐述大数据伦理问题的具体表现。
4. 请阐述什么是数字鸿沟。
5. 请阐述什么是数据独裁。
6. 请阐述什么是数据垄断。
7. 请阐述什么是人的主体地位。
8. 请阐述如何开展大数据伦理问题的治理。

◇ **综合案例**

"柠檬查"公共数据反垄断诉讼案①

2022 年 8 月，从事二手车交易的上海 H 汽车科技有限公司（以下简称上海 H 公司）对北京 Y 信息技术有限公司（以下简称北京 Y 公司）提起诉讼，称后者滥用在国内二手车车险数据线上查询服务的市场支配地位，实施了不公平高价和差别待遇行为。该案已被北京知识产权法院正式受理，案由为滥用市场支配地位纠纷。

天眼查显示，原告方上海 H 公司的主要经营范围为二手车经销，一般通过二手车信息服务平台获取车险信息。起诉状称，被告北京 Y 公司运营的"柠檬查"通过中国汽车流通协会（CADA）与中国银行保险信息技术管理有限公司（以下简称中国银保信）运营的全国车险信息平台合作，以获取车险数据。全国车险信息平台作为行业性公共数据平台，已经初步建立车险信息共享与交互机制，尚未直接对外提供市场化的车险数据查询服务。

截至 2021 年 11 月，"柠檬查"平台上线不到一年的时间内，已有 7000 多家汽车经销商集团、二手车交易市场、二手车经销商和 4S 店签约使用。"柠檬查"按查询单次收费，非会员 32 元一次，会员 28 元一次。"柠檬查"一份对外公开的资料显示其数据全部来自中国银保信平台，包含国内各保险公司的承保、理赔数据，并结合协会二手车行业相关数据。中国银保信由中国银行保险监督管理委员会直接管理，主要负责建设和运营全国统一的银行业、保险业信息共享系统。中国银保信官网显示，全国车险信息平台是集车险承保、理赔全流程管理于一体，同时与公安、交管、运输、税务等相关政府部门和汽车产业链及车联网等相关信息机构对接，提供跨公司、跨行业全面信息共享服务的综合性服务平台。

原告方认为，全国车险信息平台的数据属于公共数据范畴，二手车商对"柠檬查"依赖程度高，其已经形成了事实上的市场支配地位。车险公共数据的流动是未来战略发展的大势所趋，通过流动可以发挥巨大的社会价值和商业价值，"但需要符合一定的流动原则"，"某家公司拿到公共数据，被授权进行市场化运营后，已经占有绝对的市场份额，具有反垄断法认定的市场支配地位，就需要遵守反垄断法，不能拒绝交易，不能差别对待，不能不公平高价，而应该是微利、成本价或政府指导价"。

---

① 国内首例公共数据反垄断诉讼案：车险数据查询平台被诉滥用市场支配地位，法院已受理［EB/OL］.（2022-09-21）［2023-12-28］. https：//mp. pdnews. cn/Pc/ArtInfoApi/article? id=31380661.

　　原告方认为，被告对中国汽车流通协会会员和非会员实施差别待遇的行为，和利用公共数据的车险数据查询服务收取不公平高价的行为，已经涉嫌滥用市场支配地位，属于反垄断法所禁止的滥用市场支配地位的行为。原告方表示，公共数据的使用在很多领域都存在，但发生诉讼案件还是第一次，希望通过这起诉讼案件，让司法为公共数据的市场化运作划定一些规则。

　　北京市知识产权专家库专家赵虎认为，对于相关公共管理的机构如何使用公共信息和数据的问题，首先要看这个公共管理机构的授权是否具有合法性与合理性，其次要看授权后，获得授权的单位是否存在滥用市场支配地位的情况。比如，是否存在歧视性交易：拒绝与交易人进行交易，或者是交易时附加其他不合理的条件，或者是对条件相同的交易人在交易价格上实行了差别待遇等。如果采取区别性定价，又没有合理理由，那就很有可能违反反垄断法的规定。

　　从目前的情况来看，该公司及平台具有滥用市场支配地位的嫌疑，但还需要更多更进一步的证据予以支持，并最终由人民法院予以判决。当然，对于以法律等正常途径维护同业同行的利益，或者以案说法普法，从而促进大家的认知和环境向好这种行为，应予以鼓励。

■【思考】

　　1. 北京 Y 公司运营的"柠檬查"全国车险信息平台数据垄断问题产生的原因是什么？有哪些具体表现？

　　2. "柠檬查"全国车险信息平台的行为对整个行业市场会产生哪些不利影响？

　　3. 今后面对公共数据垄断问题，人们应如何采取相应的措施加以防范和处理？

第七章 大数据应用

◇ 学习目标

■ **知识目标**

1. 理解大数据营销的理论基础；

2. 了解大数据在网络营销、现代农业、现代工业以及金融、交通、教育等方面的应用与典型案例。

■ **能力目标**

1. 能够识别新事物中的大数据应用；

2. 能够分析大数据应用的原理和理论基础。

■ **情感目标**

1. 理解大数据已经渗透到社会生活的方方面面，对各行各业都有重大的影响，是新的生产力；

2. 培养大数据保护意识，树立保护国家信息安全和个人隐私数据的理念。

◇ 学习重点

1. 掌握大数据营销的基本原理和典型应用；

2. 掌握大数据在医疗领域的典型应用；

3. 了解大数据对农业的影响及在农业领域的应用；

4. 了解大数据对工业的影响及在工业领域的应用；

5. 了解大数据对物流行业的影响及在物流行业的应用。

◇ 学习难点

1. 理解大数据对精准营销的作用；

2. 理解大数据与智慧农业的关系；

3. 理解大数据与智能制造的关系；

4. 理解大数据在金融中的应用；

5. 理解社交媒体中大数据的作用。

◇ 导入案例

购物平台和手机 APP 很了解客户的需求

电子商务的兴起使得人们习惯在淘宝、京东、拼多多等购物平台上搜寻自己需要或喜欢的商品。人们发现，再次进入该购物平台时，网页上会出现与之前搜索类似的商品。同时，人们也很喜欢在手机 APP 看新闻，比如今日头条和百度 APP，相较于报纸、电视、广播等传统新闻媒体，使用手机 APP 看新闻不仅不受时间限制，可以随时随地查看，而且这些 APP 还能向受众推送他们所喜欢或者关注的内容。因此，如果两个人同时打开自己手机里相同的 APP，会发现两个人所看到的内容是不同的。

■【思考】

1. 为什么这些购物平台和手机 APP 这么了解客户的需求呢？

2. 你喜欢去商场购物还是喜欢在网上购物？

第一节　大数据营销

在大数据时代到来之前，企业营销时只能利用传统的营销数据，包括客户关系管理系统中的客户信息、广告效果、展览等一些线下活动的信息，数据的来源仅限于消费者某一方面的有限信息，不能提供充分的提示和线索。互联网为人们带来了新的类型的数据，包括使用网站的数据、地理位置的数据、邮件数据、社交媒体数据等。

大数据时代的企业营销可以借助大数据技术，将新的类型的数据与传统数据进行整合，从而更全面地了解消费者的信息，对消费者群体进行细分，然后对每个群体采取符合具体需求的专门行动，也就是进行精准营销。

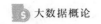

一、大数据营销的概念

大数据营销是基于多平台的大量数据，依托大数据技术的基础，应用于互联网广告行业的营销方式。大数据营销的核心在于让网络广告在合适的时间，通过合适的载体，以合适的方式，投给合适的人。

大数据营销衍生于互联网行业，又作用于互联网行业，其依托多平台的数据采集以及大数据技术的分析与预测能力，能够使广告投放更加精准有效，给品牌企业带来更高的投资回报率。

二、大数据营销的特点

大数据时代，消费者日常生活中的每一处足迹都是有价值的。这些价值集中体现为聚集大量的前兆性行为数据，实现真正意义上的大数据营销。大数据营销有以下几个特性。

1. 多平台化数据采集

大数据的数据来源多样化，多平台采集在宏观上讲包含互联网、移动互联网、广电网、智能显示屏、可穿戴设备甚至智能家居等一切与消费者发生关系的数据。

2. 强调时效性

网络时代，人们的消费行为和购买方式极易在短时间内发生变化。大数据营销代理机构十分重视时间营销的策略，主张通过技术手段充分了解人们的需求，并及时响应这些需求，让目标受众在决定购买的黄金时间内及时接收商品广告。

3. 个性化营销

广告主的营销理念从媒体导向向受众导向转变。如今，广告主完全以受众为导向进行广告营销，因为大数据技术可让他们知晓目标受众身处何方、关注着什么产品以及想要获取什么样的信息。

4. 关联性

大数据营销的一个重要特点在于消费者关注的广告与广告之间的关联性，大数据在采集过程中可快速让广告主得知目标受众关注的内容，同时知晓目标受众身在何处，这些有价值的信息可让广告的投放过程产生前所未有的关联性。

三、精准营销

精准营销（precision marketing）就是在精准定位的基础上，依托现代信息技术手段，建立个性化的消费者沟通服务体系，实现企业可度量的低成本扩张之路。精准营销是网络营销理念的核心观点之一。精准营销即企业进行更精准、可衡量和高投资回报的营销沟通，更注重结果和行动的营销传播计划，更注重对直接销售沟通的投资。简言之，精准营销的特点就是精确、精密、可衡量，而其目的则是获取更多利益，更好地进行成本控制。

（一）精准营销的兴起

随着网络技术的发展，人们的生活逐渐向互联网和移动互联网转移，然而，我们在享受网络带来的便利的同时，也面临着信息爆炸的问题。在互联网世界中，我们面对的、可获取的信息（如商品、资讯等）呈指数级增长，大数据由此产生。如何在这些巨大的信息数据中快速挖掘对人们有用的信息，已成为当前社会急需解决的问题，"精准营销"这一概念也就应运而生了。

（二）精准营销的理论依据

精准营销的理念和 4Cs 营销理论联系紧密。4Cs 营销理论是由美国营销专家劳特朋教授在 1990 年提出的，其与传统营销的 4Ps 营销理论相对应。4Cs 营销理论以消费者需求为导向，重新设定了市场营销组合的四个基本要素，即消费者（consumer）、成本（cost）、便利（convenience）和沟通（communication）。它强调企业应该把追求消费者满意放在第一位，其次是努力降低消费者的购买成本，然后充分注意到消费者购买过程中的便利性，而不是从企业的角度决定销售渠道策略，最后还应以消费者为中心进行有效的营销沟通。

4Cs 营销理论强调购买一方在市场营销活动中的主动性与参与性，强调消费者购买的便利性。精准营销为买卖双方创造了可以实现即时交流的小环境，符合消费者导向、成本低廉、购买便利、充分沟通的要求，是 4Cs 营销理论的实际应用。

📊 1. 精准营销真正贯彻了消费者导向的基本原则

4Cs 营销理论的核心思想，便是企业的全部行为要以消费者需求和欲望为基本导向。精准营销作为这一背景下的产物，强调的仍然是比竞争对手更及时、更有效地了解并传递目标市场上所期待的产品或服务。这样一来，企业要迅速而准确地掌握市场需求，自然是离消费者越近越好。一方面，信息经过多个环节的传播、过滤，必然带来自然失真，这是由知觉的选择性注意、选择性理解、选择性记忆、选择性反馈和选择性接受决定的；另一方面，由于各环节主体利益不同，他们往往出于自身利益的需要而故意夸大或缩小信息，从而带来信息的人为失真。精准营销绕过复杂的中间环节，直接面对消费者，通过各种现代化信息传播工具与消费者进行直接沟通，从而避免了信息的失真，可以比较准确地了解和掌握他们的实际需求。

2. 精准营销降低了消费者的满足成本

精准营销是渠道最短的一种营销方式，由于企业直接与消费者沟通，减少了流转环节，节省了昂贵的店铺租金，使营销成本大大降低；又由于精准营销具有完善的订货、配送服务系统，使企业其他成本相应减少，因而降低了企业的满足成本。

3. 精准营销方便了消费者的购买

使用精准营销策略的企业经常向消费者提供大量的商品和服务信息，让消费者不出家门就能购得所需商品或服务，减少了购物麻烦，增加了购物的便利性。

4. 精准营销实现了与消费者的双向互动沟通

精准营销实现了销售方与消费者的双向互动沟通，这是精准营销与传统营销最明显的区别之一。

（三）精准营销的手段

精准营销可以运用个性化技术的手段（如网站内容推荐系统），帮助用户从大量的网络信息里筛选出自己需要的信息。电子商务网站、媒体资讯类网站、社区等都在逐渐引进个性化推荐系统进行精准营销。说到底，精准营销主要就是通过个性化技术实现的。

表 7-1 列出了网络个性化精准营销的部分发展历程。

表 7-1 网络个性化精准营销的部分发展历程

1999 年	德国德累斯顿工业大学的 Tanja Joerding 实现了个性化电子商务原型系统 TELLIM
2000 年	NEC 研究院的科特等人为搜索引擎 CiteSeer 增加了个性化推荐功能
2001 年	纽约大学的 Gediminas Adoavicius 和 Alexander Tuzhilin 实现了个性化电子商务网站的用户建模系统 1：1Pro

2001 年	IBM 公司在其电子商务平台 WebSphere 中增加了个性化功能，以便商家开发个性化电子商务网站
2003 年	Google 开创了 AdWards 盈利模式，通过用户搜索的关键词来提供相关的广告，AdWords 的点击率很高，是 Google 广告收入的主要来源
2007 年	Google 为 AdWords 添加了个性化元素，不仅关注单次搜索的关键词，而且对用户近期的搜索历史进行记录和分析，据此了解用户的喜好和需求，更为精确地呈现相关的广告内容
2007 年	雅虎推出了 SmartAds 广告方案。雅虎掌握了海量的用户信息，如用户的性别、年龄、收入水平、地理位置、生活方式等，再加上对用户搜索、浏览行为的记录，因此可以为用户呈现个性化的横幅广告
2009 年	Overstock（美国著名的网上零售商）开始运用 ChoiceStream 公司制作的个性化横幅广告方案，在一些高流量的网站上投放产品广告。Overstock 在运行这项个性化横幅广告的初期就取得了惊人的成效，公司称广告的点击率是以前的两倍，销售量增长 20%～30%
2009 年	我国首个个性化推荐系统科研团队百分点公司成立。该公司的团队专注于个性化推荐、电子商务个性化精准营销解决方案，在其个性化推荐引擎技术与数据平台上汇集了国内外百余家知名电子商务网站与资讯类网站，并通过这些 B2C 网站每天为数以千万计的消费者提供实时智能的商品推荐
2011 年	"百度世界 2011"大会上，李彦宏将推荐引擎与云计算、搜索引擎并列为未来互联网重要战略规划以及发展方向。百度新首页将逐步实现个性化，智能地推荐用户喜欢的网站和经常使用的 APP，实现精准营销

（四）精准营销与电子商务

电子商务是最能体现互联网改变人们生活方式的网络应用，所以提到网络精准营销，就不得不谈谈电子商务网站的精准营销。随着电子商务的迅猛发展，人们一方面为网上商城商品的极大丰富感到欣喜，另一方面感觉随着商品的增多，在网上商城寻找自己想要并喜欢的商品越来越难了。虽然几乎每个网上商城都有站内搜索，但人们还是觉得不能满足需要。于是，国内知名的电子商务网站，比如淘宝、京东、库巴购物、凡客诚品、麦包包等都陆续引进站内个性化推荐系统，以达到精准营销的目的。

网上商城利用个性化推荐系统达到精准营销的原理如下：网上商城通过个性化推荐系统的推荐引擎深度挖掘商城用户的行为偏好，打造个性化推荐栏，智能向用户展示符合其兴趣偏好和购买意图的商品，帮助用户更快速、更容易地找到所需要的商品，让用户购物时有更流畅、更舒心的体验。同时，个性化推荐栏也可以起到辅助用户决策，提高用户网购效率的作用。这里存在这样一个原理：因每个用户的兴趣而异，智能地向用户推荐他最可能喜欢的商品，这不但是个性化营销，更是电子商务精准营销的表现和做法。

（五）精准营销案例

以淘宝为例，淘宝构建了商城推荐栏（见图 7-1），为其客户提供个性化精准营销服务。

图 7-1　淘宝的商城推荐栏

📊 1. 列表页

这里基于用户一段时间的浏览行为及偏好，对于符合用户兴趣和需求的此类别下的商品进行推荐。这个推荐栏可辅助淘宝用户进行决策，减少用户的筛选成本，为用户提供其有可能偏好的商品，有助于用户筛选，达到精准营销的目的。

📊 2. 搜索页

这里基于用户的浏览历史，推荐符合用户需求的商品列表，为用户提供其可能感兴趣的商品，达到精准营销的目的。

📊 3. 猜你喜欢

这里根据用户所有的行为历史，推荐符合其偏好的相关商品列表。这个推荐栏可推荐符合淘宝老用户偏好的商品，同时提升老用户复购率。

第二节　医疗大数据

一、医疗大数据介绍

随着健康医疗信息化的广泛应用，在医疗服务、健康保健和卫生管理过程中产生了海量数据集，它们就是医疗大数据。

（一）医疗大数据的概念

医疗大数据是指大规模且复杂的医疗信息数据，其包括病历、医学影像、药物数据、生理参数、基因数据等多种医学领域的数据。这些数据在采集、存储、分析和应用上都具有巨大的挑战性，但是它们可以为医疗领域的研究、诊断、治疗和预防提供极具价值的信息。医疗大数据可以使用人工智能和机器学习技术进行分析和挖掘，从而推动医疗健康行业不断发展和进步。

（二）医疗大数据的产生

早期，大部分医疗相关的数据以纸张化的形式存在，而非电子数据化存储，比如医院的医药记录、收费记录、护士或医生手写的病例记录、处方药记录、X光片记录、核磁共振成像（NMRI）记录、CT影像记录等。随着强大的数据存储、计算平台及移动互联网的发展，现在的趋势是医疗数据的大量增加及快速数字化。移动互联网、大数据、云计算等多领域技术与医疗领域跨界融合，新兴技术与新服务模式快速渗透到医疗领域的各个环节，并让人们的就医方式出现重大变化，也为医疗领域带来了新的发展机遇。

医疗大数据平台以医疗卫生行业的整体数据架构（包括数据模型、数据构成、数据关系等）设定基础和标准，以相应的医疗卫生业务数据为入口，通过大数据技术，形成针对医疗诊治过程中各个机构、角色和业务活动的智能化应用，提供及时、可预见、可互动、可洞察的体验，从而实现智慧医疗的目标。

（三）医疗大数据的特征

医疗大数据有以下几个方面的特征。

1. 数据海量化

医疗大数据通常源于坐拥百万级人口和百家以上医疗机构的区域，且数据一般呈持续增长态势。

2. 服务实时性

医疗相关的信息服务，会存在大量实时数据处理分析的需求，如临床中诊断和用药的建议、健康数据指标预警等。

3. 存储多样化

医疗大数据存储的方式多种多样，如医疗影像、结构化数据表、非结构化文本文档等。

4. 价值属性高

医疗大数据信息对国家乃至全球的疾病防控、新药研制和顽疾攻克都有着巨大的价值。

（四）医疗大数据的意义

掌握从医疗大数据中提取关键信息的能力，正成为医疗领域战略性发展的方向。通过分析大数据信息，分辨、挖掘有价值的数据，对于疾病的控制、管理和医疗科学研究具有非常重要的价值。在医疗卫生方面，大数据带来的益处主要有以下几点：① 强化管理，降低成本，提高效益；② 为医疗卫生事故防控赢得时间；③ 实现对医疗卫生事件的早期预警；④ 有助于实现医疗卫生事件溯源；⑤ 有助于从大数据中发现科学，提升决策能力和决策水平。

目前，由于医疗大数据数量越来越庞大，人们对云计算的需求也随之激增，如何运用大数据、云计算等技术，充分利用医疗大数据，搭建先进合理的大数据云服务平台，为广大患者、医务人员、科研人员提供服务和协助，将成为今后医疗领域信息化工作的重要方向。

二、医疗大数据的应用

医疗大数据的应用就是大数据技术在具体医疗事务中的应用。

大数据技术在医疗领域的技术层面、业务层面都有十分重要的应用价值。在技术层面，大数据技术可以应用于非结构化数据的分析、挖掘，进行大量实时监测数据分析等，为医疗卫生管理系统、综合信息平台等提供技术支持；在业务层面，大数据技术可以为医生提供临床辅助决策和科研支持，为管理者提供管理辅助决策、行业监管、绩效考核支持，为居民提供健康监测支持，为药品研发提供统计学分析、就诊行为分析支持。

📈 1. 大数据在医疗卫生管理系统、综合信息平台中的应用

大数据技术可以通过建立海量医疗数据库、网络信息共享、数据实时监测等方式，为国家卫生健康信息标准管理平台、电子健康档案资源库、国家级卫生健康监督信息系统、妇幼保健业务信息系统、医院管理平台等提供基本数据源，并实现数据源的存储、更新、挖掘分析、管理等功能。通过这些系统及平台，医疗机构之间能够实现同级检查结果互认，节省医疗资源，减轻患者负担；患者可以享受网络预约、异地就诊、医疗保险信息即时结算等便利。

📈 2. 大数据技术在临床辅助决策中的应用

在传统的医疗诊断中，医生仅可依靠目标患者的信息以及自己的经验和知识储备进行诊断，局限性很大。而大数据技术则可以将患者的各种检查数据，如病历数据、检验检查结果、诊疗费用等录入大数据系统，通过机器学习和挖掘分析方法，医生可从中获得类似症状患者的疾病机理、病因以及治疗方案，这对于医生更好地诊断和治疗疾病十分重要。

📈 3. 大数据技术在医疗科研领域的应用

在医疗科研领域，运用大数据技术对各种数据进行筛选、分析，可以为医疗科研工作提供强有力的数据分析支持。例如，在健康危险因素分析的科研中，利用大数据技术可以在系统内全面地收集健康危险因素数据，包括环境因素、生物因素、经济社会因素、个人行为和心理因素、医疗卫生服务因素，以及人类生物遗传因素等，在此基础上将各种数据进行比对、关联和分析，针对不同区域或家族进行评估和遴选，研究某些疾病的家族性、区域分布性等特性。

📈 4. 大数据技术在健康监测中的应用

在居民的健康监测方面，大数据技术可以提供居民的健康档案，包括全部诊疗信息、体检信息等，这些信息可以让医生为患病居民提供更有针对性的治疗方案。对于健康居民，大数据技术通过集成整合相关信息，通过挖掘数据对居民健康情况进行智能化监测，并通过移动设备定位数据对居民健康影响因素进行分析，为居民提供个性化的健康事务管理服务。

📈 5. 大数据技术在医药研发、医药副作用研究中的应用

在医药研发方面，医药公司能够通过大数据技术分析来自互联网的公众疾病药品需求趋势，确定更为有效的投入产出比，合理配置有限的研发资源。此外，医药公司能够通过大数据技术优化物流信息平台及其管理模式，使用数据分析预测提早将新药推向市场。在医药副作用研究方面，医疗大数据技术可以避免临床试验法、药物副作用报告分析法等传统方法存在的样本数小、采样分布有限等问题，从千百万患者的数据中挖掘与某种药物相关的不良反应，样本数大，采样分布广，获得的结果更具说服力。此外，研究者还可以从社交网搜索到大量人群服用某种药物的不良反应记录，通过比对、分析和数据挖掘等方法，更科学、全面地获得药物副作用的影响。

▌三、医疗大数据应用实例

（一）个性化医疗服务

医疗大数据的应用是多方面的。个性化医疗服务（personalized medicine）和与之配套的数据分析服务在美国逐渐升温。在美国，医疗大数据的主要拥有者是医院以及保险公司。其医疗大数据的内容包括体检测试数据（如血压、体重）、患病历史数据、曾用药物数据、医生诊疗数据以及部分基因数据。

个性化医疗服务很重要的一个目标是定制个性化的治疗和理疗方案，具体而言有以下三点：① 通过病史数据分析，提出用药种类、剂量方面的建议；② 根据治疗决策和患者反馈，动态规划下一步治疗措施；③ 对潜在慢性病进行预判和预警。

与此同时，与治疗相关的服务也成为个性化医疗服务的另一目标，且越来越受到人们的关注。这里我们简要介绍 Novo Nordisk。Novo Nordisk 是一家著名的糖尿病药物制造公司，它和数字健康公司 GoogKo 联合创建了一种糖尿病监测个性化工具 Cornerstone 4 care APP。这个应用程序可以让患者更容易追踪他们的血糖和饮食，并使用最新研究成果为患者的饮食、锻炼和糖尿病管理提供个性化建议。通过使用患者的个人数据，这款应用程序能够为患者接受更好的治疗给出准确的建议。

（二）疫情中大数据的应用

相较于 2003 年的"非典"，2020 年初开始的新冠疫情表现出了更强的传播性，感染人数曲线也更为陡峭，对于疾病防控工作提出了更大的挑战。在抗击疫情的过程中，大数据技术发挥了重大的作用，主要体现在以下几个方面。

1. 病例追踪

大数据技术可追踪病毒传播路线，实时获取疫情数据，并对可能存在疫情风险的区域进行预警。具体应用有移动应用程序、电子健康证明、公共交通查询系统、社区研判等。

（1）移动应用程序

我国政府通过使用智能手机应用程序，可以追踪疫情数据和用户行踪。用户注册时须提供身份证明及电话号码，应用程序可以跟踪用户位置。当病例出现时，有关部门可通过应用程序找到与病例有过交集的人员，向他们发送健康提示或指导。

（2）电子健康证明

广州市率先启用了"电子通行码"，它的实质是一份电子健康证明，通过大数据分析提供的信息，基本覆盖染疫、疑似病毒携带者等可能性，以及常态化防控的数据变化。

（3）公共交通查询系统

通过公共交通查询系统，大数据分析可以迅速确定乘坐特定公交线路的旅客，以及与病毒感染患者有过接触的人员。

（4）社区研判

很多社区使用大数据技术，对每个家庭成员进行登记和排查。如果有人感染了，使用该方法可以快速确定与感染者有过接触的人，以便采取相应的措施。

2. 个体健康监测

在新冠疫情中，大数据技术被广泛运用于个体健康监测。"齐心抗疫"大数据健康监测平台由华为公司、中国移动等企业合作开发，旨在利用大数据、云计算等技术实现对公众健康状况的实时监测和预警。用户可以通过手机客户端或网站提交相关信息，系统会根据用户的地理位置和病情状况，有针对性地提供个性化的健康建议。同时，平台可以通过各种数据监测手段，及时掌握疫情动态，为政府部门提供决策参考。通过这个平台，公众可以及时获取有关疫情的最新信息，了解自己的健康状况，并做好相应的预防措施。此外，平台还可以为医疗机构提供重要的数据支持，帮助提高疫情防控和救治效率，有效地遏制疫情的传播。

3. 药物研发

通过高通量筛选、大规模计算和机器学习等技术，人们大大缩短了药物研发周期，并提高了药物研发成功率，实现治疗药物的尽快研发和推广。

以华大基因为例，该企业在新药研发领域积极探索大数据应用。例如，华大基因利用大数据技术构建了"精准药物设计平台"，该平台整合了基因组学、化学信息学、计算机科学等多个学科的技术和资源，旨在加速新药的研发进程。通过大数据分析，该平台可以快速筛选出具有潜在药物活性的化合物，并预测其与靶点的相互作用和结合模式，为新药研发提供重要的参考依据。

4. 资源调配

人们借助大数据技术，可以高效调度疫情防控资源，保障疫情防控工作正常进行。相关机构采集大量的人员、物资、设备等数据，以预测的方式优化整个系统，从而提高疫情防控效率。

中国航天科技集团有限公司利用大数据技术研发了一套"空天协同应急救援系统"，该系统主要用于在突发事件（如疫情）中快速调度和指挥军事、民用等多种航空资源，实现快速响应和救援。该系统基于大数据技术，主要包括需求预测、资源调度、实时监控等功能。在新冠疫情期间，中国航天科技集团有限公司利用该系统，对疫情防控中的医疗物资、医护人员、患者转运等重要资源进行了快速响应和调度，有效保障了资源的最大化利用和合理分配。该系统在疫情防控中的作用得到了社会的广泛认可，并受到了国家有关部门的表彰和支持。

5. 精准医疗

大数据技术可以针对患者的基因、病情、医疗历史等多方面信息进行集成和分析，为临床医生和医疗机构提供更为精准和个性化的医学诊治帮助。

腾讯医疗健康（深圳）有限公司利用大数据技术推出了"基于大数据智能分析的新冠病毒辅助诊疗系统"。该系统利用大数据分析技术，运用人工智能、机器学习等技术，从医疗机构获取病原学、临床表现、影像学等方面的大量数据，然后对数据进行分析和挖掘，并以可视化、可交互的形式呈现，为医生提供精准诊疗建议。

在新冠疫情期间，该系统对新冠病例进行了实时监测、病情诊断、医疗救治等多方面的支持，在监测疫情、诊断病例、分析病情、辅助医疗等方面发挥了重要的作用，为精准医疗提供了强有力的技术保障。

6. 疫苗研发

研究者通过大数据技术，可以快速筛选合适的疫苗候选物。同时，研究者基于海量的病毒基因序列数据，利用基于深度学习算法的疫苗预测模型，可以预测未来可能出现的病毒病种及其变异、突变规律，加快疫苗研发进程。

在新冠疫情中，中国多家科技公司合作推出了多款新冠疫苗，其中就用到了大数据技术。在这些疫苗的研制过程中，科研人员在大量病毒样本中，使用基因测序等技术，分析病毒传播规律、基因结构变异情况等信息，利用大数据技术进行挖掘和分析，有效提高了疫苗研发效率和准确性。

第三节　农业大数据

一、农业大数据介绍

（一）农业大数据的概念

农业大数据是指在农业生产、经营、管理和科学研究等过程中所积累和生成的各类数据，通过数据采集、存储、处理、分析和应用等技术手段，形成数据资源，为农业生产和管理提供决策支持。

农业大数据的产生源于现代农业生产活动中各种信息化技术的广泛应用，涵盖农业生产过程中各个环节产生的数据，包括气象数据、土地质量数据、植物生长状况数据、化肥用量数据、农药施用数据、机械操作数据、市场价格数据等。这些数据通过各种传感器、探头、数据记录器等设备采集并上传至云平台，再经过处理、汇总、分析、建模等多步处理，最终生成农业大数据。这些数据为农业生产提供了更为精准、高效、可持续的决策支持，能够实现精准施肥、精准喷洒农药、农机化智能管理、智能灌溉等一系列先进农业技术的应用。

（二）农业大数据的特征

农业大数据具有以下特征。

1. 大量性

农业大数据的量级非常大，涵盖大量农业生产活动过程中产生的所有数据。

2. 多样性

农业大数据涉及多个领域，包括气象、土壤、植物、化肥、农药、机械、市场等。

3. 高速性

农业生产活动呈现较快的动态变化，数据须实时收集、处理、分析。

4. 多源性

农业大数据的来源较为分散，涉及多个渠道和来源，如计算机、传感器设备、监测站、远程遥感等。

5. 复杂性

农业大数据需要进行多层次的处理，包括采集、存储、清洗、加工、挖掘、建模等过程。

6. 价值性

农业大数据通过分析挖掘，可以实现精准决策，提高农业生产效率和质量，支撑农业可持续发展。

二、农业大数据的应用

大数据在我国的农业生产中已经得到广泛的应用。

（一）农业气象服务

中国气象局利用大数据技术，为全国各地的农民提供气象服务，包括大数据辅助灾害风险评估、农业气象条件评价、区域农业气象服务系统建设等。

1. 大数据辅助灾害风险评估

我国很多地区存在洪涝、干旱、台风、大雾等气象灾害。收集、整合和分析相关数据（如雨量、风向、温度、湿度、气压等），科学评估灾害风险，并及时发出预警，能够帮助农民和农业管理部门做好防范工作。

2. 农业气象条件评价

南京农业大学利用大数据和机器学习技术，构建了红薯生长期大数据模型，通过对红薯生长过程中各项气象数据的分析和评估，提高了农民对气象条件的精准把握，进而提高了农业生产效率和产量。

3. 区域农业气象服务系统建设

陕西省商洛市利用大数据技术，建立了"商洛市农业气象信息公共平台"。该平台整合了来自气象部门、农业部门的多种数据资源，为农民提供全面、多层次的农业气象服务，帮助农民科学种植，提高农业生产效益。

数字资源 7-1
"爱山东"上线
为农气象
服务版块——
"锄禾问天"

总之，大数据技术在农业气象服务中发挥了重要的作用，有效地提高了农业生产效率和品质，也为中国的农业现代化、可持续发展做出了积极贡献。

（二）农业物联网

各大农业企业和生产基地利用物联网技术，实现对种植、养殖等环节的全程监测。智能传感器能够实时采集温度、湿度、光照等数据，并通过物联网传送到后台系统进行分析和处理。其典型应用有精准农业、农业食品安全监管、物资管理、智慧农业等。

1. 精准农业

首先通过遥感、无人机等技术提供高精度的地块信息、在农田中安装传感器和其他设备等收集数据，然后采用大数据技术进行分析，帮助农民了解土壤质量、作物生长情况和气象状况，以及确定最佳灌溉方案，这在很大程度上提高了农业生产效率和产量。

2. 农业食品安全监管

首先通过使用智能传感器和监控设备收集食品供应链中的各种数据，包括温度、湿度、光照、化学物质等，然后使用大数据技术进行分析，确保食品的安全性和质量，为农业食品安全监管提供数据支持。

3. 物资管理

通过使用物联网技术实时监控和管理农业用品、种子和肥料等物资的存储和分配，提高农业生产效率和资源利用效率。

4. 智慧农业

利用物联网技术构建灌溉智能控制系统和智能化的无人机监测系统，实现自动化的种植和管理，提高农业生产效率和资源利用效率。

（三）农业生产抵御自然灾害

大数据技术可以监测地震、洪水、暴雨等自然灾害，及时预警和提供应急救援措施，减少自然灾害对农业生产的影响。其主要应用有气象灾害预警系统、洪涝保险、农业智慧灌溉、智慧溯源等。

1. 气象灾害预警系统

在我国，利用大数据和先进的气象预测技术，可以实时预测自然灾害的风险，包括洪水、台风、干旱和霜冻等。这种预警系统可以帮助农业生产者及时采取行动，减少损失。

2. 洪涝保险

大数据分析可帮助人们制定更准确的洪涝风险评估模型，判断有可能受到洪涝影响的区域和农业生产情况。基于这些评估数据的保险产品可以帮助农民在受到灾害后得到经济补偿。

3. 农业智慧灌溉

通过对大数据的收集和分析，农民可以更好地了解当地的降雨情况和土壤湿度，从而有效地调整灌溉计划，提高农作物的产量和品质。

4. 智慧溯源

大数据技术在溯源方面的应用可以帮助人们检测受灾农作物中的积累物和元素含量，为消费者提供透明的、高质量的食品。同时，如果发现农作物的污染来源，可以协助政府制订有效的污染管控计划。

总之，大数据技术在农业生产中的效用显而易见，它有助于识别和预测自然灾害，减少农业生产造成的损失，帮助农民更好地保障粮食安全。

（四）供应链管理

大数据技术可以有效管理农产品从农田到市场的全过程。通过数据采集和分析，可以实现农产品质量、产量、交通运输信息的可视化和追溯，及时发现问题并解决问题。在一些应用中，大数据技术发挥了在农业供应链管理和增产减损方面的重要作用，使得从农业产出到市场销售这一过程更加高效、可信和安全。同时，大数据技术也促进了农业与金融、流通、信息等其他行业的深度融合，激发了多元化的产业价值。

1. 农产品的品质安全溯源

大数据技术可以帮助人们追溯农产品的生产、流通、销售过程，帮助消费者了解农产品的生产管理和食品安全情况。例如，一些电商平台可以使用大数据技术，对农产品的品质、产地等信息进行实时校验，使消费者更加安心。

2. 农产品质量监测

大数据技术可以对农产品进行监测和控制，通过移动终端和互联网应用实时采集数据，帮助各地相关部门和农业从业者迅速获悉农产品的质量状态以及可能存在的问题。

3. 农村电商物流管理

大数据技术可优化农村电商的物流管理，分析大量数据，以实现可靠和快速的物流处理，同时减少运输风险，确保农产品的安全性和新鲜度，使之在第一时间呈现给消费者。

4. 农业金融风险控制

大数据技术可以帮助金融机构对农业贷款进行风险评估，有效维护金融稳定。同时，大数据技术可以为农民提供定制化和容易获取的金融服务，帮助小农业生产者更好地获取生产资金。

三、智慧农业

（一）智慧农业的概念

智慧农业，也称智能农业、数字农业、互联网＋农业等，是利用农业大数据、物联网、云计算、人工智能等高科技手段，通过建立农业信息化系统，实现智能化农业生产、管理和经营的过程。它能够对农业生产的各种因素、环节及其关系进行分析、预测、控制等，以达到提高农业品质和效率、降低成本的目的。智慧农业是对农业生产、管理、销售等环节进行数字化、智能化升级的农业形态。

（二）智慧农业的优势

智慧农业已经成为未来农业发展的重要趋势，推动农业朝着现代化、智能化和可持续化方向发展。智慧农业与传统农业相比，具有以下优势。

1. 提高生产效率

通过科技手段，实现对种子的优化等，从而提高作物的产量和质量。

2. 降低成本

利用物联网和云计算等技术，能够实现自动化和集约化经营，从而大幅降低农业生产的成本。

3. 优化生产模式

智慧农业系统可以根据各种环境因素、作物生长条件及其他相关因素，制订最优的生产计划。

4. 实现精准农业

通过数据采集、处理、分析和应用等手段，实现对农业生产各环节的精准控制和预测，从而达到最佳的生产效果。

（三）智慧农业的发展状况

目前，全球范围内，智慧农业发展形势良好，智慧农业产业化和商业化步伐加快，尤其是在一些发达国家和地区，智慧农业已经发展成为支柱产业。其具体有以下表现。

1. 技术平台快速发展

智慧农业的技术平台包括移动互联网、大数据、云计算、物联网等，这些新型技术不断地催生和推动智慧农业的发展。

2. 农业自动化水平持续提升

随着机器人技术、传感器技术、智能化设备的成熟和应用，智慧农业不断地促进农业生产过程的自动化、精确化、规模化和智能化。

3. 农业信息化水平加速升级

随着新一代通信技术的发展和覆盖范围的扩大，农业信息化已成为中国农业改革的重要方向，我国正逐步实现现代农业全信息化，不断拓展智慧农业的应用空间和场景。

4. 智慧农业应用热度持续提升

智慧农业已成为热点话题。各界持续关注农业信息化发展，特别是在一些发达国家和地区，智慧农业已经广泛应用于农业全产业链条的每一环。

5. 智慧农业策略与政策支持齐头并进

各国政府和行业协会已经开始协调策略与政策，为农业发展提供支持和资源，推动农业实现增产、减损和增效。

6. 农产品电商的快速发展

在智慧农业中，电商有着更多的机遇，许多农产品企业在电商领域逐步建立了自己的品牌和渠道，这已经成为智慧农业的一大趋势。

（四）我国智慧农业的发展趋势

我国的智慧农业近年来呈现快速发展的趋势。从最初的农业信息化，到物联网、云计算、大数据等新兴技术的应用，再到近些年兴起的人工智能、区块链、无人机等技术的集成，中国的智慧农业技术日新月异。在政策支持方面，我国政府一直关注智慧农业的发展，已经出台了一系列政策，包括加大农业信息化和数字农业投入、加强农业科技创新等，支持智慧农业的发展。在技术应用方面，我国智慧农业的技术应用非常广泛，例如智能传感器可以实时监测土壤湿度、温度、光照等信息，智能灌溉系统可以根据实时数据调节灌溉水量和时间，智能养殖系统可以自动检测环境温度和光线等，从而提高生产效率和质量。在企业发展方面，智慧农业企业也在不断发展，阿里巴巴旗下的阿里新农、腾讯旗下的微农、百度旗下的百度农业、华为旗下的华为农业、中兴通讯旗下的中兴绿色农业等，都在智慧农业领域进行了布局和实践。

总的来说，智慧农业在我国的发展前景广阔，相关企业和政府机构也在全力推动其发展。虽然目前仍存在一些技术和金融方面的问题，但是随着技术的不断发展和成熟，智慧农业的发展前景必定会越来越广阔。

第四节　工业大数据

一、工业大数据介绍

（一）工业大数据的概念

工业大数据（industrial big data）是指在工业生产、制造、运营、维护等领域所产生、处理、分析的数据。与传统的数据处理不同，在工业大数据的处理中，数据量大、种类多、速度快、价值高。工业大数据涵盖工业企业及产业物联网中的数据采集、传输、存储、分析等全过程，包括来自机器、设备、传感器、工人、设施和消费者等多渠道的数据。

工业大数据的处理方式也较为复杂，需要依赖计算机软件、网络技术、模拟技术、智能物联网和大数据分析等领域的技术，以有效地挖掘数据价值，优化工业生产过程，提高工业生产效率和质量。同时，工业大数据也能够为企业提供更加全面的商业洞察力，可以预测市场趋势，让企业做出更为精准的经营决策。

工业大数据已成为未来的重要发展趋势，是实现智能工厂和智能制造的关键之一。各国政府和企业纷纷加入工业大数据的研究和应用，推动了工业生产的数字化、网络化、智能化，提高了工业生产的效率和质量。

（二）工业大数据的特征

工业大数据更具挑战性和复杂性，并且需要人们使用更先进的技术来处理和分析，以确保工业企业的可持续发展。归结起来，工业大数据主要具有以下特征。

1. 多样性

工业大数据的来源丰富多样，如机器、传感器、设备监控、生产流程数据等，在不同领域具有多种类型和不同格式的数据。

2. 大规模

工业企业每天产生的数据量非常大，可能需要实时处理上百万的数据，其大小可能以TB 或 PB 为单位。

3. 实时性

对于工业生产来说，数据的采集和处理需要具有实时性，以便实时监控和发送警报。

4. 专业性强

工业大数据的处理所涉及的工业系统往往比较复杂，需要深入了解各种设备、工作流程和数据流的交互，并进行相应的集成和管理，要求具备相关领域的理论、技术和经验的人员进行处理和分析。

5. 不确定性

大数据面临许多不确定因素，因为工业生产环境是动态的，所以人们在处理工业大数据时，需要考虑这些不确定因素。

二、工业大数据的应用

工业大数据的应用是非常广泛的，可以帮助企业提高生产效率和质量，降低成本，并提高产品的质量。这里介绍工业大数据几种典型的应用场景。

（一）生产优化

利用大数据分析工具和方法，分析生产数据，找到生产过程中的瓶颈和问题，提高生产效率和质量。例如，西门子公司通过工业云平台和数据分析，实现了在生产过程中自动控制机器和设备的功能，帮助客户提高了生产效率和产品质量。

（二）产品质量控制

通过对生产数据的分析，发现产品出现质量问题的原因，及时采取措施改进生产过程，提高产品质量。例如，通用电气公司利用大数据分析技术，发现了风力涡轮机叶片的生产和安装过程中存在质量问题，采取了改进措施，最终降低了成本，提高了质量。

（三）预防性维护

通过对设备传感器数据的分析和监测，预测设备的故障和维护需求，避免设备故障对生产的影响。例如，施耐德电气公司利用大数据分析技术，预测重要设备的故障，并提前进行维护，从而避免生产线的停顿和生产损失。

（四）供应链管理

利用大数据技术对公司的供应链进行优化和监控，降低成本和提高效率。例如，沃尔玛公司使用物联网技术和大数据分析，实现了对公司供应链的可视化监控和实时反馈，从而提高了供应链的效率和准确性。

三、智能制造

（一）智能制造介绍

智能制造是指利用信息技术、自动化技术和先进制造技术，实现与物理系统深度融合、数据驱动的高效制造体系。智能制造包括计算机集成制造、工业自动化、工程技术、质量控制和管理等多个方面。智能制造已经在很多领域得到了广泛应用，例如汽车、航空航天、制药、化工等。智能制造技术的应用可以帮助企业提高生产效率，减少资源浪费，降低成本，提高产品质量，从而更好地适应市场的需求，赢得竞争优势。

智能制造的主要特点如下。

1. 建立全局视野

利用物联网技术和云计算技术，将企业各个环节的数据整合起来进行分析和决策。

2. 数据驱动生产

将数据与物理制造过程深度融合，通过数据分析和预测，驱动生产过程的作业。

3. 自动化生产

实现机器人和自动化设备在生产过程中的无人值守操作，提高生产效率。

4. 智能设计

从设计阶段开始优化生产流程，节约资源和时间。

5. 环境友好

智能制造技术可以减少浪费，节约成本，同时能够减少对环境的破坏。

（二）智能制造与大数据的关系

智能制造和大数据是密不可分的，两者的关系可以概括为大数据驱动智能制造。

智能制造需要大量的数据做支撑，包括生产过程数据、产品质量数据、设备运行数据等。这些数据可以通过物联网技术和传感器收集，通过云计算和大数据分析处理，帮助企业实时掌握生产现场的状态，提高生产效率和质量。

大数据的应用也为智能制造提供了更多的可能性。通过大数据分析，企业可以获得生产过程中的重要参数和规律，从而优化生产流程，提高设备利用率和产品质量，并且为企业提供更精准的决策支持。

优秀的工业大数据平台能够帮助企业实现实时监测，通过数据与算法提供优化方案，改进、提高生产效率和产品质量，减少资源浪费和生产线停机时间，以最大限度地增强企业的竞争力。

在智能制造产业的发展过程中，大数据分析将成为重要的驱动力，为企业持续改进提供稳定的数据支撑和智能化的决策支持。

（三）三一重工股份有限公司的智能制造介绍

三一重工股份有限公司（以下简称三一重工）是中国领先的工程机械制造和服务供应商，其在智能制造方面不断创新和探索，取得了显著的成就和进步，提高了自身的技术能力和产品竞争力，成为业内智能制造的领先者之一。三一重工在智能制造方面的具体应用有以下几种。

1. ESIM 的开发

ESIM，即 Equitment State Identification Model（设备状态识别模型），是三一重工开发的智能制造核心技术，通过设备状态预测、实时监测和远程控制技术，将移动式起重机、混凝土机械等现场设备所采集的大量数据进行分析和处理。这项技术的应用不仅大大提高了三一重工的生产效率，还实现了工人与设备的智能协同。

2. 采用 RFID 技术实现一车一码的管理

生产过程中每个车辆都有独特的识别码，每次卸货或装货操作前必须进行扫码操作，这实现了精准管理与追溯。

3. AGV 的应用

AGV 即 Automated Guided Vehicle（自动导航车）。三一重工通过自主设计的 AGV 小车，实现环节自动化与无人工干涉操作。在行内，该系统被誉为"智能物流"。

4. PLM 的管理

PLM 即 Product Lifecycle Management（产品生命周期管理）。该系统帮助三一重工实现了产品的整个生命周期管理，包括研发、设计、制造和售后等环节，实现了产品的精益制造和供应链管理的全自动化。

数字资源 7-2
三一重工
"灯塔工厂"的
数字化转型

第五节　金融大数据

一、金融大数据介绍

（一）金融大数据的概念

金融大数据是指在金融领域产生的大量数据。金融领域常应用大数据技术和算法收集、存储、管理和分析数据。它利用计算机和互联网技术，对金融市场中的大量数据进行挖掘和分析，以发现数据背后的规律和趋势，为投资决策、风险控制、营销策略等提供科学依据。金融大数据包括市场数据、交易数据、客户数据、信用评价数据、舆情数据等多种类型的数据，可以应用于金融市场预测、个性化营销、信用评估、风险管理等多个方面，对金融领域的可持续发展和创新发挥着重要作用。

（二）金融大数据的特征

金融大数据具有以下特征。

1. 数据量大

金融大数据的数据量很大，包括交易数据、客户数据、市场数据等多种数据类型，需要进行分布式计算和存储。

2. 数据多样

金融大数据不仅包括结构化数据，如股票交易数据，还包括非结构化数据，如社交媒体上的评论数据，需要使用不同的数据处理技术。

3. 数据处理高速

金融市场信息变化快，需要及时对数据进行分析和处理，以发现市场变化和风险。

4. 质量要求高

金融大数据具有较高的精度和准确性要求，并且需要保证数据的稳定性和安全性。

5. 技术要求高

金融大数据处理过程中需要使用数据挖掘、机器学习等技术，对数据进行建模和预测，同时需要使用分布式计算、云计算等高级技术。

6. 增值性强

金融大数据中蕴含很多有价值的信息，可以用于金融预测、风险管理、投资决策等方面，具有很强的增值性。

二、金融大数据的应用

（一）金融风险控制

通过分析大量的市场数据和客户数据，人们可以进行风险控制，预测市场波动，降低风险，并避免经济损失。

随着中国互联网金融的迅猛发展，金融机构和电商平台已经开始运用大数据技术进行客户信用评估，利用大数据分析客户的行为和信用记录，帮助银行、保险公司以及其他金融机构的风险控制和反欺诈系统更加高效地运转，降低风险，并防范金融犯罪。例如，蚂蚁金服通过大数据对客户进行反欺诈提醒、信用评估和模型建立，帮助客户通过安全的方式获取贷款、花呗等金融服务。

随着区块链技术的逐渐普及，更多的金融机构开始采用区块链技术实现可信账本和智能合约等金融服务。中国的区块链银行 Mybank，就采用了大数据分析技术来实现风险评估和客户群体分析，为客户提供更好的贷款服务。

数字资源 7-3
平安资管推
智能顾问
服务平台
加速金融
科技落地

（二）投资组合管理

通过大数据分析和模拟，人们可建立有效的投资组合，实现资产配置和风险分散，同时做出更明智的投资决策。一些基金公司利用大数据分析历史交易数据、财务报表等信息，进行电子化交易和全自动化的投资组合管理，提高了交易效率并降低了管理费用。

比如，中国平安旗下的平安资管在投资组合管理中就应用了金融大数据技术。平安资管通过系统化的大数据分析技术，对全球多个资产类别进行研究，制定了科学的资产配置策略。在研究中，平安资管对股票、债券等金融产品的基本面、技术面等进行了深入剖析，并通过机器学习技术进行数据挖掘和分析。

平安资管还通过构建自主研发的海量数据处理平台，对收益率、波动率、流动性等多个因素进行分析整合和优化。平安资管将这些技术应用到投资组合管理中，实现了精准的资产配置和投资决策。

通过金融大数据技术的应用，平安资管实现了投资组合管理的智能化和全自动化，提高了管理效率，降低了管理费用，并取得了优异的业绩。

（三）营销策略制定

大数据的应用也已经开始改变金融机构的营销策略。金融机构可通过大数据对客户行为数据进行分析和预测，制定有针对性的营销策略，提高客户满意度和忠诚度。银行、保险公司等金融机构可以根据客户的购买习惯、兴趣爱好等数据进行个性化营销，提高客户体验和销售效果。

阿里巴巴的淘宝平台是世界上最大的电子商务平台之一，利用金融大数据技术进行营销策略制定是其成功的关键之一。淘宝利用其庞大的数据资源，通过大数据分析技术对用户行为进行分析，详细了解用户的商品偏好、购买习惯和社交关系，并基于这些数据制定个性化的营销策略。淘宝会根据用户在平台上的行为，为用户推送符合其个性化需求的商品。通过对用户行为的分析和挖掘，淘宝能够更好地了解用户的购物偏好和需求，从而提高营销效果和用户满意度。此外，淘宝还利用金融大数据进行风险管理，通过对用户的消费行为进行分析，评估其信用风险，预测其未来的消费行为等，制定相应的风险控制措施，保障交易的安全性和稳定性。淘宝通过金融大数据技术的应用，实现了营销策略的个性化和精准化，提高了用户满意度和交易安全性，并实现了业绩的持续增长。

（四）交易决策

金融大数据可为交易员提供实时的市场数据和分析结果，协助其决策，帮助其提升投资回报率。

芝加哥交易所集团（CME Group）是全球最大的期货和期权交易平台之一，其交易基于大量的金融数据和信息，因此利用金融大数据进行交易决策是其成功的关键。芝加哥交易所集团利用金融大数据分析技术，对市场和经济数据进行监控和分析，以便更好地了解市场的走势和趋势。通过对历史和实时数据的比较和分析，芝加哥交易所集团能够判断市场走势的变化和可能的未来趋势，并根据这些趋势制定交易策略。

举个例子，芝加哥交易所集团利用金融大数据对农产品市场进行了分析。通过对全球各个地区的种植、收成和库存等方面的数据进行分析，芝加哥交易所集团预测农产品的价格趋势和供需情况。基于这些预测结果，芝加哥交易所集团制定更加有效的交易策略，使投资者能够更好地把握市场机会，获得更高的收益。此外，芝加哥交易所集团还利用金融大数据进行风险管理。通过对历史交易数据和市场数据进行分析，芝加哥交易所集团能够评估投资者的交易风险，并在交易中进行风险控制，维护投资者的利益。

芝加哥交易所集团通过金融大数据技术的应用，提高了交易决策的准确性和效率，同时也增强了风险管理的能力和投资者的信心，成为全球领先的期货和期权交易平台之一。

（五）合规监管

金融机构可以通过对大数据进行分析和监控，识别潜在的违规行为及不合规情况，提高合规性并减少金融机构面临的风险。

美国金融业监管局（FINRA）是美国证券业的监管机构，负责监管证券交易所、经纪人、投资者和证券公司等金融主体。为了保障证券交易市场的公平和透明，FINRA 利用金融大数据技术进行合规监管。

FINRA 利用金融大数据分析技术，对证券市场进行实时监控和分析。FINRA 汇集了从全美各证券交易所、经纪人和证券公司收集的海量交易数据，并利用数据挖掘和机器学习等技术，分析交易信息，以便更好地了解市场的变化和趋势。基于对交易数据的分析，FINRA 采取更有效的监管措施，如发出警告信、罚款、检查和暂停经纪人的资格等。此外，FINRA 还可以发现证券欺诈行为，如内幕交易、市场操纵等，并对这些行为进行打击和惩罚，以维护投资者的利益。

举个例子，FINRA 利用金融大数据技术，发现某个交易商存在操纵市场的行为。这个交易商通过多次高价买入和低价卖出影响市场价格，从而牟取暴利。FINRA 利用数据分析和模型测试等技术，对这种操纵市场的行为进行识别和验证，并对该交易商采取了制裁措施，维护了市场公平和投资者权益。

FINRA 利用金融大数据技术对证券市场进行合规监管，可以更好地发现和打击证券欺诈行为，维护投资者的利益，保证市场的正常运作。

（六）金融科技

金融科技涉及各种金融服务的数字化，人们可以通过金融大数据分析来提高金融科技的效率，并减少金融成本。

在金融交易监测和监管方面，金融监管机构可以利用金融大数据分析技术来提高监管效率并减少监管成本。例如，监管机构可以使用监控系统、大数据分析和机器学习算法来检测交易风险，减少对人力资源的需求，同时提高监管效率。

在信用风险评估方面，银行和其他金融机构可以利用金融大数据分析来优化信用风险评估流程，提高评估效率和准确性。例如，银行可以基于贷款申请人的个人信息、信用历史以及其他金融数据，使用机器学习和人工智能算法来实现准确的分析和预测。

在投资和资产组合优化方面，金融机构可以利用大数据分析来优化投资和资产组合策略，降低投资风险并提高投资回报率。例如，基金管理公司可以使用大数据分析和机器学习算法来分析市场趋势和数据，辅助投资管理决策以及优化投资组合。

在个人理财和投资方面，金融科技公司可以使用大数据分析技术为用户提供个性化的理财和投资建议。例如，智能投资平台可以利用大数据分析用户个人财务信息以及风险承受能力，为用户量身定制合适的投资组合。

在实时监测金融市场方面，金融机构可以利用大数据分析技术实时监测金融市场的变化，从而更及时地做出投资决策。例如，一些公司使用高频数据和机器学习算法来分析分析股票价格走势、货币汇率以及金融市场动态。

第六节　交通大数据

一、交通大数据介绍

（一）交通大数据的概念

交通大数据是指交通领域道路、车辆、乘客、交通设施等方面的大量数据。人们通过大规模数据采集、传输、存储、处理和分析等手段，获取交通大数据，并从中挖掘有价值的信息和规律，以指导交通决策、管理、运营等行为，从而促进交通领域的智能化、绿色化、高效化和公平化发展。

交通大数据的应用范围广泛，包括交通流量、交通速度、车辆种类、道路条件、人流量、公共交通的使用情况等各类数据。交通大数据的应用领域包括智能交通管理、智慧城市建设、交通安全监管和预测、交通用户行为研究等。

（二）交通大数据的特征

交通大数据具有以下特征。

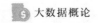 **1. 多源性**

交通大数据可以来自传感器、地图、GPS 等多种数据源。

2. 实时性

交通大数据需要快速地进行分析和处理，以保证提供及时的交通信息服务。

3. 非结构化

交通大数据可能存在不同的结构和语义不一致的问题，需要进行处理和转换。

4. 多维度

交通大数据可以存在不同的引用方式，包括时间、地点、路段、交通工具等多种维度。

5. 关联性

交通大数据包含各种交通信息之间的关联关系，如路况、车速等。

6. 高密度

交通大数据涉及的数据量非常大且密度非常高，需要使用大数据处理技术。

7. 价值性

交通大数据蕴含大量有价值的信息，可以用于城市交通规划、交通优化和交通控制等，对于提升城市的交通效率和服务水平具有重要的作用。

二、交通大数据的应用

交通大数据在城市交通管理、交通优化、安全管理、环境保护等方面都有广泛的应用，为建设智慧城市提供了重要的支持和保障。这里只列举一些典型应用。

1. 提供实时交通信息

利用交通大数据分析交通状况，提供实时的路况信息和拥堵状况，例如谷歌地图和百度地图。

2. 参与交通规划和优化

根据交通大数据，制定城市交通规划，优化交通路网和交通设施，提高交通效率，例如新加坡的智慧交通系统。

3. 减少交通事故

利用交通大数据分析危险地段和交通隐患，提前采取交通管理措施，进行相关警示标识，降低交通事故发生率，例如美国联邦公路管理局的交通事故预防项目。

4. 减少环境污染

利用交通大数据监测交通工具的排放情况，制定相应的政策和措施，减少环境污染，例如我国的交通限行政策。

5. 交通智能化

利用交通大数据和智能化技术，实现自动驾驶、智能导航等功能，提高用户出行体验和交通安全水平，例如特斯拉的自动驾驶技术。

6. 交通统计和预测

利用交通大数据分析乘客需求和出行信息，提供客流预测和计划，例如美国芝加哥公共交通局的客流预测系统。

7. 城市交通管控

利用交通大数据和智能化技术，实现城市交通管理的智能化和数据化，例如深圳市的智能交通大数据平台。

第七节　　教育大数据

一、教育大数据介绍

（一）教育大数据的概念

教育大数据是指在教育领域产生的海量结构化数据和非结构化数据。这些数据来自学校、教育机构、学生、教师、家长等各方面，包括学生的学习行为、课程内容、考试成绩、学生素质评价、教师教学质量评估、教育投入和经费支出等信息。

教育大数据可以通过数据挖掘、数据分析、机器学习等技术进行分析和处理，从中挖掘隐含的信息和规律，帮助教育工作者实行精准的学生管理和教学管理，提升教学效果和学生素质，实现教育的个性化和优化。同时，教育大数据也可以作为决策支持的重要依据，为政策制定者提供科学依据。

（二）教育大数据的特征

教育大数据因其海量、复杂、多样的特点，需要合理规划数据收集和管理，同时需要注意数据的隐私保护和信息安全问题，保障数据的合法和安全使用。教育大数据的特征主要表现在以下几个方面。

1. 种类繁多

教育大数据包含众多领域各种类型的数据，如学生的学习成绩、课程内容、学生特征、学生参与课堂活动情况、教师教学质量评估、校园管理、教育投资等。这些数据来源多样，既包括学校内部收集的数据，如学校管理系统中的信息，也包括来自学生、家长及其他数据机构的数据，如社交网络上的学习行为数据、在线学习平台的课程数据等。

2. 数据量大、产生速度快

随着教育技术的发展，教育数据产生的速度越来越快，这对数据的存储、分析和运用提出了更高的要求。同时，教育大数据的规模也日益壮大，管理和处理的复杂度极高。

3. 结构化和非结构化数据并存

教育大数据既包括结构化数据，如学生的学习成绩和标准化考试成绩，也包括非结构化数据，如学生的课堂表现和教师评估。这些数据的结构化程度不同，处理的方式也有所不同。

4. 多角度分析

教育大数据可以从不同的角度进行分析，如课程质量、学生素质和校园管理等，为教育实践提供了多种可能性。

5. 实现个性化教学

教育大数据为个性化教学提供了基础。通过分析学生的学习行为和数据，教育者可以更好地了解学生的学习特点，提供个性化的教学内容和策略，激发学生的学习兴趣。

6. 需要注意数据隐私保护

教育大数据涉及学生和教师的大量个人信息，必须注意保护数据隐私和安全。

二、教育大数据的应用

教育大数据的应用很广泛。这里简单介绍教育大数据的几种典型应用。

（一）个性化学习

通过对学生的学习数据进行分析，了解学生的学习需求和学习风格，为学生量身定制个性化的教育方案。

"一网通办"是我国教育部门推广的教育大数据项目，旨在为学生和教师提供个性化的教育服务。这个平台能够根据学生的学习成绩、兴趣爱好和学习需求，智能地推荐适合学生的课程和学习资源。而51Talk则是一家在线英语教育平台，其使用大数据和人工智能技术为学生和教师提供个性化的教育服务。51Talk的学习系统能够根据学生的学习水平和学习需求，提供适合学生的英语课程和学习计划，并为学生提供在线辅导和反馈服务。

（二）教学改善

通过对学生的学习数据进行分析，了解学生在学习过程中可能遇到的问题，对教学内容和教学方法进行改进和优化。

VIPKID 是一家在线少儿英语教育平台，它的智能教学辅助系统通过人工智能技术，可以运用人脸识别技术实现课堂表情数据分析，优化教学方式。此外，VIPKID 还推出了三大智能教学体系，包括智能语音识别、智能语音评测和智能反馈系统。这些技术可以帮助教师更好地了解学生的学习情况，并提供个性化的教学建议。

火花思维是一家教育科技公司，其使用大数据和人工智能技术为教师提供教学支持。火花思维的学习管理系统能够分析学生的学习行为和表现，为教师提供丰富的数据和分析报告，帮助教师制定更有效的教学策略。

（三）教师培训

通过对教学数据的分析，帮助教师提高教学质量和效率，为教师提供更多的专业培训和发展机会。

中国教育培训平台是中国教育部门推广的在线培训平台，旨在为教师提供多样化的培训课程和学习资源，包括教育大数据和数据分析技术的培训。该平台使用人工智能和自然语言处理技术智能地推荐适合不同教师的学习内容和资源，并应用数据分析技术帮助教师有效地提高自己的教学水平。

超星尔雅是一家网络教育公司，其依托在线教育技术平台及教学资源，为各类学校、科研单位和教育培训机构提供在线教育系列课程和技术服务解决方案。超星尔雅利用教育大数据分析学生的学习数据，包括学习成绩、学习行为、兴趣爱好等。根据这些数据，超星尔雅为教师提供个性化的教学方案，以满足学生的需求，提高学生的学习兴趣和积极性。同时，超星尔雅通过对教师的教学数据进行分析，评估教师的教学质量、教学效果等，这种评估可以为教师提供反馈和建议，帮助教师改进教学方法和策略，提高教学水平。此外，超星尔雅还为教师提供专业培训和发展机会：超星尔雅利用教育大数据分析教师的教学数据和表现，发现教师的不足和需要提高的方面；根据这些分析结果，超星尔雅为教师提供专业培训和发展机会，包括在线课程、研讨会、工作坊等。这些培训和发展机会可以帮助教师提高教学水平和专业素养，促进教师的个人成长和发展。

（四）学生评价

通过对学生的学习数据进行分析，为学生提供更为客观的评价方法，帮助学生更好地了解自己的学习情况和成绩。

学而思网校是一家在线教育机构，在中国广受欢迎。其教学内容和教学方式都基于数据分析和人工智能，能够实时跟踪学生的学习表现和学习效果。通过收集和分析学生的学习数据，学而思网校能够为学生提供个性化的学习建议，同时能够为家长提供详细的数据报告，让家长能够更好地了解孩子的学习情况。

小码王是一家儿童编程教育机构。它的课程内容和教学方式都基于教育大数据和数据分析技术。通过收集和分析学生的学习数据，小码王能够为学生提供个性化的教学方案和学习建议，让每个孩子都能够根据自己的实际情况和兴趣来学习编程。

（五）教育政策制定

通过对教育数据和学生数据的分析，帮助政府和教育部门制定更科学、更有效的教育政策，提高教育质量和水平。

我国已有多个省市地区应用教育大数据辅助制定教育政策。河南省是国内最早开展教育大数据建设的省份之一，它在教育大数据收集和应用方面积累了丰富的经验。河南省教育部门利用教育大数据了解学生的学习情况和特点，为学生提供更加个性化的教育服务。此外，河南省教育部门还通过对教师的教学行为和教育资源的利用情况进行分析，制定更加符合实际需要和教育发展方向的教育政策。

上海市教育局通过大力发展教育大数据分析技术，收集和整合海量教育数据，着重研究学生的学习行为和成果，对教育资源的配置等进行分析，从而制定更为科学、精准、有效的教育发展规划，并积极开展大数据与教育实践相结合的创新实践。同时，上海市还与业内领先的企业、知名高校和科研机构开展了大数据技术应用研究，建设全球一流的教育科技创新基地。

（六）教育研究

通过对教育数据的分析，帮助教育研究者探索教育问题的本质和规律，为教育研究提供更为科学的方法论和理论支持。

北京大学现代教育技术中心致力于将人工智能和大数据应用于教育领域。该中心的主要研究方向是基于大数据的教育信息挖掘和教育数据分析。通过大量实地数据收集和统计分析，该技术中心研发了多个实用的教育大数据分析应用，包括课程资源评价系统、MOOC学习资源动态推荐系统等。

北京师范大学附属实验中学开展了教育大数据应用的实践，为学校教育提供了先进的技术支持。该实验中学与国内领先的大数据技术企业合作，通过收集学生的学习行为和成绩等教育数据，对教育资源进行更为科学的分配和利用。同时，该学校还探究了学生行为模式和心理状况的关系，在调整课程教学策略和辅导方案等方面取得了一定的成果。

第八节　物流大数据

一、物流大数据介绍

（一）物流大数据的概念

物流大数据是指在物流运营过程中产生的大量数据。物流大数据一般通过数据挖掘、分析和处理，提供给业务方、决策者和管理者用于资源优化、运营效率提升和风险控制。物流大数据包括物流信息、行业公共信息和其他相关信息等多种来源的数据，例如订单信息、运输信息、仓储信息、设备信息、市场信息、环境信息等。这些数据可以通过 IT 技术进行收集、转化和分析，从而帮助企业进行全面的运营监管、高效的流转管理和智能的风险分析，实现高效率、高效益的物流管理。

通过物流大数据，企业可以提高运输效率、降低运营成本、改进服务品质、提高客户满意度。

（二）物流大数据的特征

物流大数据具有以下几个方面的特征。

📊 1. 数据量大

随着互联网和物联网技术的飞速发展，物流大数据源源不断地产生，数量庞大。这些数据包括交通、货物、仓储和配送等方面的信息，存在于各种物流平台、设备和传感器中。

📊 2. 多样化

物流大数据包括各种类型的数据，如文本、图片、视频、音频和传感器数据等。这些数据格式各不相同，不同类型的数据在处理时需要使用不同的分析方法和工具。

3. 时效性强

物流大数据是实时产生的数据，涉及很多物流环节，如交通、配送、仓储等，数据更新迅速，需要及时响应处理。

4. 来源广泛

由于物流涉及多个环节、多个企业和多种数据源，因此物流大数据的来源也非常广泛，包括 GPS、RFID、传感器、物流管理系统等。

5. 价值潜力大

物流大数据具有很大的价值，包括节约成本、提高效率、提高服务质量等。随着数据的深入挖掘和应用，物流大数据的价值潜力将越来越大。

二、物流大数据的应用

物流大数据的应用非常广泛，包括以下几个方面。

（一）物流可视化

对物流大数据进行分析和处理，可以实现物流过程可视化，帮助物流企业实时监控、预测和优化各项物流活动，提高物流效率和运输安全水平。

国内很多物流公司都建立了自己的物流可视化平台。比如，中铁物流利用物流大数据技术，建立了全国范围内的物流监控平台，实现了对车辆、货物等物流信息的实时监测和追踪，提高了物流效率和运输安全。再如，京东物流利用物流大数据技术，建立了全球物流可视化平台，实现了全球范围内的物流可视化和实时控制，提高了运输时效和客户服务水平。

（二）物流路径优化

利用物流大数据进行路径规划和优化，适时调整物流路径，可以减少物流成本，缩短物流时间，提高物流服务水平和客户满意度。

京东物流通过建立全国范围内的物流数据平台，对所有的订单信息进行汇总和分析，结合实时的交通信息和气象预报，实现了物流运输路线和配送计划的实时优化调整，提高了送货速度和准确率。

（三）资源调配

通过对物流大数据的分析，可以实现物流资源的动态调配和平衡，提高物流资源的利用率和效益。

菜鸟网络科技有限公司（以下简称菜鸟网络）是阿里巴巴旗下的物流配送平台，其利用物流大数据技术进行资源调配，提升物流效率、降低物流成本。首先，菜鸟网络通过物流大数据技术收集和分析大量数据，在全国范围内建立了覆盖城市、区域、线路等各个层次的物流大数据平台，实现了物流信息的即时跟踪和监测。其次，菜鸟网络通过精细化调度系统，实现了对物流资源的优化调配。例如，将同一目的地的货物合并配送，优化路线和运力，降低配送成本；再如，通过智能排序，将同一目的地的订单集中派送，提高配送效率。此外，针对特殊的时效性要求，菜鸟网络利用物流大数据实现定时配送或提供一小时内到达等服务，实现快速高效配送。菜鸟网络还利用物流大数据技术，建立了智能仓储系统，通过对库存数据的实时监测和分析，实现了货物的智能调配和优化。

总的来说，菜鸟网络利用物流大数据技术进行资源调配，在提高物流效率、优化物流成本和提升客户体验等方面取得了显著成效，并在物流领域占据了重要地位。

（四）库存管理

利用物流大数据进行库存分析，可以实现仓储和货物的自动化管理，减少库存浪费，提高库存周转率。

河南瑞景通信技术有限公司（以下简称瑞景通信）是一家中国领先的无线网络解决方案提供商，其采用物流大数据技术进行库存管理，极大地提高了库存管理效率和精度。

首先，瑞景通信通过物流大数据系统对全国各地经销商的库存情况进行实时监测和分析，实现了对库存数据的及时跟踪。其次，瑞景通信利用物流大数据技术，建立了多维度的库存规划模型。通过对产品销售量、库存周转率、期末库存等数据进行分析，建立了基于市场细分和销售预测的库存规划模型，根据数据模型的结果制定了合理的库存策略。最后，瑞景通信采用物联网和条码管理系统，将物流大数据系统和物流仓储系统无缝衔接，实现了产品的供应链全程追踪以及均衡库存的实时分配，大大提高了库存管理的精度和效率。

通过利用物流大数据技术进行库存管理，瑞景通信在准确预测销售需求、实现库存供应链全程可视化和提高库存精度等方面取得了良好的效果。

（五）运输安全

通过物流大数据的分析，可以实现对物流过程中的风险和安全因素进行预测和监测，及时制定风险控制和应对策略，保障运输安全。

中铝国际贸易有限公司（以下简称中铝国贸）是中国最大的铝材贸易商之一，为确保运输安全，其采用物流大数据技术实现运输安全管理。首先，中铝国贸对各种运输车辆进行统一管理，并采用物联网和 GPS 技术进行车辆实时追踪和监控，大大提高了运输车辆的可视化程度。同时，中铝国贸对所有运输人员进行严格的考核和培训，确保他们了解运输的风险和安全措施。其次，中铝国贸通过物流大数据技术分析各种运输路线的道路状况、交通情况等，建立了运输风险评估模型，识别运输风险，制定相应的安全措施和应急预案，保证了运输过程的安全和稳定。最后，中铝国贸通过物流大数据技术监控货物运输的每一个环节，确保货物完好无损地到达目的地，并实时跟踪货物信息，随时处理突发事件。

中铝国贸通过应用物流大数据技术，实现了全程可视化监控，加强了运输过程中的安全管理和风险控制，提高了运输的安全性和效率。

第九节　社交媒体大数据

一、社交媒体大数据介绍

（一）社交媒体大数据的概念

社交媒体大数据的产生源于社交媒体的普及与发展。随着互联网技术的不断发展和普及，越来越多的人开始在社交媒体平台上分享自己的生活、工作和思想等，从而产生了大量的社交媒体数据。

社交媒体大数据是指在社交媒体平台（如微博、微信、Meta、Twitter、Instagram 等）产生的海量数据，包括用户发布的文字、图片、视频、音频等各种形式的内容，以及用户的行为、互动、分享等。这些数据通常具有多样性、实时性、时效性、高度互动性等特点。社交媒体大数据通过数据挖掘和分析技术，可以挖掘用户的需求、意见、情感和行为等信息，进而为企业、政府和社会各界提供决策和服务支持。

（二）社交媒体大数据的特征

社交媒体大数据具有以下几个方面的特征。

1. 数据来源广泛

社交媒体平台包含各种类型的社交媒体，如微博、微信、Twitter 等。这些平台上的数据可以是用户自己创建和分享的，也可以是平台或第三方应用及设备汇总的。

2. 数据量大

社交媒体大数据汇集了海量的数据，可以包括数十亿条记录甚至更多，并且这些数据还在持续增加。

3. 数据多样

社交媒体的数据形式多样，如文本、图片、视频、语音等。这些信息涵盖众多领域，从生活娱乐到商业金融都有所涉及。这种多样性使得数据分析变得更加复杂和有挑战性。

4. 实时性强

社交媒体大数据的产生和更新十分迅速，它的产生和传播几乎是同时进行的，这就意味着数据分析需要使用实时数据流技术。

5. 互动性强

社交媒体大数据是由用户主动发布的信息，这些数据反映了用户的需求、意见、情感和行为等，具有高度的互动性和参与性。

6. 数据价值高

社交媒体大数据蕴含许多有价值的信息，可以用于揭示消费者的偏好、趋势和行为，发现潜在的商业机会，提高营销效率，也可以为一些社会研究提供支持。

二、社交媒体大数据的应用

（一）用户行为分析

用户行为分析是一种通过收集和分析用户的互联网活动和交互数据来评估用户行为的

方法。这些数据包括用户点击、访问时间、停留时间、页面浏览量、搜索行为等。通过分析这些数据，分析人员可以了解用户喜欢的产品、怎样使用产品或服务、预测未来的趋势、改善用户体验等。基于用户行为分析，企业可以改善产品和服务、实现营销推广、提高客户满意度、提升业务绩效等。

人们可以利用社交媒体大数据分析用户行为。例如，某音乐流媒体平台想要了解用户在其平台上的音乐偏好和行为，以便为用户推荐更合适的音乐，并制定相应的营销策略。该平台可以运用社交媒体大数据进行用户行为分析，具体步骤如下。

首先，数据收集，即通过平台自身的分析工具和第三方数据服务商，收集用户的行为数据，包括音乐播放记录、搜索记录、收听量、点赞量、分享量等。

其次，数据清洗，即对收集到的数据进行清洗和预处理，以消除重复数据、垃圾数据和错误数据。

再次，数据归类，即将数据按照不同的维度进行分类，例如，按用户类型、音乐类型、地区、播放时段等分类。

又次，数据分析，即通过数据挖掘和机器学习算法，对数据进行分析和解释，提取有用的信息和指标，例如，用户兴趣偏好、流行音乐趋势、不同用户群体的行为差异等。

最后，结果展现，即将分析结果以可视化形式呈现给业务人员，以便他们快速了解用户的音乐行为和趋势，从而做出更有效的推荐，及时调整营销策略。

通过运用社交媒体大数据进行用户行为分析，这个音乐流媒体平台可以更好地了解用户的音乐需求和行为，从而提高用户体验，进行精准推荐，优化营销策略。

（二）市场调研

社交媒体大数据可以帮助企业了解自己的目标受众以及市场的需求和趋势，从而调整企业的战略、产品和营销策略。

比如，某汽车品牌想要了解其目标消费群体（年轻人）对其品牌的意见和态度，以便为品牌调整营销策略。该品牌选择运用社交媒体大数据进行市场调研。该品牌首先通过购买第三方数据，收集年轻人在各种社交媒体平台、汽车论坛和其他媒体上对该品牌的评价、留言、分享和转发等数据；然后对收集到的数据进行清洗和预处理，消除重复数据、垃圾数据和错误数据，之后将数据按车型、价格、品牌口碑、功能、设计等归类；再通过自然语言处理和情感分析技术，对数据进行分析和解释，提取有用的信息和指标，如品牌热度、满意度、口碑等；最后将分析结果以可视化的形式呈现给业务人员，以便他们快速了解该品牌在目标消费群体中的市场表现和发展趋势，从而制定更有效的营销和推广策略。

（三）舆情监测

社交媒体大数据可以帮助企业或政府发现公众的态度、情绪和兴趣等信息，从而制定应对措施、危机公关策略等。

美国中央情报局（CIA）的开源中心（Open Source Center）专门从互联网、社交媒体、卫星图像和其他公共来源中收集并分析数据，为美国政府提供有关全球事件、国际关系和国家安全的情报。该中心在包括"9·11"事件、伊拉克战争等重大事件的情报分析和决策中发挥了重要的作用。

具体来说，该中心采用了一系列技术和工具，包括自然语言处理、机器学习、情感分析和网络爬虫等，从大规模数据中挖掘有用的信息。

该中心利用社交媒体大数据进行舆情监测还有一些其他具体的案例。

1. 监测社交媒体

通过监测社交媒体（如 Twitter、YouTube 等）上关于恐怖主义、国际冲突和国家安全等话题的信息，运用网民对这些话题的情感态度和舆论传播趋势分析，提供情报支持。

2. 监测新闻报道

通过跟踪和分析全球媒体（如新闻网站、博客、报纸等）的文章，提供针对政治、经济、科技、环境、健康等领域的情报分析。

3. 监测舆情变化

通过对全球舆情的动态监测和分析，提供领导人和决策者对重大事件和国家形象变化的了解和反应。

4. 支持政策制定

通过分析舆情和情报信息，制定外交政策、安全策略和经济决策等，为美国政府的决策提供参考和支持。

然而，这种监测也引起了隐私和自由言论等方面的争议。政府在使用社交媒体大数据进行舆情监测时，需要遵守相关法律法规，并平衡监测和管控的效果与个人隐私和公民权利的保障之间的关系。

（四）客户服务

社交媒体大数据可以帮助企业或政府了解用户的需求、意见和反馈，提高用户满意度。

例如，某餐饮集团为了提高消费者满意度、维护品牌形象，可以通过网络爬虫和数据清洗等技术，在社交媒体和在线平台上快速收集大量关于餐馆菜品、服务、环境、售后等方面的信息和评论。餐饮集团将这些数据根据时间、地点、菜品类别、服务品质、评价情感等进行分类，将数据转化为可视化的信息，以便更快地了解消费者诉求。通过人工智能和自然语言处理技术，该餐饮集团能够快速分析消费者的情绪、满意度和需求，以便更准确地反馈给客服团队和经营者，并改善相关服务。如果该餐饮集团发现有许多消费者在社交媒体及在线平台上抱怨其服务质量差、服务态度不佳等，该餐饮集团可以通过数据分析找出原因，并针对性地制定解决方案，及时改进服务和加强培训。此外，该餐饮集团还可以根据收集到的消费者数据，不断地改进菜品、服务、环境和售后等，提高消费者满意度，维护品牌形象。通过不断的收集、分析和操作数据，该餐馆集团能够提供更加智能化、专业化和人性化的服务，获得更好的口碑和经济效益。

（五）大数据营销

社交媒体大数据可以帮助企业了解用户的兴趣和喜好，进行有针对性的广告投放，提高广告的转化率和投资回报率。

假设一家公司要推出一款新的运动鞋，它可以使用媒体大数据来确定最有效的营销策略。首先，在社交媒体平台寻找与运动相关的话题标签和关键词，通过分析这些话题和关键词，了解人们最感兴趣的活动、运动类型、品牌和竞争对手。之后，公司可以使用在线广告平台投放广告并跟踪用户行为。公司可以按照不同的目标人群，如年龄、性别、地理位置、兴趣等进行定向投放广告。此外，公司可以加入一些广告网络，如 AdRoll 或 DoubleClick，来增加自己的广告曝光度。

除此之外，公司还可以收集消费者的反馈和评价，以进一步改进产品和营销策略。通过社交媒体监控工具，公司可以跟踪所有提及自身品牌和产品的评论和反馈，然后根据消费者反馈的内容对产品进行优化，提高消费者的满意度。

通过对这些社交媒体大数据的分析和应用，公司可以制定更精准的营销计划并加强客户关系管理，提高品牌的知名度和认可度。

◇ 本章小结

大数据的应用与发展得益于数据技术的进步和数据资源的快速积累。我们生活中的各种行为都在基于高度发达的互联网及相关技术，不断转变为可以查询的数据，而大数据之所以有价值并在多领域得到应用，就是因为人们可以在规模庞大的数据资源中获取价值线索和信息，从而实现从"数据"到"价值"的转换。各行各业都在积极开发大数据的应用，以促进本行业的发展。本章介绍了大数据在电子商务、医疗、农业、工业、金融、交通、教育、物流、社交媒体等领域的应用。在大数据的助力之下，这些行业都发生了颠覆性的变化。大数据的应用已经融入人们社会生活的方方面面，也在推动着社会进步。

◇ 练习与思考

1. 精准营销的理论依据是什么？
2. 请阐述大数据在医疗领域的典型应用。
3. 请阐述大数据在农业领域的典型应用。
4. 请阐述大数据在工业领域的典型应用。
5. 请阐述大数据在金融领域的典型应用。
6. 请阐述大数据在教育领域的典型应用。
7. 请阐述大数据在城市交通管理领域的典型应用。
8. 请阐述大数据在智慧物流领域的典型应用。
9. 请阐述大数据在社交媒体领域的典型应用。

第八章　大数据产业生态

◇ 学习目标

■ 知识目标

1. 掌握数据开放与共享的概念；
2. 了解数据开放与共享的基本原则和发展历程；
3. 了解大数据交易的概念与市场现状；
4. 了解大数据产业生态与人才需求。

■ 能力目标

1. 正确地理解数据开放与共享；
2. 客观地了解数据开放与共享的历程与原则；
3. 正确理解大数交易的概念；
4. 了解大数据产业生态现状；
5. 了解大数据产业的人才需求。

■ 情感目标

1. 明确数据开放与共享的区别与联系，培养思维能力；
2. 了解我国大数据产业发展的相关政策，培养制度自信；
3. 熟悉大数据产业生态现状，了解大数据主要应用领域，培养职业精神。

◇ 学习重点

1. 了解数据的开放与共享；
2. 理解大数据交易的现状与问题；
3. 了解大数据产业的现状和发展方向。

◇ 学习难点

1. 了解数据开放与共享的联系和区别；

2. 掌握大数据交易存在的问题及对策；

3. 理解大数据产业的新商业价值。

◇ **导入案例**

充分挖掘信用信息价值①

    近年来，国家有关部门采取了一系列有效措施支持中小微企业融资，大力推广"信易贷"模式，建成运行了全国中小企业融资综合信用服务平台（即全国融资信用服务平台），以信用信息共享与大数据开发应用为基础，充分挖掘信用信息价值，破解银行和企业信息不对称难题，在金融机构与中小微企业之间架起一座"信息金桥"。我们从一组数据中可以清晰地看到"信息金桥"的积极作用：截至 2021 年 11 月末，全国银行业金融机构发放普惠型小微企业贷款约 18.73 万亿元，同比增长 24.1%；截至 2022 年 1 月，全国融资信用服务平台已经与 103 个地方实现了互联互通，覆盖了 273 个地方的站点，入驻的金融机构超过 2000 家，企业超过 1380 万家；2021 年前 11 个月，全国新发放普惠型小微企业贷款利率 5.71%，2018 年第一季度以来已累计下降 2.11 个百分点……

    中国银行保险监督管理委员会普惠金融部负责人表示，这几年，中国银行保险监督管理委员会鼓励银行运用大数据、互联网等科技手段优化业务流程，创新产品和模式，提高风险管理水平。下一步，中国银行保险监督管理委员会将继续指导银行对产业链和供应链自主可控、科技创新、绿色发展、外贸等重点领域的小微企业加大支持力度，围绕"专、精、特、新"的中小企业需求，提供具有针对性的金融服务。

    ■【思考】

    1. "信息金桥"是如何为金融机构和中小微企业提供帮助的？

    2. 金融机构应如何利用信息共享和大数据应用，为小微企业提供具有针对性的金融服务？

---

① 为金融与中小微企业架起"信息金桥"（锐财经）（2022-01-05）［2024-01-02］. https：//baijiahao. baidu. com/s？ id＝172106 2580362749539＆wfr＝spider＆for＝pc.

第一节　数据开放与共享

一、概述

（一）数据开放与共享的概念

大数据可以观察和记录人类社会生产生活中不易察觉的细节。人们通过对数据的分析和处理，可以发现很多不为人注意的信息，从而为科学决策提供参考。要想大数据充分发挥这样的作用，首要的前提就是有大量的数据。众多来源不同、分散在各处的数据的汇集，成就了大数据的大体量。然而，之前企业和政府中存在大量的"信息孤岛"，使得数据无法共通、无法汇集，更无法形成合力。随着大数据作为一种"资源"受到人们越来越多的关注，从政府到各行各业都开始重视大数据，开始深入挖掘其真正的价值。由此，数据开放与共享成为大数据开发与利用过程中最为关键的要素。

维基百科中定义的开放数据（open data）是指一种经过挑选与许可的数据，这些数据不受著作权、专利权以及其他管理机制限制，可以被任何人自由免费地访问、获取、利用和分享。开放数据也被很多学者认为是公众、公司和机构可以接触到的，能用于确立新投资、寻找新的合作伙伴、发现新趋势，做出基于数据处理的决策，并能解决复杂问题的数据。

本书认为，开放数据是一类可以被任何人免费使用、再利用、再分发的数据，一般是指原始的、未经处理的并允许个人和企业自由利用的数据，多为原始的、未经处理的科学数据，例如气象观测数据、GIS数据等。它一方面代表技术上的开放，即以机器可读的标准格式开放；另一方面代表法律层面上的开放，即允许商业和非商业利用和再利用。在大数据时代，数据无疑是社会活动和经济活动的重要资源。通过开放数据，政府可以激发社会创新热情，鼓励新的创新产品和服务，从而释放数据的社会价值和经济价值。通过开放数据，民众得以更为直接地了解政策制定的资讯甚至直接参与政策的制定。民众不再仅仅被动接受信息，知道社会上发生了什么，而且可以利用数据直接为社会做贡献。在一个良好运作的社会，民众应当能够了解政府在做些什么。透明化不仅关乎民众能否访问信息，而且关乎分享和重用这些资讯的权利。只有数据足够开放（不管是技术上还是法律上），才能使人们自由地分析和利用这些资讯。

数据共享是指数据的拥有者将数据向其他机构和个人开放的行动。例如，科研人员将实验数据跟其他科研人员共享，用于重现实验结果；再如，政府将某个部门的数据提供给其他相关部门。值得注意的是，不能将数据共享直接等同于数据开放。实际上，数据共享是较小范围的使用和再利用，而数据开放则是面向全社会和全体公众的开放。开放数据不同于大数据，也有别于信息公开和数据共享，虽然它们之间确实有所重叠。数据开放的宗旨是提供免费、公开和透明的数据信息，这些数据适用于任何领域，如政府运作、商业经营、个人需求等。数据开放本身并不基于商业目的，但经过不同的使用方的加工处理之后，可能会产生巨大的商业价值。

大数据作为无形的生产资料，它的合理共享和利用将会成为巨大的财富。但是由于大数据的价值密度很低，在大量的数据里面，真正有价值的数据可能只是很小的一部分。为了充分发挥大数据的价值，就需要更多的参与方从这些低密度"宝藏"里探寻，因此数据开放与共享可以让社会更多的人使用大数据，真正发挥大数据的作用。

数字资源 8-1
全国首部公共
数据开放
立法评析

（二）数据开放与共享的基本原则

数据开放与共享存在多种形式，不同数据提供者对于数据开放与共享有不同的理解方式，并涉及如何实践的方方面面。这里主要介绍《八国集团开放数据宪章》中提到的数据开放的原则。

2013 年 6 月，美、英、法、德、意、加、日、俄召开八国集团首脑会议，八国领导人在北爱尔兰签署了《八国集团开放数据宪章》（以下简称《开放数据宪章》）。

《开放数据宪章》提出了政府开放数据的五大原则，分别为默认开放、注重质量和数量、让所有人可用、为改善治理发布数据、为激励创新发布数据。

1. 默认开放

开放数据成为默认规则。基于"以公开为常态、不公开为例外"的政府信息公开原则，数据开放与共享也应遵循"以开放为常态、不开放为例外"的开放原则，法律须对这些不开放的数据加以明确规定。

2. 注重质量和数量

政府机构需要发布各种各样的已经审核和过滤的数据集。数据开放的核心是原始数据的开放，此外还应包括特定背景下的信息开放，乃至包括事实、数据、信息、知识和智慧在内的整个数据链的开放，特别是关键领域的高价值数据集，应面向社会和公民全面开放。

3. 让所有人可用

在数据开放与共享的过程中，不能仅关注经济性、效率性和效益性，更需要关注个体公平，避免大数据时代的数字鸿沟造成新的数据贫富差距问题。社会中的所有人都拥有平等获取数据的权利，要想真正实现开放的平等，就必须取消获取数据的门槛，即取消数据特权。

4. 为改善治理发布数据

各国政府机构需要分享开放数据的最佳实践，发布某些关键数据集并在社会上征求建议。

5. 为激励创新发布数据

各国政府应认识到多样性对刺激创造力和创新的重要性。政府机构应该发布高价值的数据集，并吸引开发社区和开放数据创业基金。

《开放数据宪章》提出了三项共同行动计划，包括 G8 国家的行动计划、发布高价值的数据和元数据的映射；同时指出了十四个重点开放领域，包括公司、犯罪与司法、地球观测、教育、能源与环境、财政与合同、地理空间、全球发展、政府问责与民主、健康、科学与研究、统计、社会流动性与福利、交通运输与基础设施等，并提供相关的数据集实例。

《开放数据宪章》明确提出的五大原则、三项共同行动计划和十四个重点开放领域都是为了推动政府更好地向公众开放数据，挖掘政府拥有的公共数据的潜力，促进经济增长的创新，提高政府的透明度和责任感。

（三）政府信息公开与政府数据开放

政府信息公开与政府数据开放是既有联系又有区别的两个概念。数据是原始的未经加工的记录，而信息则是经过加工处理具有一定含义的数据。政府信息公开主要是实现公众对政府信息的查阅和理解，从而监督政府和参与决策。政府数据开放则是随着大数据的发展，逐步被认识到的政府数据的增值开发与协作创新。

政府信息公开和政府数据开放有以下区别。

1. 目的不同

政府信息公开主要是为了提高政府部门的透明度，满足公众的知情权，增加公众对政府工作的理解和参与度，强调程序和范围的公开；而政府数据开放则强调政府机构将数据以开放的方式发布，以促进数据的共享、开发和再利用。

2. 范围不同

政府信息公开的范围通常涵盖政府机构的内部信息、政务公开信息、公共服务信息等；而政府数据开放的范围则涵盖政府机构所拥有的数据资源。

3. 方式不同

政府信息公开通常是政府主动公开信息，公众可以通过政府官网、政务微博等方式获得信息；而政府数据开放则是政府机构将数据发布到开放平台，供公众下载和使用。

4. 目标人群不同

政府信息公开主要面向全社会，而政府数据开放则主要是为了服务开发者、数据分析师、企业等潜在的数据利用者，使他们能够参与和分享数据利用所创造的经济和社会价值。

总之，数据开放是开放型政府、服务型政府和智慧型政府的必然产物，为实现数据的有效利用，政府在技术标准、人才培养、数据公开和政府服务等方面都需要做出相应准备。

二、数据开放与共享的历程与政策

（一）数据开放与共享的历程

将数据作为公共资源，在不危害国家安全、不侵犯商业机密和个人隐私的情况下，最大限度地开放给社会进行利用，有利于提高公共服务水平，促进经济发展。因此，很多国家的人们对于数据开放达成了共识。

国内外的数据开放都经历了一个漫长且曲折的过程。20世纪60年代到21世纪初期，随着信息技术和互联网的发展，政府主要是被动开放数据，各国发展都处于初级阶段；随着电子政府的建设，很多国家开始主动开放数据，其中标志性的文件有2009年美国政府发布的《开放政府指令》；2012年之后，随着移动互联网的兴起和可获得的数据量越来越大，大数据应用越来越普遍，政府和企业都意识到了数据的重要性，开始着手进行政府数据的开放，并通过了一系列法律法规和指导性建议。数据开放成为各国政府机构的重要议题，人们共同关心的问题主要集中在以下几个方面：政府开放数据的范围，在多大程度上开放；谁来负责数据的开放；开放后的数据安全如何保障；数据质量如何保障；通过什么方式和途径来开放，通过哪些技术来开放。

（二）国外数据开放与共享的政策

随着互联网浪潮的到来和技术的演进，数据创造的经济价值、社会价值、政治价值为各国政府所重视，各国政府都深刻地认识到了数据的重要性，开始从国家层面挖掘和利用数据价值，在立法和政策层面进行了一系列尝试，并纷纷付诸实践，如建立数据门户、开放数据集、鼓励企业有效利用数据创造价值、规范数据的隐私和保密、完善相关法律法规等。

美国先后通过《信息自由法》《信息自由法修正案》《版权法》《隐私法》等法律法规，对公共数据公开的时限、范围、费用等做出了详细的规定，将公民对公共信息的知情权予以明确。此外，美国还通过了《数据质量法》《开放政府数据法案》《联邦资金责任透明法案》等。2009 年，奥巴马签署了《透明与开放政府备忘录》，明确了政府公开工作中的三大原则，即透明、共享和协作。

2010 年，英国政府的开放数据门户网站正式上线。2013 年，英国在《开放数据宪章》行动计划中做出了六项承诺：一是英国将发布上述计划中明确的高价值数据集；二是英国确保所有的数据集都通过国家数据门户网站进行发布；三是英国通过与社会、机构、公众沟通来明确数据集发布的优先级；四是英国通过分享经验和工具来支持国内外开放数据创新者；五是英国为自身的开放数据工作设定清晰的目标和战略；六是英国为自身政府数据建立一个国家级的信息基础设施。

德国在 2010 年发布《政府计划：网络型与透明型行政管理》，强调公共行政需要网络透明度、方便问责、促进公众参与、利于不同团体的沟通和高效决策、提高行政效率。同年，德国信息技术规划委员会发布《国家电子政务战略》，其中就包括促进开放政府数据，鼓励政府和各行政部门在合法的前提下，采取标准可读格式开放数据。2013 年，德国推出政府开放数据门户网站，并于 2015 年正式运行。到 2017 年，该网站已经有数万数据集，并涵盖德国主要的公共部门，涉及人口、地理、法律、健康、税收、运输、公共行政、教育与科技等多个领域。

新加坡作为亚洲最重视信息化的国家之一，其数据开放离不开其电子政府的发展背景。新加坡资讯通信发展管理局（IDA）早在 2006 年就发布了"智慧国家 2015 年（iN2015）"计划，希望将新加坡建设成一个以资讯通信驱动的智能化国度和全球化都市。2011 年，新加坡政府发布的《新加坡电子政务总体规划（2011—2015）》可视为新加坡政府开放数据的源头，在此规划中推出了 data.gov.sg。这是新加坡首个访问政府公开数据的一站式门户，鼓励公众将数据用于研究和创造新的价值。在这个门户中，政府不仅是服务的提供者，更是平台的提供者，为公众提供访问、下载等服务。截至 2018 年 1 月，data.gov.sg 提供了来自 70 个公共机构的公开数据集，包括数据、主题、博客、开发人员门户等模块，开放数据范围涉及经济、教育、环境、健康、基础建设等 8 个领域，并在此基础上创建了 100 多个 APP。

日本则是亚洲国家中相对保守的例子。在互联网浪潮中脚步稍慢的日本在 2012 年发布了《开放政府数据战略》，该战略以公共数据为公民资产，以推动开放政府与促进公共数据利用为主旨，以机器可读为基本方向，主张公私合作模式的创新，希望通过开放政府数据来提升整体经济水平及政府的行政效率。2016 年，日本政府发布修订版《创造世界最先进的信息技术国家的宣言》，提出以发展开放的政府数据和大数据为核心的新的信息技术国家战略，通过政府持有的公共数据与其他数据，鼓励各界开放数据和大数据，实现数据的社会对接与再利用。2013 年，日本开放数据 METI 网站上线，此后逐步实现了人口统计、地理统计、灾害防治、消费数据、行政程序等各方面数据的开放，并作为中央政府、地方政府、独立机关等持有政府数据目录的平台，为用户提供工具数据的查找与下载服务。

（三）我国数据开放与共享的政策

2015 年 5 月，国务院印发《中国制造 2025》，这是我国实施制造强国战略第一个十年的行动纲领，提出了建设重点领域制造业工程数据中心，为企业提供创新知识和工程数据的开放共享服务。同年 8 月，国务院发布了《促进大数据发展行动纲要》。该纲要指出数据已成为国家基础性战略资源，大数据正日益对全球生产、流通、分配、消费活动以及经济运行机制、社会生活方式和国家治理能力产生重要影响。我国在大数据发展和应用方面已具备一定基础，拥有市场优势和发展潜力，但也存在政府数据开放共享不足、产业基础薄弱、缺乏顶层设计和统筹规划、法律法规建设滞后、创新应用领域不广等问题，亟待解决，应加快建设国家政务数据统一开放平台。纲要提出的主要政策机制为：完善组织实施机制；加快法规制度建设；健全市场发展机制；建立标准规范体系；加大财政金融支持；加强专业人才培养；促进国际交流合作。

2016 年，《政务信息资源共享管理暂行办法》《国务院办公厅关于建立健全政务数据共享协调机制加快推进数据有序共享的意见》等一系列政策文件出台，致力于加强顶层设计，统筹推进政务数据共享和应用工作。2018 年，国务院办公厅印发布了《科学数据管理办法》，该办法指出我国的科学数据主要是在"自然科学、工程技术科学等领域，通过基础研究、应用研究、试验开发等产生的数据，以及通过观测监测、考察调查、检验检测等方式取得并用于科学研究活动的原始数据及其衍生数据"，并指出"政府预算资金资助形成的科学数据应当按照开放为常态、不开放为例外的原则，由主管部门组织编制科学数据资源目录，有关目录和数据应及时接入国家数据共享交换平台，面向社会和相关部门开放共享，畅通科学数据军民共享渠道。国家法律法规有特殊规定的除外"。2022 年，国务院印发《关于加强数字政府建设的指导意见》，就主动顺应经济社会数字化转型趋势，充分释放数字化发展红利，全面开创数字政府建设新局面做出部署。数字政府建设是落实网络强国和数字中国战略的基础性和先导性工程，是推进国家治理体系和治理能力现代化的重要举措，是加强科学治理决策、提升政务服务效能、增强政府公信力、推动经济社会高质量发展、再创我国现代治理新优势的有力抓手和重要引擎，对加快转变政府职能，建设法治政府、廉洁政府和服务型政府具有重要意义。其中，数据是数字政府建设的核心要素。

我国的数据开放政策仍处于不断完善的过程中，北京、上海、浙江、贵州、广东等部分地方政府已对政府数据开放进行了一些积极而有益的探索，建立了地方政府数据开放的综合平台。

数字资源 8-2
国家数据局
揭牌，如何唤醒
沉睡的数据

三、数据开放与共享平台

（一）国外数据开放与共享平台

政府数据开放与共享平台是政府数据发布端与公众数据获取端的中介和载体。数据开放与共享平台是政府向公众和企业提供一站式服务的系统，一般是指整合和集成了各部门、各领域、各行业的各类多源异构的开放数据，为社会公众和企业提供统一的数据访问和获取的接口门户系统。很多国家建立了综合的数据开放与共享平台，如美国的 data. gov、英国的 data. gov. uk、新加坡的 data. gov. sg 等。

随着美国政府开放政府计划的提出，其利用开放的网络平台公开和发布政府数据，并要求不涉及隐私与国家安全的数据公开发布。data. gov（见图 8-1）开通于 2009 年。该网站为社会公众提供一站式的数据服务，截至 2024 年 1 月，它提供了超过 28 万个数据集，数据覆盖农业、气象、能源、海洋、地方政府、健康等多个领域。

DATA.GOV DATA TOPICS ▾ RESOURCES STRATEGY DEVELOPERS CONTACT

Data.gov users! We welcome your suggestions for improving Data.gov and federal open data.

The home of the U.S. Government's open data

Here you will find data, tools, and resources to conduct research, develop web and mobile applications, design data visualizations, and more.

图 8-1 美国政府数据开放网站

英国也是大数据开放与共享的先行者之一，它提出了对公开数据进行研究的战略政策，并建立了世界上首个开放式数据研究所，挖掘数据的商业价值。英国政府于 2010 年建立了 data. gov. uk 网站（见图 8-2）。该网站是英国政府开放数据的集成和共享门户。基于《开放数据宪章》英国行动计划中的承诺，英国发布了一系列高价值数据集，涵盖经济、环境、司法、教育、医疗、交通等领域，并鼓励企业和个人用户通过注册来发布数据集。

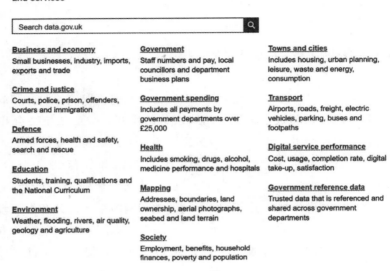

图 8-2　英国政府数据开放网站

（二）我国数据开放与共享平台

对于公共数据的授权运营，我国已经出台了明确的文件。如《中华人民共和国国民经济和社会发展第十四个五年规划和 2035 年远景目标纲要》指出，要构建统一的国家公共数据开放平台和开发利用端口，开展政府数据授权运营试点，鼓励第三方深化对公共数据的挖掘利用。一些省、直辖市也出台了公共数据开放条例，如北京、浙江、广东等地，均提出促进公共数据资源开发利用，建立公共数据授权运营机制。

北京市公共数据开放平台按照主题数据、市级数据、区级频道、企业数据和开放概况几个不同栏目，开放给公众（见图 8-3）。截至 2022 年底，该平台涵盖来自全市 115 个相关部门提供的数据集 15964 个、数据项 581397 个、数据接口 12954 个，数据量达到 71.86亿条，图像 71254 帧。其涉及的主题和种类丰富：已无条件开放"全球首个车路协同自动驾驶数据集"专栏，该专栏基于真实场景的车路协同自动驾驶数据集，其中包含 9 个数据集、图像数据 71254 帧、点云数据 71254 帧；已通过人工智能竞赛数据集数据开放专区开放 1 个组织（中国计算机协会人工智能委员会）、6 个数据集、25 个数据项，共计约0.6971 亿条智能 AI 训练集数据；已通过金融公共数据专区有条件开放汇聚自 27 家单位

（含国家共享数据）涵盖 200 余万市场主体的登记、纳税、社保、不动产、专利、政府采购等 256 类 3158 个高价值数据集，3158 个数据项，23.31 亿条数据记录；已面向创新应用竞赛有条件开放政府和社会企业数据，支撑开展了"中国研究生智慧城市技术与创意设计大赛""AI＋司法服务""科技抗疫""数智医保""智慧昌平""医疗健康"等创新竞赛活动。

图 8-3 北京市公共数据开放平台

浙江省数据开放平台面向气象服务、生态环境、财税金融、信用服务、教育文化、交通运输、城建住房、医疗卫生、生活服务等不同领域，共开放 26680 个数据集（含 13187 个 API 接口）142705 个数据项，1060864.35 万条数据（见图 8-4）。该平台通过开发者中心向第三方提供开放数据、接口开放、开发手册、应用审核等服务。

从网站公布的开放指数来看，平台的访问数和下载调用数都非常活跃（见图 8-5）。

广东省通过开放广东 GData 平台，开放了涉及省级部门 55 个、地市 21 个、数据集 38943 个、政府数据 5.910 亿条及数据应用 102 个（见图 8-6）。GData 平台按照场景导航、主题分类和省级部门进行组织，并将基于数据集的各类应用通过网站提供给公众，在开发者中心提供数据集和 API 接口。

以平台提供的热门数据集举例：广东省高考信息数据统计，提供部门是广东省教育考试院，更新频率为按年更新，更新日期为 2021 年 11 月 29 日，累计被阅览 229441 次、下载 26665 次。这类数据的开放和利用，极大地方便了公众获得相关信息，方便考生和家长填报志愿。

图 8-4　浙江省数据开放平台

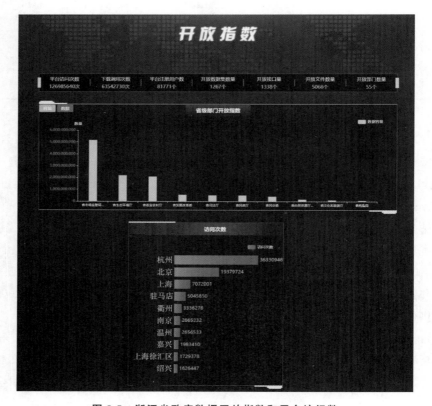

图 8-5　浙江省政府数据开放指数和平台访问数

图 8-6　广东省政府数据开放网站

（三）数据开放与共享平台的挑战与启示

随着数字化时代的来临，数据已经成为经济发展的重要资源，尤其是在人工智能、大数据分析和物联网等技术快速发展的背景下，数据逐渐成为推动产业转型升级和创新发展的核心资源。面对这一趋势，我国政府加大了数据开放与共享的力度，建立了一系列数据开放与共享平台，为科技创新和经济转型提供了有力支撑。然而，在这个过程中我们仍面临一些挑战和问题，需要及时加以解决。

📈 1. 数据质量

由于我国数据开放与共享平台的建设还处于起步阶段，因此数据来源和数据质量等存在一些问题。一方面，部分数据可能不准确、不完整，需要加强数据监管和质量管理；另一方面，数据来源和数据格式等问题也需要解决，以确保数据的可靠性和准确性。

📈 2. 数据安全

随着数据开放与共享规模的不断扩大，数据安全问题也日益凸显。比如，个人隐私、

213

商业机密等敏感数据需要得到保护，否则将引发安全风险和法律问题。因此，建立完善的数据安全管理和保护机制，确保数据安全风险得到有效控制，成为我国当前亟待解决的问题。

 **3. 数据利用**

除了数据开放与共享，如何让更多的企业、科研机构和公众充分利用这些数据也是当前的一大挑战。尤其是对于那些数据加工和分析能力较差的企业和机构，如何提供更加便捷、高效的数据应用和服务，以满足各类需求，是我国当前的一个重要任务。

4. 法律制度

在数据开放与共享平台的建设过程中，需要建立完善的法律制度来规范各方参与行为，确保数据的开放与共享符合法律规范。比如，对于数据隐私、知识产权等问题，需要建立相应的法律保护机制，规范数据开放与共享行为。

总之，加强政府数据开放与共享平台建设，不仅是统筹政府部门数据资源管理、推进政府数据开放与共享的关键环节，也是促进市场和社会主体开发应用数据、释放政府数据开放红利的必然要求。我们需要以更加科学严谨的态度对待数据开放与共享，建立完善的制度与管理体系，以确保数据能够为经济社会的长足发展提供更有力的支持。

第二节 大数据交易

一、大数据交易概述

（一）大数据交易与数据要素

1. 大数据交易

随着大数据、人工智能、区块链、物联网等装备与技术的深度融合，数据资源可开发利用的巨大潜力已得到充分释放，大数据交易应运而生。数据交易并非全新事物，在早期的互联网背景下，个人和企业的许多数据就已经成为交易的对象，如网购、银行、旅游、游戏等。进入大数据时代，庞大的数据资源的积累为大数据交易提供了基础。

大数据交易是数据经济发展背景下的一种新型经济形态，即通过各种方式获取、整理和分析大量数据，将其进行加工、清洗和加密处理后，与外部用户或企业进行交换或销售等经济交易活动。大数据交易中涉及的数据类型非常广泛，包括但不限于个人信息、企业数据、社交媒体数据以及各类经济活动和消费趋势等。

2. 数据要素

随着越来越多数据和交易形式出现，人们对数据要素的界定、规则、方式的关注也更为广泛。数据要素是组成数据的最小单位，是大数据交易处理和分析的基础。在大数据交易中，数据被收集、清洗、加工、存储、分析和交换，以获取有价值的信息。大数据交易的核心是数据的交换和共享，这就需要确保数据要素的准确性、可靠性和安全性，从而使数据的交易和使用更加高效。

3. 数据要素与大数据交易的关系

数据要素是大数据交易的重要组成部分，也是大数据交易的基础，对于大数据成功交易至关重要。

首先，大数据交易需要对数据要素进行识别以及规范化、标准化处理，以确保数据的一致性和准确性。

其次，大数据交易需要对数据要素进行清洗和加工，以去除噪声、错误和重复，从而提高数据的质量和可用性。

再次，大数据交易需要对数据要素进行存储和管理，以保证数据的安全性和可靠性。

最后，大数据交易需要对数据要素进行分析和挖掘，以发现数据中的价值与模式，从而提供基于数据的商业价值或洞察。

4. 大数据交易的意义

大数据交易的兴起凸显了数据的经济价值，也解决了数据闲置或浪费的问题。随着数据技术和处理能力的不断提高，大数据交易形式也愈发复杂多样。目前，大数据交易已广泛应用于金融、医疗、能源、教育等领域，成为数字经济发展的重要组成部分。但同时大数据交易也面临数据安全、隐私保护等重要问题，需要不断完善、监管和规范。

（二）我国发展数据要素市场的政策背景

以大数据为核心的新一代信息技术革命，加速推动了我国各领域的数字化转型升级。大数据技术的广泛应用，加速了数据资源的汇聚、整合与开放共享，形成了以数据流为牵引的社会分工协作新体系，促进了传统产业的转型升级，催生了一批新业态和新模式，助力"数字中国"战略落地。

早在 2000 年，我国就将信息资源纳入国家资源体系，并且将信息资源与其他有形资源并列，进行战略研究。2004 年，中共中央办公厅、国务院办公厅印发的《关于加强信息资源开发利用工作的若干意见》对加强信息资源开发利用、促进信息资源市场繁荣和产业发展等工作提出明确要求。2015 年以来，在国家和各级地方政府的大力推动下，大数据产业加速演进和迭代，政策环境持续优化，管理体制日益完善，产业融合发展加快，数据价值逐渐得到释放。2015 年 8 月，国务院印发的《促进大数据发展行动纲要》首次提出，引导培育大数据交易市场，促进数据资源流通，加强顶层设计和统筹协调，大力推动政府信息系统和公共数据互联开放共享。2016 年 12 月，国务院印发的《"十三五"国家信息化规划》进一步提出，完善数据资产登记、定价、交易和知识产权保护等制度，探索培育数据交易市场。2019 年 10 月，党的十九届四中全会首次提出将数据作为与劳动、土地、资本同等重要的生产要素参与收益分配。大数据融入人工智能、数字经济、数字治理、个人信息保护等相关政策体系。2020 年 3 月，中共中央、国务院印发的《关于构建更加完善的要素市场化配置体制机制的意见》就加快培育数据要素市场提出了具体的方案和实施路径。至此，数据成为市场化配置的关键生产要素。2021 年 11 月，工业和信息化部发布的《"十四五"大数据产业发展规划》提出加快培育数据要素市场，具体措施包括建立数据要素价值体系、健全数据要素市场规则、提升数据要素配置作用等，这为数据要素市场发展规划了路径。

我国为何要加快培育数据要素市场？这主要有以下两方面的原因。

一方面，数据是重要的生产要素，是国家基础性战略资源，这已成为全球共识。数据已经成为继土地、劳动力、资本、技术之后的第五大生产要素。数据要素的价值体现在以下两点。其一，数据是数字经济时代的"石油"，数据的流动就像石油的燃烧，可以产生动力并带来价值，数据的流动带动技术流、物质流、人才流、资金流。从这个角度看，数据是新的生产力。其二，数据是数字经济时代的"钻石矿"，通过挖掘和提炼产生价值，这主要体现在通过多维度、多领域数据揭示单一数据无法展示的规律，实现精准决策，增加确定性、可追溯性、可预判性，降低决策失误和风险。从这个角度看，数据是新的生产要素。

另一方面，为更好地发挥数据作为生产要素和资源的价值，就要将其配置到需要它的地方。市场在资源配置中起决定性作用，因此，数据资源要像产品与服务一样具有商品属性，有价格、有产权、能交易。由于数据流动载体的特殊性，要建立专有的数据交易平台，便于监管，尤其是在跨境传输和安全保护等方面，要有严格的制度、规范和有效的监管手段。

二、大数据交易的现状与问题

（一）我国大数据交易的现状

我国数字经济相关产业如表 8-1 所示。中国信息通信研究院相关数据显示，2021 年我国数字经济规模达到 45.5 万亿元，同比名义增长 16.2%，占 GDP 比重达到 39.8%。数字经济正成为推动我国经济增长的主要引擎之一。2022 年发布的《数据要素流通标准化白皮书》《全国统一数据资产登记体系建设白皮书》等讨论了构建全国统一的数据资产登记体系，其中的确权逻辑成为市场关注点。

表 8-1 数字经济相关产业①

数字经济内涵	相关产业			
数字产业化	电子信息制造业	电信业	软件和信息技术服务业	互联网行业
产业数字化	工业互联网	两化融合	智能制造	车联网	平台经济等
数字化治理	数字政府	智慧城市		
数据价值化	数据采集	数据标准	数据确权	数据定价	数据交易和数据保护等

当前，我国数据资产交易已接近千亿元市场规模。据国家工业信息安全发展研究中心测算，2022 年数据要素市场规模已突破 900 亿元，预计到 2025 年将为近 1750 亿元。但目前我国大数据交易面临确权难、定价难、监管难等问题，其中点对点、非公开的场外交易的占比仍然相对较高，规范的场内交易占比仅为 2%～3%。

从产业链环节看，数据要素市场根据过程可以分为数据采集、数据存储、数据加工、数据交易流通、数据分析应用和数据资产证券化等；其中的数据交易流通环节可以细分为数据确权、数据定价、数据交易等几个阶段。

（二）数据交易市场建设

数据已经从重要资源转变为市场化配置的关键生产要素。早在 2015 年 8 月，国务院印发的《促进大数据发展行动纲要》就提出，引导培育大数据交易市场，开展面向应用的数据交易市场试点，探索开展大数据衍生产品交易。在相关政策引导下，2014—2016 年，全国有数十家数据交易中心（所）成立，政府和企业开始共同尝试探索数据确权、数据定价、数据交易等机制。

随着数据要素参与市场分配的价值红利加快释放，数据交易市场将成为实现数据确权和数据定价的新实践，政府、企业、社会组织积极参与数据要素市场建设。2020 年，地方政府加快建设大数据交易中心，北部湾大数据交易中心、湖南大数据交易所、北方大数据交易中心、粤港澳大湾区大数据平台等加快成立，这些大数据交易中心将重点解决数据确权和数据定价的问题。2021 年 7 月，上海数据交易所携手天津、内蒙古、浙江、安徽、山东等 13 个省（区、市）数据交易机构共同成立全国数据交易联盟，共同推动数据要素市场建设和发展，推动更大范围、更深层次的数据确权和数据定价。另外，一些企业积极参与数据交易市场建设，2021 年初，中国南方电网有限责任公司发布《中国南方电网有

① 全球数字经济白皮书（2022 年）［EB/OL］．［2024-01-02］．http：//www.caict.ac.cn/kxyj/qwfb/bps/202212/P020221207397428021671.pdf．

限责任公司数据资产定价方法（试行）》，规定了其数据资产的基本特征、产品类型、定价方法及相关费用。这是推动数据要素市场化的重大举措，也是能源行业央企的首个数据资产定价方法。之后，奇安信推出"数据交易沙箱"，为数据要素安全流通和交易提供技术保障。

上海数据交易所（见图 8-7）是经上海市人民政府批准，上海市经济和信息化委员会、上海市商务委员会联合批复成立的国有控股混合所有制企业。上海数据交易所承担着促进商业数据流通、跨区域的机构合作和数据互联、政府数据与商业数据融合应用等工作职能。

图 8-7 上海数据交易所

再如，武汉东湖大数据交易中心股份有限公司（见图 8-8）成立于 2015 年，其业务涵盖数据交易与流通、数据分析、数据应用和数据产品开发等，聚焦"大数据＋"产业链，提供有价值的产品和解决方案，帮助用户提升核心竞争力。该公司可通过定制向客户提供相关服务（见图 8-9），或分类提供各种标准数据集（见图 8-10）。

图 8-8 武汉东湖大数据交易中心股份有限公司官网

总之，我国的数据交易市场的普及程度比较低，目前尚处于试点和探索阶段，大多数企业还没有在真正意义上使用数据交易平台进行数据交易，这反映了企业对数据交易市场的不信任和对数据保密性的担心。围绕数据交易，我国在交易载体、机制和技术上已进行

定制流程

专业服务，匠心对待每一个服务环节

提交需求
提交定制的需求至东湖大数据平台

数据评估
需求评估、与顾客沟通确认

采集数据
确认需求，实施采集任务

交付数据
审核完成后为顾客交付完整数据

可定制数据类型

从企业应用，到生活服务，构建属于自己的数据API

图 8-9　武汉东湖大数据交易中心股份有限公司定制流程

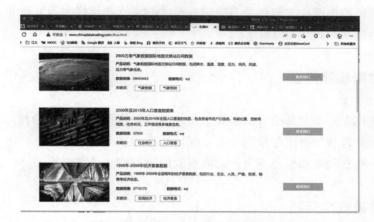

图 8-10　武汉东湖大数据交易中心股份有限公司标准数据集

了探索，在实现数据确权和数据定价方面积累了一些经验。未来，要建立与人力资源服务市场、金融交易市场、技术转移市场等一样规范、活跃、有序的数据要素流通市场，我国仍需在数据确权和数据定价两大问题上有所突破。

（三）我国数据交易面临的问题与对策

大数据交易是全新事物，各国的大数据交易市场都处于起步阶段，面临各种各样的问题。目前，许多大数据交易平台在实际的数据交易中停留在原始数据的"粗加工"层面，而深层次的数据加工还需要拓展，即使是最先起步的交易平台拒签的成交额、成交率等指标也达不到预期。数据开放进程缓慢、缺乏有效的法律规范、数据质量和有效性得不到切实保障等，都制约了数据交易的规模，影响着数据变现的能力。目前，人们在大数据交易中面临的问题集中体现在以下几个方面：一是多重壁垒阻碍数据开放共享；二是开放共享的主体集中于拥有大数据的政府、互联网企业运营商以及科研机构等；三是存在一些阻碍开放共享的因素；四是原始数据的质量及有效性偏低；五是大多数地区的交易平台在规则缺失的市场环境下自成体系，不相统一的开放格式、数据维度及语义等共性问题制约了交易市场的流畅沟通；六是数据种类纷繁多样，干扰了数据的取舍，数据本身的真实度、可信度难以有效辨别；七是技术层面的支撑力有待提升，数据能否全面采集检索，获取的数据在格式规范上是否便于后续的交互流通，实时有价值的数据能否及时获取、更新、维护等，都会对数据交易质量产生影响。

因此，政府和企业需要共同努力，加强标准化管理、完善法规制度、提高数据质量和安全性等方面的建设，推动数据交易市场的健康发展和创新应用。针对中国数据交易市场目前存在的下面这些问题，政府和企业可以采取一些对策。

1. 数据流通不畅

建立数据交易规范，加强数据安全、隐私保护的技术手段提升和法规的完善。制定相关的数据交易规范和标准，为数据交易提供标准化的流程和操作规范，促进企业数据共享交易机制和平台的建立。

2. 数据质量问题

将数据处理作为数据交易项目的前置工作，为数据质量提供专门的保障。一方面，政府需要加强数据监管和数据质量检测力度，保证数据的真实性和完整性；另一方面，企业需要增强自身的数据收集和管理能力，采取有效的数据清洗和鉴定措施。

3. 数据安全问题

政府需要加强数据安全监管和相关法律法规建设，保护数据安全和隐私；企业则需要建立完善的数据管理体系和数据安全保障机制，包括加强数据备份和恢复、加密和权限控制等。

4. 数据价格问题

政府可以通过出台相应的政策引导数据价格逐渐走向市场化和合理化；企业则需要加强与消费者的沟通和合作，不断提高数据质量和服务水平，增强市场竞争力。

5. 数据黏性问题

政府可以鼓励企业把重点放在提供优质的数据产品和服务上，拓宽市场销售渠道，增强市场竞争力；同时可以引导消费者选择不同的数据供应商，以保持市场竞争的活力。

6. 法律法规问题

政府需要进一步完善数据交易相关法律法规，建立市场监管机制，明确数据产权和责任界定，制定明确的数据合同标准，保障各方权益。

总而言之，中国的数据交易市场应该立足中国市场，多措并举，逐步完善相关法律法规，完善产业链，严格控制数据质量，提高数据安全保障能力，推动市场机制建设，推动形成规范、健康、高效发展的数据交易市场环境。中国的数据交易市场还需要通过政府引导和企业自我提升不断突破瓶颈，实现健康发展。

第三节　大数据产业

当今社会，"数字中国"的内涵日益丰富，除了包含数字经济、数字社会、数字政府之外，还新增了数字生态，成为大数据产业发展的新动能。其中，数字经济建设以经济结构优化为目标，将大数据与数字技术融合，以实现数字产业化、产业数字化；数字社会建设强调以大数据赋能公共服务，进行社会治理，提供便民服务，助力提高城市公共服务能力，提升城市的发展能级；数字政府建设涵盖公共数据开放、政府数据资源的信息化，以及数字政务服务，着重提升政府的执政效率；数字生态建设强调建立健全数据要素市场秩序、规范数据规则等，主要包括对数据安全、数据交易和跨境传输等的管理，以营造良好的数字生态。

一、大数据产业概述

（一）大数据产业的背景

大数据是数据的集合，以容量大、类型多、速度快、精度准、价值高为主要特征，是推动经济转型发展的新动力，是提升政府治理能力的新途径，也是重塑国家竞争优势的新机遇。大数据产业是以数据生成、采集、存储、加工、分析、服务为主的战略性新兴产业，是激活数据要素潜能的关键支撑，是加快经济社会发展质量变革、效率变革、动力变革的重要引擎。我国《"十四五"大数据产业发展规划》指出："十四五"时期是我国工业经济向数字经济迈进的关键时期，对大数据产业发展提出了新的要求，产业将步入集成创新、快速发展、深度应用、结构优化的新阶段。大数据产业不断壮大和发展，正在成为各行各业快速发展的支柱，为社会经济的创新提供了可持续的动力。

大数据产业的范畴主要包括以下几个方面。

1. 科技进步和发展

随着计算机技术、互联网技术、人工智能技术等不断进步和发展，大数据产业迅速崛起。计算机和互联网为大数据产业的数据获取、存储和传输提供了便利，同时机器学习等新兴技术为数据分析和挖掘提供了先进的工具。

2. 数据爆炸式增长

在信息时代，越来越多的数据源涌现，新型技术也不断出现，随之而来的是数据量的指数级增长。大数据技术通过计算和算法处理这些海量数据，从中发掘有用的信息，为企业和政府提供后续的决策支撑，促使企业和政府取得更好的效益。

3. 数字化转型需求

传统产业正在向数字化方向转型，在这个过程中，大数据技术尤为重要。大数据技术可以让传统行业提高效率、降低成本，同时拥有更多、更好的商业洞察，为企业的数字化转型带来新的机会和可能。

4. 行业的竞争力和发展优势

大数据技术的应用已成为企业获得竞争优势的必要手段之一。政府和行业组织进一步以大数据应用推动产业发展，大幅度提高了大数据直接和间接的市场需求。

（二）大数据产业链的企业类型

大数据产业链包含多个层次，覆盖数据采集、存储、处理、分析、应用等多个环节。大数据产业链包括多种类型的企业，比如数据采集和处理企业、数据储存和管理企业、数据分析企业、数据应用企业、数据安全和隐私企业、监管和政策咨询企业等。大数据产业链上下游的每个环节都需要专业能力和技术支撑，需要通过协同合作推动整个大数据产业的发展。

1. 数据采集和处理企业

这些企业专门从各种数据源中收集和获取数据，这里的数据源包括互联网、社交网络、公共部门、企业内部系统和设备等。这些企业需要有高效的数据采集、运营和安全保障能力。

2. 数据存储和管理企业

这些企业提供数据的存储和管理服务，包括数据中心、云计算平台、存储设备等。这些企业需要有数据管理、存储、备份、安全性操作等专业能力，为上层企业提供稳定、安全的数据支撑。

3. 数据分析企业

这些企业为客户提供数据分析、数据挖掘等服务，以帮助客户有效地使用数据。这些企业需要有数据科学、模型构建、机器学习和人工智能等技术能力。

4. 数据应用企业

这些企业利用数据分析结果为企业或个人提供各种应用产品和服务，包括智能化决策支持系统、物联网、虚拟现实、智慧城市等。

5. 数据安全和隐私企业

数据的安全和隐私已经成为大数据产业链每个环节都重视的问题。这些企业为其他企业提供数据安全和隐私保护服务，以确保数据被安全使用且符合法律法规。

6. 监管和政策咨询企业

大数据产业是一个比较新的产业模式，政府和监管机构需要加强监管力度、制定相关法律法规，同时也需要为其提供咨询和政策支持。这些企业专门服务于相关机构和企业。

二、大数据产业发展现状

（一）大数据产业园

大数据产业园是大数据产业集聚发展的重要载体和空间。2015 年，国家将大数据产业提升至战略地位，经过多年的迅猛发展，各地方积极建设了一批大数据产业园（见

表 8-2）。这些大数据产业园是重要的大数据产业集聚区和区域创新中心，能够为新经济、新动能的发展提供优质"土壤"，支撑本地区大数据产业高质量发展。

表 8-2　全国大数据产业园区分布①

区域	省份	大数据产业园区
华北	北京	中关村大数据产业园
	天津	西青区大数据产业园
	河北	张家口大数据产业园、承德大数据产业园、石家庄大数据产业基地
	山西	山西大数据产业园
	内蒙古	草原云谷大数据产业基地、和林格尔新区数聚小镇
东北	辽宁	环渤海（营口）大数据产业园
	吉林	吉林启明软件园、长春软件园
	黑龙江	北方云（IDC）大数据产业园
华东	山东	山东数字经济产业园、国家健康医疗大数据北方中心、青岛市南软件园
	上海	上海市北高新技术服务园
	浙江	乌镇大数据高新技术产业园区、杭州云谷、浙江工业大数据创新中心
	江苏	南京大数据产业基地、常州国家健康医疗大数据中心与产业园
	安徽	国家健康医疗大数据中部中心暨大健康产业园、庐阳大数据产业园
	福建	厦门国家健康医疗大数据中心与产业园、国家地理空间大数据产业基地
	江西	宜春大数据产业园（宜春智慧经济产业特色小镇）
中南	河南	郑州高新区大数据产业园、洛阳先进制造产业集聚区大数据产业园
	湖北	"光谷云村"左岭大数据产业园
	湖南	长沙天心大数据（地理信息）产业园、长沙望城数据产业园
	广东	广东健康医疗大数据产业园、江门"珠西数谷"省级大数据产业
	广西	柳州大数据产业园
	海南	海南大数据产业园
西南	四川	崇州大数据产业园、国家健康医疗大数据西南中心及产业园
	重庆	重庆两江数字经济产业园、仙桃数据谷
	云南	斐讯丽江大数据产业园
	贵州	贵阳大数据安全产业园、贵安数字经济产业园
	西藏	西藏云计算数据中心
	陕西	西安高新区云计算和大数据技术创新与服务示范园区
	甘肃	兰州新区大数据产业园

---

① 数据来源：赛迪顾问，2021.07（《2021 中国大数据产业发展白皮书》）

续表

区域	省份	大数据产业园区
西北	新疆	克拉玛依云计算产业园区
	青海	青海云谷大数据产业园
	宁夏	宁夏中关村科技产业园西部云基地

从园区分布区域来看，我国大数据产业园发展水平与所在地区信息技术产业发展水平直接相关。华东、中南地区大数据产业园数量多、种类丰富，特别是湖南、河南，它们均拥有十余个大数据产业园。华北、西南地区大数据产业园数量相对较少。内蒙古、重庆和贵州作为国家大数据综合试验区，积极推动大数据产业园建设。西北、东北地区在大数据产业园建设方面发力不足，仍有较大的进步空间，其中，西北地区的甘肃与宁夏作为"东数西算"工程的国家枢纽节点，有望以数据流引领物资流、人才流、技术流、资金流在甘肃和宁夏集聚，带动该区域大数据产业园的建设和发展。

从园区发展特点来看，我国大数据产业园可以划分为三大类。第一类是由软件产业园转型而来的大数据产业园，以中关村大数据产业园、上海市市北高新技术服务业园区等为代表，这类产业园建设时间早、产业政策完善、经济条件优越，在大数据产业基础、数据应用和研发创新等方面优势明显；第二类是依托数据中心发展起来的大数据产业园，以草原云谷大数据产业基地、张家口大数据产业园、长沙望城数据产业园等为代表，这些产业园瞄准数据存储和灾备等基础设施建设，大力推进区域数据的汇聚整合，在此基础上承接服务外包产业，并逐步拓展大数据应用端建设。第三类是借助数字经济园区发展起来的大数据产业园，如重庆两江数字经济产业园。

从园区种类来看，一些地区立足错位发展，建设了一批有鲜明特色的大数据产业园，健康医疗大数据产业园、地理空间大数据产业园、先进制造业大数据产业园等开始涌现，并逐渐引领大数据产业园特色化创新发展。其中，江苏、山东、安徽、福建等省份均建设了健康医疗大数据产业园。

（二）大数据产业生态

大数据产业是以数据采集、交易、存储、加工、分析、服务为主的各类经济活动，包括数据资源建设、大数据软硬件产品的开发、销售和租赁活动，以及相关信息技术服务。整体来看，基础设施、数据服务、融合应用是大数据产业的三个层次，三者相互交融，形成了完整的大数据产业生态，为人们提供各种业务应用，促进产业发展和社会进步（见图 8-11）。

基础设施是大数据产业的基础和底座，它涵盖网络、存储和计算等硬件基础设施，资源管理平台，以及各类与数据采集、预处理、分析和展示相关的方法和工具。大数据技术的迭代和演进是基础设施发展的主旋律。随着人工智能、5G、物联网等新技术的快速发展和普及，全社会数据总量呈爆发式增长态势，与存储和计算相关的具备高技术、高算力、高能效、高安全特征的芯片和终端设备成为发展热点。基础设施云化已成为整体趋势，云计算资源管理平台（包括私有云、公有云、混合云）日益成为产业发展不可或缺的支撑。而人工智能分析框架、NoSQL 和 NewSQL 数据库，以及 Spark 和 Hadoop 等平台的日益成熟，为大数据分析挖掘提供了丰富的工具。

数据服务是大数据市场的未来增长点之一。它立足海量数据资源，围绕各类应用和市场需求，提供辅助性的服务，包括数据采集与处理服务、数据分析与可视化服务、数据安全与治理服务、数据交易服务等。随着数字经济的深入发展，数据治理的重要性日益凸显。此外，数据成为市场化配置的关键生产要素，数据交易市场逐渐完善。

融合应用是大数据产业的发展重点，主要包含与政府、公安、交通、工业、空间地理、健康医疗、网络媒体、城市管理等应用紧密相关的整体解决方案。融合应用最能体现大数据的价值和内涵，它是大数据技术与实体经济深入结合的体现，能够助力实体经济企业提升业务效率、降低成本，也能够帮助政府提升社会治理能力和民生服务水平。

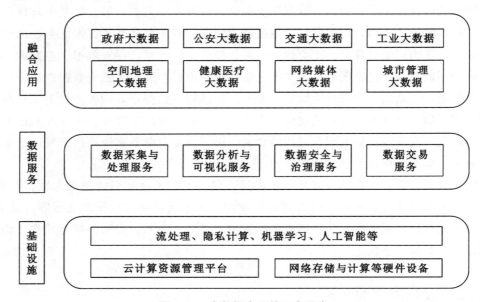

图 8-11　大数据产业的三个层次

（三）大数据产业的人才需求

大数据产业是以数据生成、采集、存储、加工、分析、服务为主的战略性新兴产业和知识密集型产业，大数据企业对大数据高端人才和复合人才的需求旺盛。各企业除了追求大数据人才的数量之外，为提高自身技术壁垒和竞争实力，对大数据人才的质量提出了更高的要求。拥有各类专业技能的大数据人才备受企业关注，高层次大数据人才在市场上供不应求。企业的大数据产业人才需求如表 8-3 所示。

表 8-3　大数据产业人才需求

产业人才	相关技能要求
大数据分析师	负责对海量数据进行清洗、整合、分析和建模，有效挖掘数据背后的价值，为企业提供决策、支持和业务优化建议
数据工程师	负责构建和维护数据平台、数据仓库或数据湖等基础设施，保证数据的高质量、高效率、高安全性
机器学习工程师	负责利用机器学习技术实现数据挖掘、预测和分类等任务，通过机器学习模型实现自动化推荐、个性化定制等
大数据架构师	负责设计和构建具备扩展性、灵活性和可靠性等特点，能够满足不同场景的数据处理需求的大规模分布式系统
数据产品经理	负责对市场上的数据产品进行分析和研究，了解市场需求，确定产品功能和业务模式，协调开发团队实现产品上线
数据科学家	负责利用统计学、机器学习、深度学习等技术对数据进行挖掘和建模，从而实现数据驱动的业务决策
大数据运维工程师	负责保障数据平台的运行稳定，提供高可用、高性能的服务；需要掌握基础的计算机操作、网络和系统管理知识
大数据开发工程师	负责开发和维护数据处理与数据分析应用程序；需要掌握 Java、Python、Scala 等编程语言和 Hadoop、Spark 等相关技术
数据可视化工程师	负责将数据结果以可视化形式展现，让数据更具直观性和可视性
大数据安全工程师	负责维护数据安全，保障数据不被非法获取或滥用

大数据产业的人才培养包括两个方面：一方面是大学教育；另一方面是企业内部培训。在大学教育方面，许多大学已经开设了大数据、数据科学、数据分析等相关专业，并为学生提供相应的教学资源和实践机会。大学教育的目标是培养基础知识扎实、技能全面、具备解决复杂问题的能力、有创新精神和团队协作能力的人才。在企业内部培训方面，许多企业为了满足自身业务需求，自主开展大数据培训，为员工提供必要的技能培训和实践机会，培养员工的相关能力和技能，为企业的数字化转型提供有力的支持。

大数据产业的人才培养应该包含以下几个方面。

1. 知识培训

包括大数据基础知识的学习，如 Hadoop、Spark、NoSQL 数据库等技术的掌握，以及数据分析、建模等技能的学习和实践。

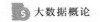 **2. 实践机会**

为学生或员工提供实践机会，让他们通过实际项目学习和掌握实际工作的流程和技能，并且能够将理论知识应用到实际操作中。

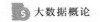 **3. 团队合作**

培养学生或员工的创新精神和团队协作能力，在团队工作中分析问题、解决问题，并且能够合作完成项目。

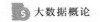 **4. 毕业后就业**

建立学生对接企业的平台，学校可以通过企业招聘会、线上平台等形式吸引大数据公司招聘优秀毕业生，企业也可以通过人才库为毕业生提供就业机会。

总之，大数据产业的人才培养需要在大学教育和企业内部培训两个方面齐头并进，通过知识培训、实践机会、团队合作和毕业后就业等环节的培训，让相关人才了解云计算、人工智能、区块链、物联网等新技术，掌握基本技能（如大数据处理技术、数据分析方法、数据库管理、数据挖掘等），具备团队协作和沟通能力，具备解决问题的能力和创新能力等，从而培养具备全面能力的人才，适应快速变化的市场和技术发展的需要。

三、大数据产业发展展望

（一）大数据产业发展规划

根据《"十四五"大数据产业发展规划》，政府将从以下几个方面推进大数据产业发展。

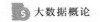 **1. 夯实产业发展基础**

完善基础设施。全面部署新一代通信网络基础设施，加大 5G 网络和千兆光网建设力度。结合行业数字化转型和城市智能化发展，加快工业互联网、车联网、智能管网、智能电网等布局，促进全域数据高效采集和传输。加快构建全国一体化大数据中心体系，推进国家工业互联网大数据中心建设，强化算力统筹智能调度，建设若干国家枢纽节点和大数据中心集群。建设高性能计算集群，合理部署超级计算中心。

加强技术创新。重点提升数据生成、采集、存储、加工、分析、安全与隐私保护等通用技术水平。补齐关键技术短板，重点强化自主基础软硬件的底层支撑能力，推动自主开源框架、组件和工具的研发，发展大数据开源社区，培育开源生态，全面提升技术攻关和市场培育能力。促进前沿领域技术融合，推动大数据与人工智能、区块链、边缘计算等新一代信息技术集成创新。

强化标准引领。协同推进国家标准、行业标准和团体标准，加快技术研发、产品服务、数据治理、交易流通、行业应用等关键标准的制修订。建立大数据领域国家级标准验证检验检测点，选择重点行业、领域、地区开展标准试验验证和试点示范，健全大数据标准符合性评测体系，加快标准应用推广。加强国内外大数据标准化组织间的交流合作，鼓励企业、高校、科研院所、行业组织等积极参与大数据国际标准制定。

2. 构建稳定高效产业链

打造高端产品链。梳理数据生成、采集、存储、加工、分析、服务、安全等关键环节大数据产品，建立大数据产品图谱。在数据生成采集环节，着重提升产品的异构数据源兼容性、大规模数据集采集与加工效率。在数据存储加工环节，着重推动高性能存算系统和边缘计算系统研发，打造专用超融合硬件解决方案。在数据分析服务环节，着重推动多模数据管理、大数据分析与治理等系统的研发和应用。

创新优质服务链。围绕数据清洗、数据标注、数据分析、数据可视化等需求，加快大数据服务向专业化、工程化、平台化发展。创新大数据服务模式和业态，发展智能服务、价值网络协作、开发运营一体化等新型服务模式。鼓励企业开放搜索、电商、社交等数据，发展第三方大数据服务产业。围绕诊断咨询、架构设计、系统集成、运行维护等综合服务需求，培育优质大数据服务供应商。

优化工业价值链。以制造业数字化转型为引领，面向研发设计、生产制造、经营管理、销售服务等全流程，培育专业化、场景化大数据解决方案。构建多层次工业互联网平台体系，丰富平台数据库、算法库和知识库，培育发展一批面向细分场景的工业 APP。推动工业大数据深度应用，培育数据驱动的平台化设计、网络化协同、个性化定制、智能化生产、服务化延伸、数字化管理等新模式，规范发展零工经济、共享制造、工业电子商务、供应链金融等新业态。

3. 打造繁荣有序产业生态

培育壮大企业主体。发挥龙头企业研制主体、协同主体、使用主体和示范主体作用，持续提升自主创新、产品竞争和知识产权布局能力，利用资本市场做强做优。鼓励中小企业"专精特新"发展，不断提升创新能力和专业化水平。引导龙头企业为中小企业提供数据、算法、算力等资源，推动大中小企业融通发展和产业链上下游协同创新。支持有条件的垂直行业企业开展大数据业务剥离重组，提升专业化、规模化和市场化服务能力，加快企业发展。

优化大数据公共服务。建设大数据协同研发平台，促进政产学研用联合攻关。建设大数据应用创新推广中心等载体，促进技术成果产业化。加强公共数据训练集建设，打造大数据测试认证平台、体验中心、实训基地等，提升评测咨询、供需对接、创业孵化、人才培训等服务水平。构建大数据产业运行监测体系，强化运行分析、趋势研判、科学决策等公共管理能力。

推动产业集群化发展。推动大数据领域国家新型工业化产业示范基地高水平建设，引导各地区大数据产业特色化差异化发展，持续提升产业集群辐射带动能力。鼓励有条件的地方依托国家级新区、经济特区、自贸区等，围绕数据要素市场机制、国际交流合作等开展先行先试。发挥协会联盟桥梁纽带作用，支持举办产业论坛、行业大赛等活动，营造良好的产业发展氛围。

4. 筑牢数据安全保障防线

完善数据安全保障体系。强化大数据安全顶层设计，落实网络安全和数据安全相关法律法规和政策标准。鼓励行业、地方和企业推进数据分类分级管理、数据安全共享使用，开展数据安全能力成熟度评估、数据安全管理认证等。加强数据安全保障能力建设，引导建设数据安全态势感知平台，提升对敏感数据泄露、违法跨境数据流动等安全隐患的监测、分析与处置能力。

推动数据安全产业发展。支持重点行业开展数据安全技术手段建设，提升数据安全防护水平和应急处置能力。加强数据安全产品研发应用，推动大数据技术在数字基础设施安全防护中的应用。加强隐私计算、数据脱敏、密码等数据安全技术与产品的研发应用，提升数据安全产品供给能力，做大做强数据安全产业。

为了达成上述目标，未来我国还需要不断加强大数据知识普及，强化技术供给，加快人才培养，加强资金支持，推进国际合作。我国的大数据行业必将迎来蓬勃的发展。

（二）大数据产业发展前景

大数据产业是一个充满机遇和挑战的行业，发展前景非常广阔。大数据产业未来发展的趋势包含但不限于以下几个方面。

第一，随着云计算和人工智能技术的快速发展，越来越多的企业开始采用云计算服务，并且建立了自己的大数据存储和分析平台。大数据与人工智能技术的融合将会带来更多创新机会和商业模式。

第二，大数据产业将与其他行业深度融合，特别是与制造业、金融业、医疗健康等行业融合，推动产业的数字化、智能化和互联网化转型。同时，产业也会进一步细分，不仅涉及数据采集、存储、处理、分析等环节方面的细分，还涉及数据可视化、数据应用等方面的细分。

第三，随着数据规模的不断扩大，数据的安全和隐私保护也越来越受到人们关注。未来大数据产业需要借助各种技术手段和策略，确保数据的安全性和隐私性。

第四，共享经济的兴起将让更多的数据得以开放与共享。数据的开放将会带来更多人才的涌入、更多创新的发生、更多企业的合作。同时，数据的开放也会带来更多的责任和风险，要求企业更加谨慎地处理和共享数据。

　　总之，大数据应用场景越来越广阔，它将为企业和社会带来巨大的商业机遇和效益，整个产业的发展前景值得人们期待。

◇ **本章小结**

　　在信息时代，大数据的开放与共享对于推动社会进步和经济发展具有至关重要的意义，大数据交易和大数据产业的发展也成为当今社会新的经济增长点。

　　开放与共享数据可以促进各行业的合作和创新，推动经济社会的可持续发展。大数据交易市场可以为数据提供者和消费者提供一个公平、透明的交易平台，促进数据资源的优化配置。大数据技术的应用和创新不断推动大数据产业升级和转型，为各行业提供了新的商业模式和竞争优势。大数据产业的发展也带动了相关产业链的发展。

　　随着产业的不断发展、技术的不断进步、交易规则的成熟与明确，未来大数据技术的创新和应用必将更好地服务于社会的发展和进步。

◇ **练习与思考**

　　1. 简述数据开放与共享的区别。
　　2. 简述政府信息公开与政府数据开放的异同。
　　3. 什么是大数据交易？
　　4. 简述大数据产业链由哪些类型的企业组成。
　　5. 大数据产业需要哪些类型的人才？

参 考 文 献

[1] 曾磊. 数据跨境流动法律规制的现状及其应对——以国际规则和我国《数据安全法（草案）》为视角 [J]. 中国流通经济，2021，35（6）：94-104.

[2] 陈明. 数据密集型科研第四范式 [J]. 计算机教育，2013（9）：103-106.

[3] 陈仕伟. 大数据时代数字鸿沟的伦理治理 [J]. 创新，2018，12（3）：15-22.

[4] 陈文捷，蔡立志. 大数据安全及其评估 [J]. 计算机应用与软件，2016，33（4）：34-38，71.

[5] 陈一. 欧盟大数据伦理治理实践及对我国的启示 [J]. 图书情报工作，2020，64（3）：130-138.

[6] 从大数据到"快数据"，存储行业将迎来第四次变革？（2022-06-17）[2023-12-13].
https：//baijiahao. baidu. com/s？id＝1735791028428583672&wfr＝spider&for＝pc.

[7] 丁晓东. 论数据垄断：大数据视野下反垄断的法理思考 [J]. 东方法学，2021（3）：108-123.

[8] 洞察数据背后的价值，中国移动梧桐大数据为你揭秘 [EB/OL]. （2023-08-24）[2023-12-28]. https：//www. 10086. cn/aboutus/news/groupnews/index_detail_46930. html.

[9] 段华斌. 农业大数据应用的前景分析 [J]. 中国农业资源与区划，2021，42（10）：143-144.

[10] 多地探索成立大数据交易平台——加快数据要素价值转化 [EB/OL]. （2021-12-06）[2022-12-20]. https：//www. gov. cn/xinwen/2021-12/06/content_5656038. htm.

[11] 凡景强，邢思聪. 大数据伦理研究现状分析及未来展望 [J/OL]. 情报杂志，2023：1-7. [2023-09-08]. http：//kns. cnki. net/kcms/detail/61. 1167. G3. 20230106. 1529. 022. html.

[12] 国家数据局揭牌 [EB/OL]. （2023-10-25）[2023-12-20]. https：//www. gov. cn/yaowen/tupian/202310/content_6911641. htm.

[13] 韩沙，马德新. 农业大数据应用研究进展分析 [J]. 湖北农业科学，2021，60（2）：15-19.

[14] 何培育，王潇睿. 我国大数据交易平台的现实困境及对策研究 [J]. 现代情报，2017（8）：98-105.

[15] 胡广伟. 数据思维 [M]. 北京：清华大学出版社，2020.

[16] 贾红琳. 大数据算法伦理研究 [D]. 长沙：湖南师范大学，2019.

[17] 李慧，马德新．农业大数据应用发展现状及其对策研究［J］．江苏农业科学，2021，49（16）：48-52．

[18] 李远鑫，郑宇晟．中邮消费金融基于大数据应用的协同发展模式探究［J］．邮政研究，2022，38（6）：17-20．

[19] 梁娜，曾燕．推进数据密集科学发现提升科技创新能力：新模式、新方法、新挑战——《第四范式：数据密集型科学发现》译著出版［J］．中国科学院院刊，2013，28（1）：115-121．

[20] 林子雨．大数据导论——数据思维、数据能力和数据伦理（通识课版）［M］．北京：高等教育出版社，2020．

[21] 刘丹，曹建彤，王璐．基于大数据的商业模式创新研究——以国家电网为例［J］．当代经济管理，2014，36（6）：20-26．

[22] 刘逸，陈海龙．旅游危机管理中的大数据应用［J］．旅游学刊，2022，37（7）：6-8．

[23] 刘再春．我国政府数据开放存在的主要问题与对策研究［J］．理论月刊，2018（10）：110-118．

[24] 刘长娜，刘军，韩冬．传染病监测与监测大数据应用的研究进展［J］．职业与健康，2021，37（6）：844-846．

[25] 穆瑞欣．基于国土空间规划的测绘地理信息大数据应用研究［J］．华东科技，2023（1）：79-81．

[26] 钱文君，沈晴霓，吴鹏飞，等．大数据计算环境下的隐私保护技术研究进展［J］．计算机学报，2022，45（4）：669-701．

[27] 邱仁宗，黄雯，翟晓梅．大数据技术的伦理问题［J］．科学与社会，2014，4（1）：36-48．

[28] 石霏，隋郁．教育大数据的应用模式与政策建议［J］．福建质量管理，2016（7）：74-75．

[29] 斯介生，宋大我，李扬．大数据背景下的谷歌翻译——现状与挑战［J］．统计研究，2016，33（5）：109-112．

[30] 王道平，陈华．大数据导论［M］．北京：北京大学出版社，2019．

[31] 王浩，张怡．大数据时代下人类思维方式变革的趋势［J］．新西部（理论版），2015（2）：94-95．

[32] 王谦，付晓东．数据要素赋能经济增长机制探究［J］．上海经济研究，2021（4）：55-66．

[33] 王卫，张梦君，王晶．国内外大数据交易平台调研分析［J］．情报杂志，2019（2）：181-186．

[34] 维克托·迈尔-舍恩伯格，肯尼思·库克耶．大数据时代：生活、工作与思维的大变革［M］．盛杨燕，周涛，译．杭州：浙江人民出版社，2013．

[35] 邬贺铨．大数据思维［J］．科学与社会，2014，4（1）：1-13．

[36] 武智学．大数据导论：思维技术与应用［M］．北京：人民邮电出版社，2019．

[37] 杨尊琦. 大数据导论 [M]. 北京：机械工业出版社，2018.

[38] 一文看懂人工智能的 7 大关键技术 [EB/OL]. [2023-12-30]. https：//zhuanlan. zhihu. com/p/266257374.

[39] 张爱军. 算法治理与治理算法"算法利维坦"的风险及其规制 [J]. 探索与争鸣，2021，1 (1)：95-102.

[40] 张东翔，成斌. 基于供应链管理的大数据应用分析 [J]. 物流技术，2015，34 (16)：193-195.

[41] 张敏，朱雪燕. 我国大数据交易的立法思考 [J]. 学习与实践，2018 (7)：60-70.

[42] 张维明，唐九阳. 大数据思维 [J]. 指挥信息系统与技术，2015，6 (2)：1-4.

[43] 张尧学. 大数据导论 [M]. 北京：机械工业出版社，2018.

[44] 张振，杨翠湄，徐静，等. 健康医疗大数据应用发展现状与数据治理 [J]. 医学信息学杂志，2022，43 (7)：2-8.

[45] 赵国栋，易欢欢，糜万军，等. 大数据时代的历史机遇：产业变革与数据科学 [M]. 北京：清华大学出版社，2013.

[46] 支撑阿里巴巴"一万亿梦想"的大数据计算引擎厉害在哪 [EB/OL]. [2023-12-29]. https：//zhuanlan. zhihu. com/p/45739907.

[47] 中国将引领第四次工业革命？[EB/OL]. (2022-07-20) [2023-12-10]. https：//news. sohu. com/a/569655042 _ 121118713.

[48] 周玲，甘洁之，王标，等. 基于物联网和大数据应用的高速公路机电系统数字监测与运维 [J]. 广东公路交通，2022，48 (5)：50-56.

[49] 周苏，王文. 大数据导论 [M]. 北京：清华大学出版社，2016.

[50] 朱光，丰米宁，刘硕. 大数据流动的安全风险识别与应对策略研究——基于信息生命周期的视角 [J]. 图书馆学研究，2017 (9)：84-90.

[51] 朱杰. 网络大数据环境下价格歧视行为研究 [J]. 哈尔滨师范大学社会科学学报，2018 (2)：64-66.

[52] 朱雪忠，代志在. 总体国家安全观视域下《数据安全法》的价值与体系定位 [J]. 电子政务，2020 (8)：82-92.

[53] 邹小英. 一种将大数据应用于智能制造的物料分发方法：CN202210396371.0 [P]. 2022-07-08.

[54] 2022 年中国数智融合发展洞察 [EB/OL]. (2022-07-14) [2023-12-15]. https：//m. thepaper. cn/baijiahao _ 19008519.

[55] "大脑"爆发背后是 50 年互联网架构重大变革 [EB/OL]. (2018-09-25) [2024-01-02]. https：//blog. sciencenet. cn/blog-39263-1136902. html.

[56]《中华人民共和国数据安全法》十大法律要点解析 [EB/OL]. (2022-04-14) [2024-01-03]. https：//www. mca. gov. cn/zt/n2643/n2649/c1662004999979993356/content. html.

[57] 不公告发明人. 一种将大数据应用于电子商务的产品调研与评价系统：CN202210285983.2 [P]. 2022-06-17.

引用作品的版权声明

与本书配套的二维码资源使用说明

  本书部分课程及与纸质教材配套数字资源以二维码链接的形式呈现。利用手机微信扫码成功后提示微信登录，授权后进入注册页面，填写注册信息。按照提示输入手机号码，点击获取手机验证码，稍等片刻收到 4 位数的验证码短信，在提示位置输入验证码成功，再设置密码，选择相应专业，点击"立即注册"，注册成功（若手机已经注册，则在"注册"页面底部选择"已有账号？立即登录"，进入"账号绑定"页面，直接输入手机号和密码登录）。接着，按提示输入学习码，须刮开教材封面防伪涂层，输入 13 位学习码（正版图书拥有的一次性使用学习码），输入正确后提示绑定成功，即可查看二维码数字资源。手机第一次登录查看资源成功以后，再次使用二维码资源时，在微信端扫码即可登录进入查看。